高等院校装备制造大类专业系列教材

# 电工电子技术

## 微课视频版

黄　钰　　　　　　　　　　主　编

李秀壁 温德涌 许静莹 许　庆　副主编

清华大学出版社

北京

## 内 容 简 介

本书共13章，主要内容包括直流电路、正弦交流电路、三相交流电路、磁路和变压器、异步电动机、继电-接触器控制、电子电路中常用的元件、基本放大电路、集成运算放大器、直流稳压电源、逻辑门电路、组合逻辑电路、触发器及其应用和附录等。由于篇幅限制，电路的暂态过程、555电路及其应用、模拟量和数字量的相互转换，以及拓展阅读的内容以电子版形式呈现，有需要的读者可扫描目录后面的二维码进行下载。

本书可作为高等院校电气类、自动化类和机电类专业"电工电子技术"课程的教材，也可供从事相关专业的技术人员参考。

**图书在版编目（CIP）数据**

电工电子技术：微课视频版/黄钰主编.—北京：清华大学出版社，2023.6
高等院校装备制造大类专业系列教材
ISBN 978-7-302-63256-6

Ⅰ．①电…　Ⅱ．①黄…　Ⅲ．①电工技术－高等学校－教材 ②电子技术－高等学校－教材　Ⅳ．①TM ②TN

中国国家版本馆 CIP 数据核字（2023）第 058314 号

责任编辑：王剑乔
封面设计：刘　键
责任校对：袁　芳
责任印制：丛怀宇

出版发行：清华大学出版社
　　　　网　　　址：http://www.tup.com.cn，http://www.wqbook.com
　　　　地　　　址：北京清华大学学研大厦 A 座　　　邮　　编：100084
　　　　社 总 机：010-83470000　　　　　　　　邮　　购：010-62786544
　　　　投稿与读者服务：010-62776969，c-service@tup.tsinghua.edu.cn
　　　　质量反馈：010-62772015，zhiliang@tup.tsinghua.edu.cn
　　　　课件下载：http://www.tup.com.cn，010-83470410
印 装 者：小森印刷霸州有限公司
经　　销：全国新华书店
开　　本：185mm×260mm　　　　印　张：20　　　　字　数：480 千字
版　　次：2023 年 8 月第 1 版　　　　　　　　印　次：2023 年 8 月第 1 次印刷
定　　价：69.90 元

产品编号：096278-01

# 前　言

习近平总书记在党的"二十大"报告中指出,要统筹职业教育、高等教育、继续教育协同创新,推进职普融通、产教融合、科教融汇,优化职业教育类型定位。首次以马克思主义系统观、整体观阐发"三教"协同和"三融"发展思想;要求"加快建设国家战略人才力量",首次在党中央的报告中明确将"大国工匠"和"高技能人才"纳入国家战略人才行列;提出通过推进教育数字化,建设全民终身学习的学习型社会、学习型大国;指出"健全终身职业技能培训制度,推动解决结构性就业矛盾"是就业优先战略的重要举措。

中国制造2025的核心是加快推进制造业的创新发展,而发展先进制造业,始终离不开电工电子技术专业人才。"电工电子技术"作为高职高专非电类工科专业的一门实践性较强的专业基础课程,其目的和任务是使学生获得电工和电子技术方面的基本理论、基本知识和基本技能,为学习后续专业课程以及今后从事工程技术工作打下必要的基础。

本书根据高职高专机电类专业的培养目标和"双高职院校"的建设要求,以先进理论为核心,以职业教育"三教改革"教育教学理念为指导,以就业为导向,以专业岗位职业能力为依据,同时有机融入各种课程思政元素,在夯实理论基础和强化技能实训的同时,培养学生的工匠精神、家国情怀和工程伦理道德。学生通过学习,可以掌握必要的基本理论知识,并使自己的实践能力、职业技能和职业素养得到训练和提高。

本书在内容编排上具有以下特点。

(1) 在教学内容处理上,以应用为目的,以必需、够用为度,在保持内容体系完整性的基础上突出基本概念和基本理论的叙述,注重理论与实践相结合。每一章都设计了相应的技能训练或实验项目环节,引导学生在技能训练和实验项目练习中巩固所学知识,提高动手能力。

(2) 结合课程内容,配套了教学课件、微课视频等丰富的教学资源,并在职教云平台上开设精品在线开放课程,能够更好地协助教师开展线上线下混合式教学。

(3) 每章主体内容之前列出了学习目标、学习重点和学习难点,使学生明确本章的学习任务。

(4) 每章提供一个拓展阅读的内容,主要介绍我国在电工电子技术领域的最新发展和应用,以及相关的优秀专家,在开阔学生视野、拓展学生思维的同时培养学生的爱国主义情怀。

限于篇幅,本书将电路的暂态过程、555电路及其应用、模拟量和数字量的相互转换这三章内容以及拓展阅读的内容以电子版形式呈现,读者可根据需要扫描目录后面的二维码下载后学习。

本书由汕头职业技术学院黄钰任主编,广东粤东技师学院李秀壁、汕头职业技术学院温德涌、汕头职业技术学院许静莹、广东粤东技师学院许庆任副主编。具体编写分工如下:第1章至第10章理论内容部分由黄钰编写,其中第1章至第4章的技能训练和实验项目内容由温德涌和黄钰共同编写,第5章至第10章的技能训练和实验项目内容由李秀壁编写,第11章由许庆编写,第12章和第13章由许静莹编写,附录由黄钰整理编写。

由于编者水平有限,书中难免有疏漏之处,恳切希望有关专家和读者批评、指正。

编　者

2023 年 5 月

# 目 录

本书配套课件　　　　　拓展内容　　　　本书在线精品开放课程链接

第 **1** 章

# 直 流 电 路

本章主要结合直流电路介绍一般电路(包括交流电路)所遵循的基本规律和最基本的电路分析计算方法,这是学习本课程各部分内容的前提,也是学习其他相关专业课程的重要基础。

电工电子技术绪论

学习目标:掌握电压和电流的参考方向和关联参考方向的概念;掌握欧姆定律、基尔霍夫定律、支路电流法、叠加定理、电压源电流源等效互换、戴维南定理及其应用、电路中电位的计算。

熟悉基本物理量,电阻元件、电感元件、电容元件的特点及电压和电流的关系。

了解结点电压法。

学习重点:基尔霍夫定律、叠加定理、戴维南定理的应用;各种电路分析方法的实际应用。

学习难点:参考方向和关联参考方向的概念;戴维南定理;电路功率计算及吸收、供出的判断。

## 1.1 电路模型

### 1.1.1 电路的组成和作用

电路是指由一些电气设备或器件组成的,以备电流流过的通路。简单地说,电路就是电流的通路。若工作时其中电流的大小和方向不随时间变化,就称为直流电路。图 1.1 所示就是一个简单的直流电路,由电池、灯泡、开关和导线组合而成。随着电工技术的发展,电路的形式和功能是多种多样的,但总的来说,它们具有两个共同点:①电路的组成一般包括电源(或信号源)、负载和连接导线(在复杂的电路中,可以扩展成连接电源和负载的中间环节)三个部分;②电路的作用主要有传输和变换电能与传递和处理电信号两个方面。例如,电炉在电流通过时将电能转换成热能;电视机将接收到的信号经过处理,转换成图像和声音。

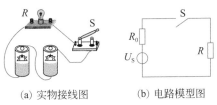

(a) 实物接线图          (b) 电路模型图

图 1.1  简单直流电路

### 1.1.2 电路模型和电路图

在电路理论中,为了表征电路部件的主要物理性质,以便进行定量分析,通常将电路部件的实体用它的模型来代替。电路部件的模型由一些具有单一物理性质的理想电路元件构成。基本理想电路元件有五种,即:电阻元件、电感元件、电容元件、理想电压源和理想电流源,在电路图中,它们分别用图1.2所示符号表示。

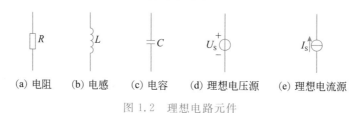

(a) 电阻　　(b) 电感　　(c) 电容　　(d) 理想电压源　　(e) 理想电流源

图 1.2　理想电路元件

各种实际电路都可以近似地看作是由理想电路元件组成的理想化的电路,这就是所谓的电路模型,我们可以通过分析电路模型来揭示实际电路的性能。在从工作原理上讨论电路问题时,所画电路图一般都是电路模型图,也叫电路原理图。例如图1.1(b)所示,$U_S$ 和 $R_0$ 分别为电池的电动势和内阻;$R$ 为白炽灯的电阻;S 为开关。

## 1.2　电路的基本物理量

电路中的主要物理量有电流、电动势、电压、电位、电功率、电能量等,它们的符号及单位列于表1.1中。

表 1.1　电路中主要物理量的符号及单位

| 量的名称 | 符号 | 单位名称 | 单位符号 |
| --- | --- | --- | --- |
| 电流 | $I$ | 安[培] | A |
| 电动势、电压、电位 | $E$、$U$、$V$ | 伏[特] | V |
| 电功率 | $P$ | 瓦[特] | W |
| 电能量 | $W$ | 焦[耳] | J |

### 1.2.1 电流

在电场力的作用下,电荷有规则地定向移动,形成电流。正电荷的运动方向规定为电流的实际方向。单位时间内流过导体截面的电荷[量]定义为电流。设在 $dt$ 时间内通过导体截面的电荷为 $dq$,则电流表示为

$$i = \frac{dq}{dt} \tag{1.1}$$

大小和方向都不随时间变化的电流称为恒定电流,简称直流。直流常用大写字母表示,如 $U$、$I$,表示电压、电流为恒定量,不随时间变化,一般称为直流电压、直流电流。小写字母 $u$、$i$ 表示电压、电流随时间变化。

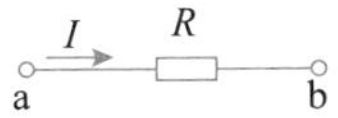

图 1.3　电流方向的表示

在国际单位制(SI)中,在 1s 内通过导体横截面的电荷量为 1C (库[仑])时,其电流为 1A(安[培])。

电流的方向可用箭头表示,也可用字母顺序表示,如图 1.3 所示。用双下标字母表示为 $I_{ab}$。

## 1.2.2　电压

一般用电压来反映电场力做功的能力。电场力把单位正电荷从电场中的 a 点移到 b 点(图 1.4)所做的功称为 a、b 间的电压,用 $u_{ab}(U_{ab})$ 表示。

习惯上把电位降低的方向作为电压的实际方向,可用"+""−"符号表示,也可用双下标字母表示,如图 1.4 所示。设正电荷 $dq$ 从 a 点移至 b 点的过程中电场力所做的功为 $dW$,则 a、b 间电压为

图 1.4　电压的表示

$$u_{ab} = \frac{dW}{dq} \tag{1.2}$$

当 $u_{ab} > 0$,则表示正电荷从 a 点移至 b 点时是电场力做功,即这段电路是吸收电能的。在国际单位制中,当电场力把 1C 的正电荷[量]从一点移到另一点所做的功为 1J(焦[耳])时,则这两点间的电压为 1V(伏[特])。

## 1.2.3　电位

电工技术上,以大地为零电位体,电路如果为了安全而接地的,接地点就是零电位点,是确定电路中其他各点电位的参考点。电路中任意一点的电位就等于该点到参考点的电压。电路中某点的电位用注有该点字母的单下标的电位符号表示。例如图 1.4 中,a 点的电位就用 $V_a$ 表示。

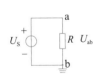

图 1.5　接地点的表示

参考点的电位为零,可用符号"⊥"表示,如图 1.5 所示,b 点接地时,$V_b = 0$。如果电路不接地,但又需要分析一些点的电位,可以在电路中任选一点作为参考点,例如电子线路一般都有公共的接壳点,用符号"⊥"表示,通常就以这点为参考点,即电路中接壳的端点的电位为零。电位的单位与电压相同,用 V(伏[特])表示。

电路中两点间的电压 $U_{ab}$ 也可用两点间的电位差表示为

$$U_{ab} = V_a - V_b \tag{1.3}$$

电路中两点间的电压是不变的,而电位随参考点(零电位点)的不同而不同。

## 1.2.4　电动势

电动势表征电源中外力(又称为非电场力)做功的能力,它的大小等于外力克服电场力把单位正电荷从负极搬运到正极所做的功,用字母 $e(E)$ 表示。电动势的实际方向是在电源内部从负极指向正极,其单位与电压相同,用 V(伏[特])表示。设在电源内部非电场力把正电荷 $dq$ 从低电位端移至高电位端所做的功为 $dW$,则电源的电动势为

$$e(t) = \frac{dW}{dq} \tag{1.4}$$

在图 1.6(a)中,电压 $u_{ab}$ 是电场力把单位正电荷从外电路 a 点移到 b 点所做的功。它的方向由高电位指向低电位,是电压的实际方向。电动势 $e_s(t)$ 是非电场力在电源内部克服电场阻力,把单位正电荷从 b 点移到 a 点所做的功。在图 1.6(b)中,在直流电源开路(没有连接外电路)的情况下,电动势 $E$ 与两端电压 $U$ 大小相等。

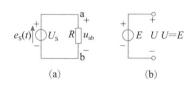

图 1.6　电压与电动势的关系

## 1.3　电流、电压的参考方向

### 1.3.1　电流的参考方向

习惯上把正电荷运动的方向规定为电流的实际方向,但在分析复杂电路时,经常会遇到某一段电路或某一元件的电流实际方向难以确定的情况。为了解决这一问题,可以先任意假定一电流方向,称为参考方向,并规定:当电流的参考方向与实际方向一致时,代表电流的代数量 $I$ 为正值,如图 1.7(a)所示;当电流的参考方向与实际方向相反时,$I$ 为负值,如图 1.7(b)所示。因此,参考方向也叫作正值方向或正方向。在电路分析计算时,电路图中标注的电流方向都是参考方向,不是实际方向。参考方向可以任意假定,而电流的实际方向需要根据参考方向列出代数方程,求解得到代数量 $I$ 的正负来判断。

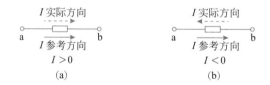

图 1.7　电流参考方向与实际方向的关系

### 1.3.2　电压的参考方向

电路中电压的实际方向规定为从高电位指向低电位。但在复杂电路中,电压的实际方向往往不能预先知道,需要对电路两点间的电压假设一个参考方向,实际方向要结合电压代数量 $U$ 的正负来判断。在图 1.8 中,用"＋""－"号表示电压的实际方向,图 1.8(a)表示电压的参考方向与实际方向一致,$U$ 为正值;图 1.8(b)表示电压的参考方向与实际方向相反,$U$ 为负值。

图 1.8　电压参考方向与实际方向的关系

电路中电流和电压的参考方向在选定时都有任意性,二者彼此独立。但是为了便于分析,常把元件上的电流与电压的参考方向取为一致,称为关联参考方向,如图 1.9(a)所示;

电流与电压参考方向不一致时称为非关联参考方向,如图 1.9(b)所示。

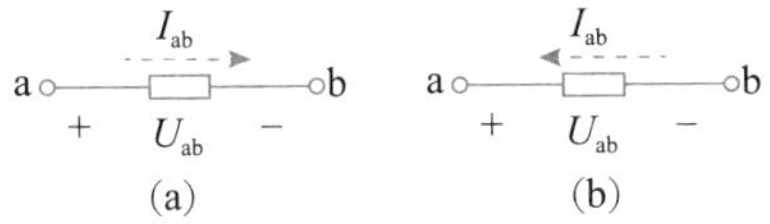

图 1.9　电压和电流的关联、非关联参考方向

# 1.4　电　功　率

电功率(简称功率)表征电路元件中能量变换的速度,其值等于单位时间(秒)内元件所发出或接收的电能,也就是电场力在单位时间内所做的功。设电场力在 $\mathrm{d}t$ 时间内所做的功为 $\mathrm{d}W$,则功率表示为

$$P = \frac{\mathrm{d}W}{\mathrm{d}t} \tag{1.5}$$

在国际单位制中,功率的单位是[瓦特],符号为 W。

在图 1.10(a)中,电阻两端的电压是 $U$,流过的电流是 $I$,电压与电流是关联参考方向,则电阻吸收功率为 $P=UI$。电阻在 $t$ 时间内所消耗的电能为 $W=Pt$。

平时所说消耗 1 度电,就是功率为 1kW 的用电设备在 1h 内消耗的电能,即 1kW·h。

功率 $P$ 有电源发出的功率或负载接收的功率有两种含义,而且也是代数量。例如,在图 1.10(a)所示电压源对电阻负载供电的电路中,若假定电流 $I$ 的参考方向在电源中和电动势 $E$ 一致,在电阻中和 $U$ 一致,设 $I$ 为“正”值。此时 $P_\mathrm{E}=EI$ 指的是电压源 $E$ 发出(或发生)的功率;$P_\mathrm{R}=UI=R_\mathrm{L}I^2$ 指的是电阻 $R_\mathrm{L}$ 吸收(或消耗)的功率,$P_\mathrm{E}$ 和 $P_\mathrm{R}$ 均为“正”值。

又如图 1.10(b)所示外加电源对蓄电池充电电路(蓄电池电动势 $E_2<E_1$,$R$ 为调节电流的可变电阻)中,若电流 $I$ 的参考方向规定和 $E_1$ 一致,而和 $E_2$ 相反($E_2$ 为反电动势),设 $I$ 为“正”值。此时,$P_\mathrm{E1}=E_1I>0$,仍指 $E_1$ 发出的功率,而 $P_\mathrm{E2}=-E_2I<0$,指的是 $E_2$ 吸收的功率,说明此时蓄电池工作于负载状态(充电状态),即电流在蓄电池中是从高电位流向低电位,电能转化为化学能。如果电流 $I$ 的参考方向规定和 $E_2$ 一致,而和 $E_1$ 相反,此时 $I$ 为“负”值,$P_\mathrm{E1}=-E_1I>0$,$P_\mathrm{E2}=E_2I<0$,说明 $E_1$ 为电源、$E_2$ 为负载的实际情况不变。由此可见,在分析计算情况不能预知的复杂电路时,理想电压源中电流的参考方向,既可按照发出功率(设想为电源)规定和电动势一致,也可按照吸收功率(设想为负载)规定和电动势相反,实际情况是否同设想的一致,取决于发出或吸收功率代数值 $P=EI$ 是“正”还是“负”。

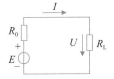

(a) 电压源对电阻负载供电电路

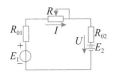

(b) 外加电源对蓄电池充电电路

图 1.10　电功率

一般来说,判断电路中某一元件是电源(发出功率)还是负载(吸收功率)的方法如下。

(1) 当电流与电压取关联参考方向时,假定该元件吸收功率,此时功率 $P=UI$。

(2) 当电流与电压取非关联参考方向时,假定该元件吸收功率,此时功率 $P=-UI$。

如果计算结果 $P>0$,说明该电路元件确实吸收功率,与假设相符,属于负载;反之,如果 $P<0$,则说明该元件发出功率,与假设相反,属于电源。在整个电路中,根据能量守恒定律,各电源发出的功率之和恒等于各负载吸收的功率之和,这种关系叫作功率平衡。

**例 1.1** 试判断图 1.11 中的元件是发出功率还是吸收功率。

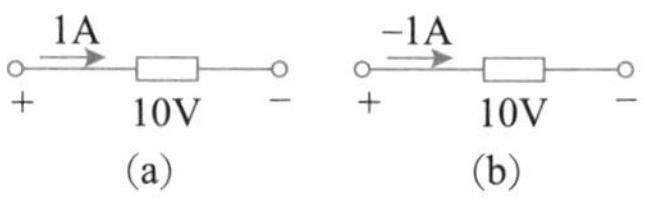

解:在图 1.11(a)中,电压、电流是关联参考方向,且 $P=UI=10\text{W}>0$,元件吸收功率。

在图 1.11(b)中,电压、电流是关联参考方向,且 $P=UI=-10\text{W}<0$,元件发出功率。

图 1.11　例 1.1 图

## 1.5　电阻元件、电感元件与电容元件

电阻元件、电感元件与电容元件都是组成电路模型的理想电路元件。所谓理想,就是突出元件的主要电磁性质,而忽略次要因素。电阻元件具有消耗电能的性质(电阻性),其他电磁性质均可忽略不计。同样,对于电感元件,主要突出其通过电流要产生磁场而储存磁场能量的性质(电感性)。对于电容元件,主要突出其两端加电压要产生电场而储存电场能量的性质(电容性)。电阻是耗能元件,电感和电容是储能元件。

### 1.5.1　电阻元件

电阻的图形符号如图 1.12 所示,用字母 $R$ 表示。当电阻两端的电压与流过电阻的电流为关联参考方向时,如图 1.12(a)所示,根据欧姆定律电压与电流成正比,有如下关系:

$$u=iR \tag{1.6}$$

当电阻两端的电压与流过电阻的电流为非关联参考方向时,如图 1.12(b)所示,根据欧姆定律电压与电流有如下关系:

$$u=-iR \tag{1.7}$$

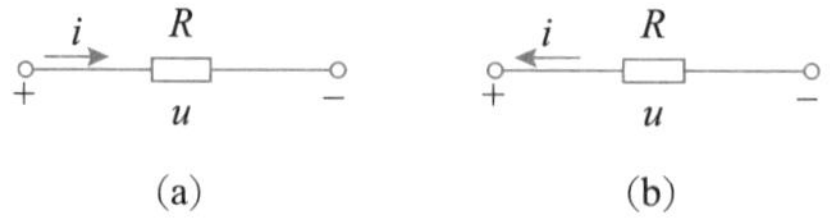

图 1.12　电阻两端电压方向与流过电阻的电流方向

在关联参考方向下,如果 $R=\dfrac{u}{i}$ 是一个常数,则 $R$ 称为线性电阻。线性电阻的伏安特性如图 1.13 所示,是过原点的直线。

式(1.6)两边乘以 $i$,得到 $P=ui=Ri^2=\dfrac{u^2}{R}=Gu^2\geqslant0$。式中,$G=\dfrac{1}{R}$,称为电导。电阻

总是消耗能量的。在国际单位制中,当电阻两端的电压为 1V,流过电阻的电流为 1A 时,电阻为 1Ω。电导的单位是 S(西[门子])。当电阻两端的电压与流过电阻的电流不成正比时,伏安特性是曲线,如图 1.14 所示。此时,电阻不是一个常数,随电压、电流变动,称为非线性电阻。

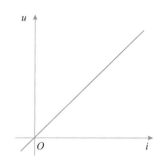

图 1.13　线性电阻的伏安特性

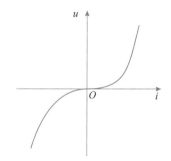

图 1.14　非线性电阻的伏安特性

### 1.5.2　电感元件

图 1.15 所示为一个电感线圈。假定绕制线圈的导线无电阻,线圈有 $N$ 匝,当线圈通以电流 $i$,在线圈内将产生磁通 $\Phi$,如果磁通 $\Phi$ 与线圈各匝都交链,则磁链 $\Psi = N\Phi$。

在电路中,一般用图 1.16 表示上述电感线圈,并用字母 $L$ 表示,通常称为电感元件,能够储存磁场能量。$\Phi$ 和 $\Psi$ 都是线圈本身电流产生的,称为自感磁通和自感磁链。

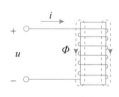

图 1.15　电感线圈

图 1.16　电感元件

电感元件中,电流 $i$ 的参考方向与电源电压 $u$ 的参考方向一致;电流所产生的磁通 $\Phi$ 和磁链 $\Psi$ 的参考方向根据电流的参考方向用右手螺旋定则确定;规定感应电动势 $e_{\mathrm{L}}$ 的参考方向与磁通的参考方向符合右手螺旋定则。因此 $e_{\mathrm{L}}$ 的参考方向与电流 $i$ 的参考方向一致。

磁链 $\Psi$ 和电流 $i$ 有如下关系:

$$\Psi = Li \tag{1.8}$$

式中:$L$ 为线圈的自感或电感。

在国际单位制中,磁通和磁链的单位为 Wb(韦[伯]),自感的单位为 H(亨[利])。当 $L = \dfrac{\Phi}{i}$ 是正实常数时,称为线性电感。

根据楞次定律,有

$$u = -e_{\mathrm{L}} = \frac{\mathrm{d}\Phi}{\mathrm{d}t} = L\,\frac{\mathrm{d}i}{\mathrm{d}t} \tag{1.9}$$

从式(1.9)可以看出,在任意时刻,线性电感元件的电压与该时刻电流的变化率成正比。当电流不随时间变化时(直流电流),电感电压为零,此时电感元件相当于短路。

### 1.5.3　电容元件

电容元件如图 1.17 所示,电容极板上所储集的电量 $q$ 与其上电压 $u$ 成正比,即

$$C = \frac{q}{u} \tag{1.10}$$

式中,$C$ 称为电容,是电容元件的参数,其单位是 F(法[拉])。当给电容器充上 1V 的电压时,如果极板上储集了 1C 的电量,则该电容器的电容就是 1F。由于法拉的单位太大,工程上多采用微法($\mu$F)或皮法(pF)。$1\mu$F 等于 $10^{-6}$ F,$1$pF 等于 $10^{-12}$ F。

当电压方向如图 1.17 所示,电容极板间电场强度的方向是从上而下,即上极板储集的是正电荷,下极板储集的是等量的负电荷。当极板上的电量 $q$ 或电压 $u$ 发生变化时,在电路中就会引起电流:

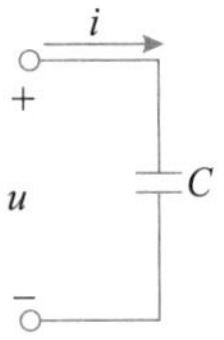

$$i = \frac{dq}{dt} = C \frac{du}{dt} \tag{1.11}$$

图 1.17　电容元件

当电容一定时,电流与电容两端电压的变化率成正比。当电压为直流电压时,电流为零,电容相当于开路。

## 1.6　电气设备的额定值和电路的几种状态

### 1.6.1　电气设备的额定值

电气设备(包括电缆、绝缘导线)的导电部分都有一定的电阻,电流流过时,将消耗电能(转变为热能),使电气设备的温度逐渐升高。由于物体的散热量是同它与周围空气的温度差(又叫温升)成正比的,经过一段时间(导线为几分钟,一般电机为一两个小时),散热同发热平衡,温度的升高就稳定下来。电流越大,发热量也越大,稳定的温升也就越高,如果电气设备的温度超过了某一容许的数值,电气设备的绝缘材料便会迅速变脆,寿命缩短,甚至烧毁。因此,根据所用绝缘材料在正常寿命下的允许温升,电气设备都有一个在长期连续运行或规定工作制度下允许通过的最大电流,叫作额定电流,用符号 $I_N$ 表示。

电气设备还根据所用绝缘材料的耐压程度和容许温升等情况,规定正常工作时的电压,叫作额定电压,用符号 $U_N$ 表示。

电气设备的额定电压、额定电流和相应的额定功率 $P_N$ 以及其他规定值(例如以后要讲的电动机的额定转矩等)叫作电气设备的额定值,额定值表明了电气设备的正常工作条件、状态和容量,通常标在设备的铭牌上,在产品说明书中也可以查到。使用电气设备时,一定要注意它的额定值,避免出现不正常的情况和发生事故。

### 1.6.2　电路的几种状态

电路在使用时,可能出现三种状态,以图 1.18 所示照明电路为例说明如下。

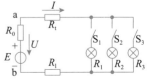

图 1.18　照明供电电路

**1. 空载状态（也叫开路状态）**

在图 1.18 所示电路中，当所有电灯开关（$S_1$、$S_2$、$S_3$）都断开时，就处于空载状态。此时，电路中无电流（$I=0$），电源不输出功率（$P=UI=0$），电源端电压叫作空载电压（也叫作开路电压），它与电源电动势相等（$U=U_0=E$）。

**2. 负载状态**

在图 1.18 所示电路中，当有一些电灯开关接通时，就处于负载状态。设照明负载总等效电阻为 $R_L$，一根供电线电阻为 $R_1$，电源内阻为 $R_0$，此时，电路中电流为

$$I = \frac{E}{R_0 + 2R_1 + R_L} \tag{1.12}$$

其数值取决于负载电阻 $R_L$。一般用电设备都是并联于供电线上，因此，接入的电灯数量越多，负载电阻 $R_L$ 越小，电路中的电流便越大，负载功率也越大。在电工技术上把这种情况叫作负载增大。显然，负载的大小是指负载电流或功率的大小，而不是负载电阻的大小。当电路中电流达到电源或供电线的额定电流时，工作状态叫作"满载"；超过额定电流时，叫作"过载"；小于额定电流时，叫作"欠载"。如前所述，导线和电气设备的温度升高到稳定值要有一个过程，短时间的少量的过载还是可以的，长时间的过载是不允许的，使用时应当注意。

**3. 短路状态**

在图 1.18 所示电路中，当两根供电线（通常总是并在一起敷设，以减少所产生的电磁干扰）在某一点由于绝缘损坏而接通时，就处于短路状态，此时，电流不再流过负载，而直接经过短路连接点流回电源，由于在整个回路中只有电源的内阻和部分导线电阻，电流数值很大，叫作短路电流 $I_{SC}$。最严重的情况是电源两端被短路（即图 1.18 电路中 a、b 两点接通），短路电流为

$$I_{SC} = \frac{E}{R_0} \tag{1.13}$$

短路电流远远超过电源和导线的额定电流，如不及时切断，将引起剧烈发热而使电源、导线以及电流流过的仪表等设备损坏。为了防止短路引起的事故，通常在电路中接入熔断器或自动断路器，可以在发生短路时迅速切断电路。

## 1.7 电压源、电流源及其等效变换

一个电源可以用两种不同的电路模型来表示：一种是用电压的形式来表示，称为电压源；另一种是用电流的形式来表示，称为电流源。

电压源、电流源
及其等效变换

### 1.7.1 电压源

实际电压源的模型由只有电动势 $E$ 的理想电压源和代表内阻为 $R_0$ 的电阻元件串联组成，如图 1.19 所示。

开路时，输出电流 $I=0$，端电压 $U=U_0=E$。接入负载 $R_L$ 后，电流和电压如下：

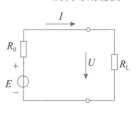

图 1.19　电压源

$$I = \frac{E}{R_0 + R_L} \tag{1.14}$$

$$U = E - R_0 I \tag{1.15}$$

可见,输出电流取决于负载 $R_L$,端电压略小于开路电压 $U_0$,其差值就是串联内阻 $R_0$ 所分电压 $R_0 I$。短路时,$U=0$

$$I = I_{SC} = \frac{E}{R_0} \tag{1.16}$$

电压源的上述性能通常用它的端电压 $U$ 随输出电流 $I$ 变化的曲线来表示,如图 1.20(a) 所示,称为电压源的外特性曲线。这个特性曲线是按关系式 $U=E-R_0 I$ 画出的,当 $E$ 和 $R_0$ 数值一定时,是一条直线,它表明随着 $I$ 的增大,$U$ 逐渐减小。电压源的内阻 $R_0$ 一般比较小,在正常工作时,即在电流小于电源额定电流 $I_N$ 的范围内,电压 $U$ 只稍有降低,可以认为基本恒定。

从理论上说,电流如果允许一直增大到短路电流 $I_{SC}$,电压源的端电压将降低到零值,整个外特性曲线如图 1.20(b) 所示。应当说明,图 1.20(a) 和图 1.20(b) 中电流坐标轴的比例尺是不同的,图 1.20(b) 中 $I$ 轴单位长度所代表的电流值远比图 1.20(a) 中的大。

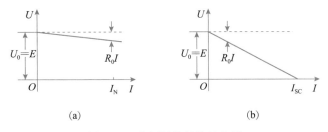

图 1.20　电压源的外特性曲线

理想电压源就是串联内阻 $R_0$ 为 0 的电压源,如图 1.21(a) 所示,其输出端电压 $U=E$ 是恒定的,与输出电流 $I$ 的大小无关,所以又叫作恒压源,它的外特性曲线为 $U=E$ 的水平直线,如图 1.21(b) 所示。理想电压源绝对不允许短路,因为短路时 $I=\infty$。

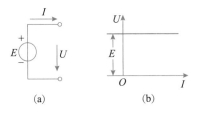

图 1.21　理想电压源及其外特性曲线

### 1.7.2　电流源

实际电流源是从具有类似性质的电路元件如光电池,加以理想化得到的。它的模型由只有电激流 $I_S$ 的理想电流源和代表内阻为 $R_0'$ 的电阻元件并联组成,如图 1.22 所示。

负载 $R_L$ 短路时,输出电流 $I=I_S$,端电压 $U=0$,接入负载电阻

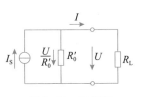

图 1.22　电流源

$R_{\mathrm{L}}$ 后,输出电流和端电压如下:

$$I = \frac{R'_0}{R'_0 + R_{\mathrm{L}}} I_{\mathrm{S}} \tag{1.17}$$

$$U = R_{\mathrm{L}} I = \frac{R_{\mathrm{L}} R'_0}{R'_0 + R_{\mathrm{L}}} I_{\mathrm{S}} \tag{1.18}$$

随着负载电阻 $R_{\mathrm{L}}$ 的增大,输出电流 $I$ 要减小,端电压 $U$ 要增大,即输出电压取决于负载 $R_{\mathrm{L}}$。

输出电流和端电压的关系为

$$I = I_{\mathrm{S}} - \frac{U}{R'_0} \tag{1.19}$$

即随着端电压 $U$ 的增大,输出电流将小于电激流 $I_{\mathrm{S}}$,其差值就是并联内阻 $R'_0$ 所分流的电流 $\dfrac{U}{R'_0}$,负载 $R_{\mathrm{L}}$ 开路时,有

$$\begin{cases} I = 0 \\ U = U_0 = R'_0 I_{\mathrm{S}} \end{cases} \tag{1.20}$$

按照式(1.19)可以画出电流源的外特性曲线,如图 1.23(a)所示。电流源的外特性在电流上与理想电流源的电激流 $I_{\mathrm{S}}$ 相差 $\dfrac{U}{R'_0}$。图 1.23(b)加大了电压坐标轴单位长度所代表的电压值,画出了整个外特性曲线。

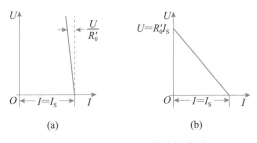

图 1.23　电流源的外特性曲线

理想电流源就是并联内阻 $R'_0$ 为无穷大的电流源,如图 1.24(a)所示。其输出电流 $I = I_{\mathrm{S}}$ 是恒定的,与输出电压 $U$ 的大小无关,所以又叫作恒流源,它的外特性曲线为 $I = I_{\mathrm{S}}$ 的垂直直线,如图 1.24(b)所示。理想电流源可以短路,此时 $U = 0$,空载。但绝对不允许开路,因为开路时,相当于 $R_{\mathrm{L}} \to \infty$,理想电流源的端电压 $U = R_{\mathrm{L}} I_{\mathrm{S}} \to \infty$。

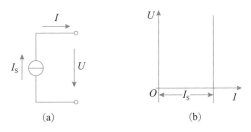

图 1.24　理想电流源及其外特性曲线

### 1.7.3　电压源和电流源的等效变换

在电路分析中,电压源可以用等效电流源代替,反之,电流源也可以用等效电压源代替,如图 1-25(a)所示。所谓等效,是指对外部电路等效,即对外部电路(例如可变负载电阻 $R_L$)输出的电压和电流保持不变。

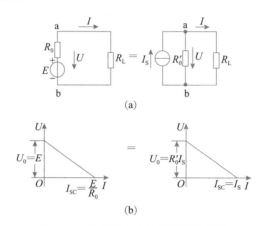

图 1.25　电压源和电流源的等效变换

电压源和电流源对外部电路互相等效的条件就是它们的外特性曲线完全相同,如图 1-25(b)所示。由于它们的外特性曲线均为直线,只要开路电压 $U_0$ 和短路电流 $I_{sc}$ 相同即可。按照这样的条件,对比图 1.25 所示两种电源的电路和外特性曲线,可以得出如下结论。

**1. 电压源变换成等效电流源**

(1) 电激流 $I_S=\dfrac{E}{R_0}$,$I_S$ 和 $E$ 方向一致(图 1.25 中为从 b 指向 a),只有这样,短路电流 $I_{SC}$ 才相同。

(2) 电流源的并联内阻应等于电压源的串联内阻,即 $R_0'=R_0$,只有这样,开路电压 $\left(U_0=R_0'I_S=R_0\dfrac{E}{R_0}=E\right)$ 才相同。

**2. 电流源变换成等效电压源**

(1) 电动势 $E=R_0'I_S$,$E$ 和 $I_S$ 方向一致。

(2) 内阻相等,即 $R_0=R_0'$,只有这样,短路电流 $\left(I_{SC}=\dfrac{E}{R_0}=\dfrac{R_0'I_S}{R_0'}=I_S\right)$ 才相同。

**注意:**

(1) 这种电源的等效只是对外部电路而言,内部并不等效。例如,开路时,电压源内阻损耗为 0,而电流源内阻损耗为 $R_0'I_S^2$;短路时,电流源内阻损耗为 0,而电压源内阻损耗为 $\dfrac{E^2}{R_0}$,两者是不同的。

(2) 理想电压源($R_0=0$)和理想电流源($R_0'=\infty$)相互之间不能进行等效变换。

(3) 电压源与电流源的等效变换主要是便于对电路进行分析计算,并不意味着两者性质上无区别,特别是实际电源还有额定值的限制。一般来说,电压源的内阻比较小,输出电压基本恒定;电流源的内阻比较大,输出电流基本恒定。实际电源多为电压源,不允许短路。

上述电压源和电流源的等效变换可以推广到含源支路的等效变换,其中串联电阻或并联电阻不局限于电源的内阻。

**例 1.2** 试用电压源与电流源等效变换的方法,计算图 1.26(a)中 1Ω 电阻上的电流 $I$。

**解:** 根据图 1.26 所示的变换次序,经过等效变换,图 1.26(a)最后化简为图 1.26(f)的电路,由此可得

$$I = \frac{2}{2+1} \times 3 = 2(\mathrm{A})$$

变换时应注意电流源电激流的方向和电压源电压的极性。

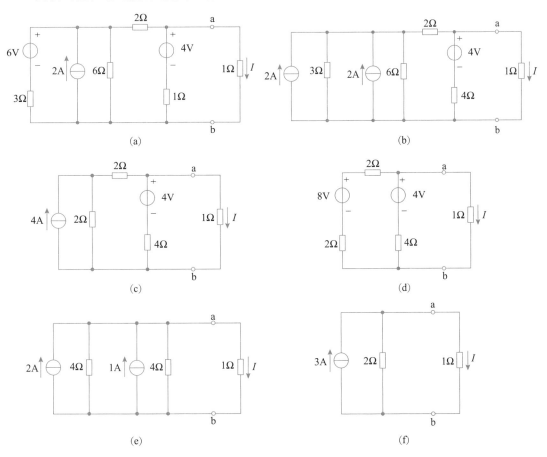

图 1.26　例 1.2 的电路

## 1.8　基尔霍夫定律

电路所遵循的基本规律是分析计算电路的依据,这包含两个方面:一是各个电路元件本身的伏安特性,在 1.5 节中已经对直流电路中三个基本理想电路元件(电阻、电感和电容)分别做了说明,我们把这一类分析依据称为电

基尔霍夫定律
与支路电流法

路元件约束;二是各个电路元件电流之间要满足的关系和各个电路元件电压之间要满足的关系,即基尔霍夫电流定律和基尔霍夫电压定律,这两个定律也称为电路结构约束。基尔霍夫电流定律应用于结点,电压定律应用于回路。

电路中的每一分支称为支路,一条支路流过一个电流,称为支路电流。在图 1.27 中共有 3 条支路,其中 2 条含电源的支路称为有源支路,不含电源的支路称为无源支路。

电路中 3 条或 3 条以上支路的连接点称为结点。在图 1.27 中共有 2 个结点:a 和 b。

回路是由一条或多条支路所组成的闭合路径。不含交叉支路的回路称为网孔。图 1.27 中共有 3 个回路,而只有 2 个网孔。

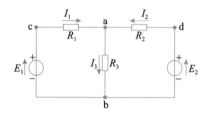

图 1.27　支路、结点、回路

## 1.8.1　基尔霍夫电流定律

图 1.28　结点

基尔霍夫电流定律(KCL)是用来确定连接在同一结点上的各支路电流间关系的,表述如下:对于电路中任一结点,在任一瞬间,流入该结点的电流等于流出该结点的电流。以图 1.27 所示电路为例,对结点 a 有:$I_1 + I_2 = I_3$,如图 1.28 所示。

应当注意,图 1.27 所示电路中所标电流方向都是任意规定的参考方向,各电流的数值都是有正负之分的代数量。

基尔霍夫电流定律所反映的是电流连续性,电荷在电路中流动,不会消失,也不会堆积。因此,每一瞬间流入结点的电荷等于流出结点的电荷,也就是流入和流出结点的电流相等。

上述电流关系式可以改写成

$$I_1 + I_2 - I_3 = 0$$

即基尔霍夫电流定律也可以表述为:流入电路任一结点的电流的代数和等于零,其数学表达式写作

$$\sum I = 0 \tag{1.21}$$

式中:参考方向指向结点的电流取正号,参考方向离开结点的电流取负号。

基尔霍夫电流定律除了适用于电路中任一结点外,还可以推广应用于包围部分电路的任一假设的闭合面。例如,在图 1.29 所示的闭合面包围的是一个三角形电路,它有 3 个结点,应用电流定律可以列出

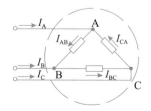

$$I_A = I_{AB} - I_{CA}$$

$$I_B = I_{BC} - I_{AB}$$

图 1.29　基尔霍夫电流定律的推广应用

$$I_C = I_{CA} - I_{BC}$$

以上三式相加,可得

$$I_A + I_B + I_C = 0$$

可见,在任一瞬间,通过任一闭合面的电流的代数和也恒等于零。

### 1.8.2 基尔霍夫电压定律

基尔霍夫电压定律(KVL)是用来确定回路中各段电压间关系的。表述如下:对于电路中任一回路,在任一时刻,沿该回路所经各个元件的电位降的代数和恒等于零。即

$$\sum U = 0 \tag{1.22}$$

以图 1.30 所示电路(即为图 1.27 所示电路的一个回路)为例,图中电源电动势、电流和各段电压的参考方向均已标出,按照虚线所示顺时针方向绕行一周,可以列出

$$-U_1 + U_3 - U_4 + U_2 = 0$$

式中,沿绕行方向(一经选定不可更改)所经元件电位从高到低为电位降,该元件电压取正号;若电位从低到高为电位升,该元件电压取负号。如果规定电位升取正号,则电位降就取负号。

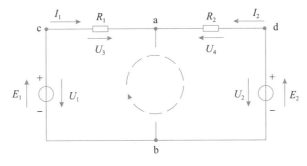

图 1.30  回路

基尔霍夫电压定律所反映的是电位单值性,根据电场的性质,两点间的电位差与路径无关,零电位参考点选定之后,电路中各点的电位都有固定的数值,与到达该点的路径无关,因此在电路中沿任一回路绕行一周,电位不变。

图 1.30 所示回路是由电源电动势和电阻构成的,上式可改写为

$$-E_1 + E_2 + I_1 R_1 - I_2 R_2 = 0$$

或

$$E_1 - E_2 = I_1 R_1 - I_2 R_2$$

即

$$\sum E = \sum IR \tag{1.23}$$

它的含义是:在电路中沿任一回路绕行一周,电动势(电位升)的代数和等于电阻电压降(电位降)的代数和。式(1.23)中,电动势在其参考方向与回路绕行方向一致时取正号,反之取负号;电流在其参考方向与回路绕行方向一致时,所产生的电阻电压降取正号,反之取负号。

基尔霍夫电压定律除适用于闭合回路外,还可以推广应用于不闭合的电路或某一段电路。以图 1.31 所示的两个电路为例,根据基尔霍夫电压定律,对图 1.31(a)可列出

$$\sum U = U_A - U_B - U_{AB} = 0$$

对图 1.31(b)可列出

$$E - U - IR = 0$$

或

$$U = E - IR$$

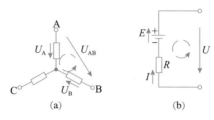

图 1.31　基尔霍夫电压定律的推广应用

这一段有源电路的电压方程式所表达的关系:总电压等于各分段电压的代数和。依次写分段电压时,以电位降低为正,电动势在其参考方向与总电压(起点到终点)的方向相反时取正号,反之取负号;电流在其参考方向与总电压的方向一致时,其电阻电压降取正号,反之取负号。

**例 1.3**　求图 1.32 所示电路的开路电压 $U_{ab}$。

**解**:先把图 1.32 改画成图 1.33,求电流 $I$。

应用基尔霍夫电压定律列出回路 Ⅰ 的电压方程:

$$U_{S1} + U_{R1} + U_{R2} - U_{S2} = 6 + 3I + 3I - 12 = 0$$

解得

$$I = \frac{12 - 6}{3 + 3} = 1(\text{A})$$

根据基尔霍夫电压定律列出回路 Ⅱ 的电压方程:

$$U_{ab} = -U_{S3} + U_{S2} - U_{R2} - U_{R3} = -2 + 12 - 3 - 0 = 7(\text{V})$$

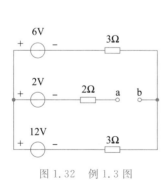

图 1.32　例 1.3 图

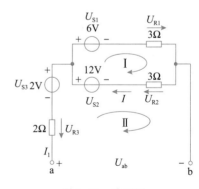

图 1.33　改画图

### 1.8.3　电阻的串并联

电路中,几个电阻元件若顺序相连,通过同一电流,那就是电阻的串联,如图 1.34 所示。代替这几个电阻作用的等效电阻 $R$ 为各个串联电阻之和,写作:

$$R = R_1 + R_2 + R_3 \tag{1.24}$$

通常以此式表示电阻的串联关系。电阻串联时，各电阻分配的电压与其电阻值成正比：

$$\frac{U_1}{U_2}=\frac{R_1}{R_2},\quad \frac{U_3}{U}=\frac{R_3}{R_1+R_2+R_3} \tag{1.25}$$

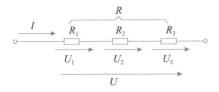

图 1.34　电阻的串联

电路中，几个电阻元件若始、末端分别连在一起，承受同一电压，那就是电阻的并联，如图 1.35 所示。此时等效电导（电阻的倒数）为各个并联电阻元件的电导之和，代替这几个电阻作用的等效电阻 $R$ 的倒数等于各个并联电阻的倒数之和，写作：

$$\frac{1}{R}=\frac{1}{R_1}+\frac{1}{R_2}+\frac{1}{R_3} \tag{1.26}$$

通常以表达式 $R=R_1//R_2//R_3$ 表示电阻的并联关系。电阻并联时，各电阻分配的电流与其电导值成正比，而与其电阻值成反比：

$$\begin{cases}\dfrac{I_1}{I_2}=\dfrac{\dfrac{1}{R_1}}{\dfrac{1}{R_2}}=\dfrac{R_2}{R_1}\\[4ex]\dfrac{I_3}{I}=\dfrac{\dfrac{1}{R_3}}{\dfrac{1}{R_1}+\dfrac{1}{R_2}+\dfrac{1}{R_3}}=\dfrac{R_1R_2}{R_1R_2+R_2R_3+R_3R_1}\end{cases} \tag{1.27}$$

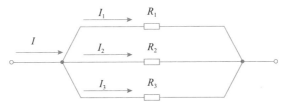

图 1.35　电阻的并联

在实际电路中，常应用电阻的串并联来得到所需要的电阻值和进行分压、分流等。

例 1.4　电路如图 1.36 所示，有一满偏电流 $I_g=500\mu A$，内阻 $R_g=500\Omega$ 的微安表。现要将其改装成量程为 $U_n=30V$ 的电压表，求需要串联的分压电阻。

解：求串联分压电阻 $R_0$。

$$R_0=\frac{U_n}{I_g}-R_g=\frac{30}{500\times10^{-6}}-500(\Omega)=59.5(k\Omega)$$

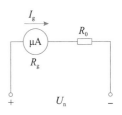

图 1.36　例 1.4 电路图

例 1.5　如果将例 1.4 中的微安表改装成量程为 $I_n=10A$ 的

电流表,电路如图 1.37 所示,求需要并联的分流电阻。

解:求并联分流电阻 $R_0$。

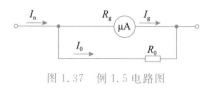

图 1.37 例 1.5 电路图

$$I_0 = I_n - I_g = 10 - 500 \times 10^{-6} = 9.9995(\text{A})$$

$$R_0 = \frac{R_g I_g}{I_0} = \frac{500 \times 500 \times 10^{-6}}{9.9995} \approx 0.025(\Omega)$$

# 1.9 支路电流法

根据基尔霍夫定律,分析计算复杂电路的具体方法有很多种,在此先讨论以支路电流作为待求量的支路电流法,这是最基本的方法。

用支路电流法解题的步骤,以图 1.38 所示电路为例,说明如下。

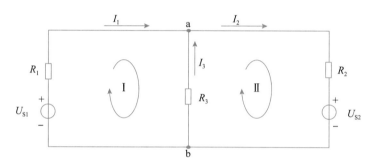

图 1.38 支路电流法举例电路

**1. 在电路中标出各支路待求电流的参考方向**

参考方向可以任意规定,如果和实际电流方向相反,求得的电流将为负值。

**2. 按基尔霍夫电流定律列出各结点的电流方程式**

对于有 $n$ 个结点的电路,可以列出 $n-1$ 个独立的结点电流方程式,第 $n$ 个结点的电流方程式可以由前 $n-1$ 个电流方程式推导出来,不是独立的方程式。在图 1.38 的电路中,$n=2$,只能列出一个独立的电流方程式,例如取结点 a,按所标的电流参考方向,可以列出

$$I_1 + I_3 = I_2$$

**3. 按基尔霍夫电压定律写回路电压方程式**

所列方程式应当是独立的,即不能由其他电压方程式推导出。一般是选取网孔列电压方程式。在图 1.38 的电路中有 2 个网孔,可以列出两个独立的电压方程式,分别为

网孔 I: $$I_1 R_1 - I_3 R_3 - U_{S1} = 0$$

网孔 II: $$U_{S2} + I_2 R_2 + I_3 R_3 = 0$$

对于 $n$ 个结点 $m$ 个支路的电路,待求支路电流有 $m$ 个,独立电流方程式有 $n-1$ 个,所需独立电压方程式为 $m-(n-1)$ 个。一般电路网孔的数目正好等于 $m-(n-1)$ 个,因此,一般电路总是可以根据基尔霍夫电流定律列出足够的独立方程式求解。

**4. 解联立方程式,求得支路电流**

例 **1.6** 电路如图 1.39 所示,用支路电流法求各支路电流。

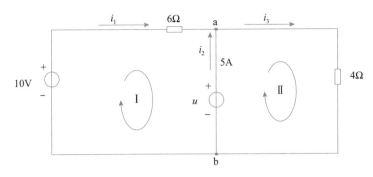

图 1.39 例 1.6 图

解:在图 1.39 中,先假设支路电流 $i_1$、$i_2$、$i_3$ 的参考方向,其中 $i_2$ 等于电压源的输出电流 5A,设网孔的绕行方向为顺时针方向。

对结点 a: $\qquad\qquad i_1 + i_2 = i_3$

对网孔 Ⅰ,假设电流源两端电压 $u$ 的参考方向如图 1.39 所示,则

$$-10 + 6i_1 + u = 0$$

对网孔 Ⅱ,有

$$-u + 4i_3 = 0$$

得方程组:

$$\begin{cases} -i_1 + i_3 = 5 \\ 6i_1 + u = 10 \\ 4i_3 = u \end{cases}$$

解得:$i_1 = -1\text{A}$,$i_2 = 5\text{A}$,$i_3 = 4\text{A}$,$u = 16\text{V}$。

例 **1.7** 如图 1.40 所示是电桥的原理图。$R_1$、$R_2$、$R_3$、$R_4$ 是电桥的 4 个桥臂,a、b 间接有检流计 G,求当检流计指示为零时,也就是电桥平衡时,桥臂 $R_1$、$R_2$、$R_3$、$R_4$ 之间的关系。

解:当检流计指示为零时,则该支路电流为零,可将该支路断开,即开路,得

$$I_1 = I_4, \quad I_2 = I_3$$

a、b 两点等电位,得

$$I_1 R_1 = I_2 R_2, \quad I_4 R_4 = I_3 R_3$$

则桥臂 $R_1$、$R_2$、$R_3$、$R_4$ 之间的关系为

$$\frac{R_2}{R_1} = \frac{R_3}{R_4}, \quad R_1 R_3 = R_2 R_4$$

以上结果为电桥平衡的条件。

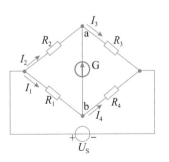

图 1.40 例 1.7 图

# 1.10 结点电压法

分析电路时,也可以以支路电压作为待求量,因为支路电压等于所连结点的电位差,而一般电路的结点数总是小于支路数,而作为参考点的电位又等于零,不必计算,所以有时也通过分析计算电路结点的电位(即该点到参考点的电压)来揭示电路的工作状态。

在电路中任意选择某一结点为参考点,其他结点为独立结点。这些独立结点与参考点之间的电压称为结点电压。结点电压的方向是由该独立结点指向参考点。因为电路中所有支路电压都可以用相应的结点电压来表示,所以,与独立结点相关联的每一条支路电流都可以通过相应的结点电压来表示。应用基尔霍夫电流定律,列出与结点电压数相等的独立方程,解出结点电压,再求出所需的电压、电流,这就是结点电压法。

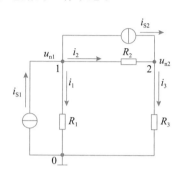

图 1.41　结点电压法举例电路

用结点电压法解题的步骤,以图 1.41 所示电路为例,说明如下。

**1. 设参考电位点(零点位点),对独立结点设结点电压**

如图 1.41 所示,分别为 $u_{n1}$、$u_{n2}$,结点电压的方向指向参考点。

**2. 用结点电压表示相应支路的电流,根据基尔霍夫电流定律对结点列写电流方程**

设支路电流 $i_1$、$i_2$、$i_3$ 的参考方向如图 1.41 所示。假定流进结点的电流取正号,流出结点的电流取负号。

对结点 1:

$$i_{S1} - i_1 - i_2 - i_{S2} = 0$$

$$i_{S1} - \frac{u_{n1}}{R_1} - \frac{u_{n1} - u_{n2}}{R_2} - i_{S2} = 0$$

整理得

$$i_{S1} - i_{S2} = \left(\frac{1}{R_1} + \frac{1}{R_2}\right) u_{n1} - \frac{1}{R_2} u_{n2}$$

对结点 2:

$$i_{S2} + i_2 - i_3 = 0$$

$$i_{S2} + \frac{u_{n1} - u_{n2}}{R_2} - \frac{u_{n2}}{R_3} = 0$$

整理得

$$i_{S2} = \left(\frac{1}{R_2} + \frac{1}{R_3}\right) u_{n2} - \frac{1}{R_2} u_{n1}$$

**3. 解联立方程式,求得结点电压、支路电流**

$$\begin{cases} i_{S1} - i_{S2} = \left(\dfrac{1}{R_1} + \dfrac{1}{R_2}\right) u_{n1} - \dfrac{1}{R_2} u_{n2} \\ i_{S2} = \left(\dfrac{1}{R_2} + \dfrac{1}{R_3}\right) u_{n2} - \dfrac{1}{R_2} u_{n1} \end{cases}$$

# 1.11 叠 加 定 理

叠加定理是线性电路普遍适用的基本定理。"线性电路"是指由线性元件组成的电路。叠加定理的内容是：在有多个电源的线性电路中，某支路中的电流或电压，等于各电源分别单独作用时，在该支路中所产生电流或电压的代数和。

当某电源单独作用于电路时，其他电源应该除去，称为"除源"。即对电压源来说，令其电源电压 $u_S$ 为零，相当于"短路"（实际电源模型的内阻仍应保留在电路中）；对电流源来说，令其电源电流 $i_S$ 为零，相当于"开路"（实际电源模型的内电导仍应保留在电路中），如图 1.42 所示。

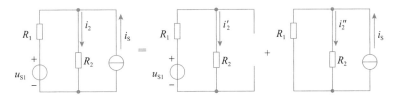

图 1.42　叠加定理举例电路

在图 1.42 中，用叠加定理求流过 $R_2$ 的电流 $i_2$，等于电压源、电流源单独对 $R_2$ 支路作用产生的电流的叠加。

$$i_2 = i_2' + i_2''$$

例 1.8　用叠加定理求图 1.43 所示电路中流过 4Ω 电阻的电流 $I$。

解：根据叠加定理，解题步骤如图 1.44 所示，有

$$I' = \frac{10}{6+4} = 1(\text{A})$$

$$I'' = \frac{6}{10} \times 5 = 3(\text{A})$$

$$I = I' + I'' = 1 + 3 = 4(\text{A})$$

叠加定理

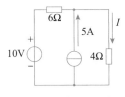

图 1.43　例 1.8 图

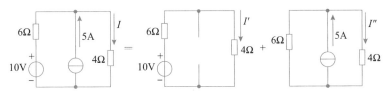

图 1.44　例 1.8 解题过程

叠加定理不适用于电路中功率的计算，因为功率与电流或电压是二次方的关系。例如在图 1.43 所示电路中，4Ω 电阻的功率不能叠加。电压源单独作用时 4Ω 电阻的功率 $P' = RI^2 = 4 \times 1^2 = 4(\text{W})$，电流源单独作用时 4Ω 电阻的功率 $P'' = RI^2 = 4 \times 3^2 = 36(\text{W})$，如果直接叠加 $P = P' + P'' = 40\text{W}$，而 4Ω 电阻在两个电源共同作用时的功率为 $P = RI^2 = 4 \times 4^2 = 64(\text{W})$，可见，功率的求解不能使用叠加定理。

## 1.12　戴维南定理

如果只需要求复杂电路中某一支路的电流时,可以将电路中的其余部分用一个等效电源代替。如图 1.45 所示电路,在计算 $R_3$ 支路电流 $I_3$ 时,可以将图 1.45(a)中虚线所包围的部分用等效电源即图 1.45(b)中虚线包围的部分代替,使问题简化为单回路电路求解。

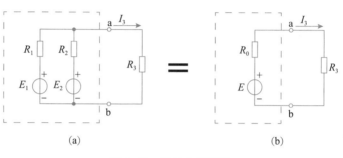

图 1.45　等效电源定理

戴维南定理

图 1.45(a)虚线所包围的电路具有两个出线端,其中含有电源,这种含有电源的二端线性网络称为有源二端线性网络;不含电源的二端线性网络称为无源二端线性网络,如图 1.46 所示。无源二端线性网络可以用一个等效电阻代替,等效电阻可以通过串并联等关系化简求得,也可以用实验方法测求。

戴维南定理的内容是:任何有源二端线性网络都可以用一个等效电压源代替,如图 1.47 所示。等效电压源的电动势 $E$ 等于该有源二端线性网络的开路电压 $U_{OC}$;串联内阻 $R_0$ 等于该网络

图 1.46　无源二端线性网络

中所有电源为零值(电压源短路,电流源开路)时所得的无源二端线性网络的等效电阻。

图 1.47　戴维南定理

例 1.9　用戴维南定理,求图 1.48 中流过 4Ω 电阻的电流 $I$。

解:求入端电阻 $R_0$(电压源短路,电流源开路,从 a、b 两端看进去的等效电阻)。如图 1.49 所示,$R_0 = 6\Omega$。

求开路电压(a、b 两端之间断开时的电压)$U_{OC}$,如图 1.50 所示。

$$U_{OC} = 5 \times 6 + 10 = 40(V)$$

$$R_0 = \frac{U_n}{I_g} - R_g = \frac{30}{500 \times 10^{-6}} - 500 = 59500(\Omega) = 59.5(k\Omega)$$

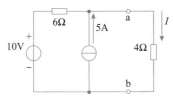 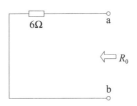

图 1.48　例 1.9 电路图　　　　图 1.49　等效入端电阻

求电流 $I$，如图 1.51 所示，有

$$I = \frac{40}{10} = 4\,(\mathrm{A})$$

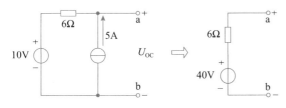 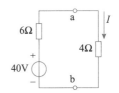

图 1.50　开路电压与等效电路　　　　图 1.51　求电流

## 本章小结

1. 电路由电路元件组成，一般包含电源、负载和连接导线三个部分，主要作用是传输和变换电能与传递和处理信号。实际电路可用由理想电路元件组成的电路模型表示，以便于分析计算。电路有空载、负载和短路三种状态。

2. 电路中电流、电压等物理量通常用参考方向结合代数量的方法表示其方向和大小。参考方向可任意规定，但也有一定的习惯。例如，电阻端电压和其中电流的参考方向通常取得一致，这样 $U_R = +RI$。又例如，电压源的电流参考方向既可以规定同电动势方向一致（作为电源考虑），也可以相反（作为负载考虑），实际情况是否这样，还要看发出或接收的功率 $P = UI$ 的代数量是否是正值。电路中一点的电位等于从该点到参考点的电压，它也是代数量。

3. 电阻串联时，流经每个电阻的电流相同；电阻并联时，并联电阻的端电压相同。两个电阻串联的分压公式是：

$$U_1 = \frac{R_1}{R_1 + R_2}U, \quad U_2 = \frac{R_2}{R_1 + R_2}U$$

两个电阻并联的分流公式是：

$$I_1 = \frac{R_2}{R_1 + R_2}I, \quad I_2 = \frac{R_1}{R_1 + R_2}I$$

4. 电路的基本规律包含两个方面：一是各个电路元件本身的特性；二是各个电路元件相互间遵循的基尔霍夫电流定律和电压定律。

理想电路元件的电压与电流关系见表 1.1。

基尔霍夫电流定律说明：流入（或流出）结点的电流的代数和等于零，即 $\sum I = 0$。

基尔霍夫电压定律说明:绕行任一闭合回路,各支路电压降的代数和等于零(即 $\sum U = 0$),或电动势的代数和等于电阻电压降的代数和(写作 $\sum E = \sum RI$ ),用于求电路中两点间电压时写作 $U = \sum U_k$,即总电压等于分电压的代数和。注意,以上公式在应用时除了 $\sum E$ 以电位升为正以外,其他均以电位降为正。

5. 应用支路电流法的步骤如下。

(1) 在电路中标出各支路待求电流的参考方向。

(2) 按基尔霍夫电流定律列出各结点的电流方程式。

(3) 按基尔霍夫电压定律写回路电压方程式。

(4) 解联立方程式,求得支路电流。

6. 应用叠加定理只能求解线性电路的电压和电流,而不能用叠加的方法求功率。

7. 应用戴维南定理时要注意开路电压的方向。

# 技能训练——万用表的使用方法

1. 实验目的

(1) 了解万用表的结构和用途。

(2) 掌握用万用表测量电阻、电压和电流的基本方法和操作技能。

2. 实验器材

万用表(指针式 MF368、数字式 MY60)及配套表笔、通用电学实验台、电阻、直流稳压电源、直流电路实验板、导线等。

3. 实验原理

万用表是一种多功能、多量程的测量仪表。一般万用表可测量电阻、直流电流、直流电压、交流电压等,有的还可以测量电容量、电感量及半导体的一些参数(如晶体管的放大倍数)等。万用表可分为模拟式万用表和数字式万用表。

1) 模拟式万用表

模拟式万用表主要为磁电式指针万用表,其结构主要由表头(测量机构)、测量线路和转换开关组成。它的外形可以做成便携式或袖珍式,并将刻度盘、转换开关、调零旋钮以及接线插孔装在面板上。下面以 MF368 型指针式万用表为例来说明。

MF368 型指针式万用表的面板如图 1.52 所示,共有 20 个挡位。其使用方法如下。

(1) 使用前需检查表头指针是否指在表盘最左侧的机械零位上,如未指在零位上,调整机械调零旋钮,使指针准确指示在刻度尺的零位置。

(2) 正确插入红、黑表笔:测量小于最大量程的交、直流电压和直流电流时,应将红、黑表笔分别插入"＋""－"插孔中(MF368 型万用表的红表笔插"＋"插孔,黑表笔插"＊"插孔);测量交直流 1500V 或直流 2.5A 时,红表笔则应分别插到标有 1500V 或 2.5A 的插孔中。

(3) 直流电流测量:测量 0.05～250mA 时,先估算被测电流的大小,然后将转换开关旋至与被测电流相应的 DCmA 区量程上;测量 2.5A 电流时,将红表笔插入标有 2.5A 的插孔,将转换开关旋至直流电流最大量程 500mA 上,然后将红、黑表笔分别串接在被测电流

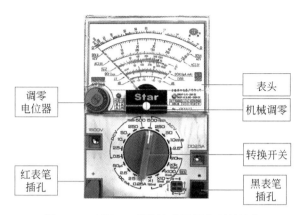

图 1.52　MF368 型指针式万用表面板结构

的"＋"端和"－"端上。读数时,读取指针在直流电流"DCV.A"刻度线(第二条刻线)上的示数,该刻度线下共有满偏刻度 250、50 和 10 三组刻度,当所选量程为这几个满偏刻度(如50mA)时,可直接按相应刻度读取指针示数;当所选量程不是这几个满偏刻度时,被测电流可按下式进行计算。

$$被测电流 = \frac{指针示数 \times 量程}{满偏刻度}$$

例如,所选量程为直流 5mA 时,按满偏刻度 50mA 读数的指针示数为 10,则所测电流为 $\frac{10 \times 5}{50} = 1(\text{mA})$。将旋转开关旋至与被测电流相应的 DCmA 区量程上,然后将表笔串接在被测电路中,即可测量被测电路的电流。

(4) 直流电压测量:测量直流电压 0.5～500V 时,将转换开关旋至所需电压挡;测量直流电压 1500V 时,将红表笔插入标有 1500V 的插孔,转换开关应旋至最大量程 500V 位置上,然后将红、黑表笔分别并接在被测电压的"＋"端和"－"端上。估计被测电压值,选择量程,将旋转开关旋至 DCV 区的相应量程上,再将红、黑表笔分别并接在被测电压的"＋"端和"－"端上。如果不知测量电压的大小,可将转换开关旋至量程最高挡,然后根据表头指示(指针最好在刻度盘中间)情况,再逐级调低至合适的测量挡位。读数方法与直流电流测量的读数方法相同。

(5) 交流电压测量:将旋转开关旋至 ACV 区相应的量程上,测量交流电压的方法与测量直流电压的方法相似,不同的是交流电没有正、负之分,所以红、黑表笔不用分正、负。读数时,读取指针在 ACV 刻度线(也是第二条刻度线)上的示数,具体方法与上述直流电流的读法一样。

(6) 电阻测量:将转换开关旋至所需电阻挡(Ω 挡),先进行欧姆调零(即红、黑表笔短接,调节零欧姆调零旋钮,使指针对准于 Ω 刻度线(第一条刻度线)右侧的 0 位上,且每换一次挡位都要进行一次欧姆调零),然后将红、黑表笔跨接在被测电阻两端进行测量,读出指针在 Ω 刻度线上的读数再乘以该挡位的倍乘数,就是所测电阻的阻值。例如,用 R×100 挡测量电阻,指针指在 6,则所测得的电阻值为 6×100＝600(Ω)。由于 Ω 刻度线左侧区域读数比较密,难以看准,读数相对误差较大,所以测量时应选择合适的欧姆挡,使表头指针指在刻度线的中间或偏右侧区域,这样读数比较清晰、准确。

2) 数字式万用表

数字式万用表的核心部分为数字电压表(DVM),它只能测量直流电压。因此,各种被测量的测量都是首先经过相应的变换器,将各被测量转换成数字电压表可接收的直流电压,然后送给数字电压表 DVM。在 DVM 中,经过模数(A/D)转换,变成数字量,然后利用电子计数器计数并以十进制数字显示被测参数。数字式万用表的型号很多,如 DT89 系列、UA70 系列、MS820 系列、VC98 系列、FK92 系列、UT70 系列等,其使用方法基本相似。下面以 VC9808 为例,介绍数字式万用表的使用方法。

VC9808 型数字式万用表的面板如图 1.53 所示。面板上有液晶显示器、电源开关、数据保持键、最大值/最小值功能键、hFE 测量插孔、量程转换开关和 4 个输入插孔等。

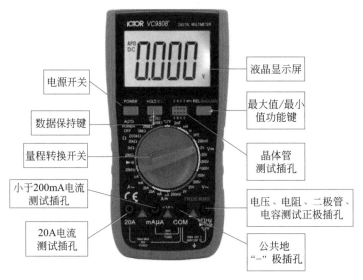

图 1.53　VC9808 型数字式万用表面板结构

(1) 直流电压挡的使用:将电源开关置于 ON,红表笔插入"V/Ω"插孔,黑表笔插入 COM 插孔,量程开关置于 DCV 范围内合适的量程,将两表笔并联于被测电路两端即可测量直流电压。VC9808 数字表直流电压最大可测 1000V。若无法估计被测电压大小时,应先选择最高量程,然后再根据显示情况逐级调低至合适量程(在交直流电压、交直流电流测量中都应如此)。

(2) 交流电压挡的使用:将量程开关置于 ACV 范围内合适的量程,将表笔并联于被测电路即可进行交流电压测量。VC9808 数字表交流电压最大可测 750V。

(3) 直流电流挡的使用:将量程开关置于 DCA 范围内合适的量程,红笔插入 mAμA 孔,黑笔仍在 COM 孔,将两表笔串联在被测电路中即可进行直流电流测量。当被测电流大于 200mA 时,应将红表笔改插 20A 插孔。测量大电流时,测量时间不应超过 15s。

(4) 交流电流挡的使用:将量程开关置于 ACA 范围内合适量程,表笔接法同直流电流测量接法,即可进行交流电流的测量。

(5) 电阻挡的使用:使用电阻挡时,红表笔应插入"V/Ω"插孔,黑表笔仍在 COM 插孔,量程开关置于 OHM 范围合适的量程即可进行电阻测量。

(6) hFE 挡的使用:hFE 挡可以用来测量晶体管共发射极连接时的电流放大倍数。此时,应将晶体管对应的 3 个极分别插入 hFE 相应的插孔,如果插错,测量结果就不正确。一般此挡测量结果只作参考用。

(7) 电容挡的使用:将量程开关置于 2mF 挡,即可测量电容容量。

3) 万用表使用注意事项

(1) 测量高压(1000V 以上)或大电流(0.5A 以上)时,应将表笔脱离电路再变换量程,避免烧坏量程转换开关。

(2) 当被测电压或电流未知时,量程转换开关应先置于最大量程处,待第一次读取数值后,方可逐级调低至适当量程以取得较准读数并避免烧毁电路及仪表。

(3) 使用指针式万用表测直流电压和电流时,如不能确定待测电压或电流的方向,要先进行试触,以防指针反偏、损坏。

(4) 测量交流时,交流电压或电流的频率范围不得超过 45~500Hz,否则测量结果不准确。

(5) 测量电阻时,严禁带电测量。

(6) 测量高压时,要站在干燥绝缘垫板上,并单手操作,防止意外事故。

(7) 测量结束后,指针式万用表需将量程转换开关置于交流电压最大挡位或 OFF 挡,数字式万用表应将量程转换开关置于电压最高量程,再关电源。

(8) 电池应定期检查、更换,以保证良好的测量精度。如果长期不用,应取出电池,以防止电解液溢出而腐蚀损坏其他零件。

4. 实验内容和步骤

练习使用万用表测量电阻、电压、电流。

(1) 测量电阻。测量表 1.2 中给定电阻的阻值,正确读取数据,计算并记录结果。

表 1.2　电阻测量数据记录表

| 标称值 | 47Ω | 680Ω | 5.1kΩ | 10kΩ |
|---|---|---|---|---|
| 测量值 | | | | |

(2) 测量交直流电压。测量实验台上三相交流电源输出端的线电压 $U_{VW}$ 和相电压 $U_{UN}$;测量直流稳压电源的输出电压,并填入表 1.3 中。

表 1.3　交直流电压测量数据记录表

| 给定电压 | $U_{VW}$ | $U_{UN}$ | 5V | 12V |
|---|---|---|---|---|
| 测量值 | | | | |

(3) 测量直流电流。按表 1.4 要求测量图 1.54 所示电路中的电流,正确读取数据,计算并记录结果。

表 1.4　直流电流测量数据记录表

| 给定电压 U/V | 5 | 12 | −15 |
|---|---|---|---|
| 测量电流 I/mA | | | |

5. 思考题

(1) 使用万用表时应注意哪些问题?

（2）使用指针式万用表测量时指针反偏怎么办？

（3）测电阻时，手能否同时碰及黑、红表笔？为什么？如何读取电阻数值？

**6. 完成实验报告**

略。

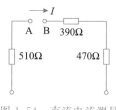

图 1.54　直流电流测量

# 实验项目——基尔霍夫定律的验证

**1. 实验目的**

（1）掌握万用表的使用方法和注意事项。

（2）学习验证基尔霍夫电流定律和基尔霍夫电压定律的实验方法，加深对基尔霍夫定律的理解。

（3）正确理解电流、电压的参考方向的概念。

**2. 实验器材**

电学通用实验台、直流稳压电源、指针式万用表、实验电路板、电阻、导线。

**3. 实验原理与步骤**

1）实验原理

基尔霍夫电流定律和电压定律是电路的基本定律，它们分别用来描述结点电流和回路电压，即对电路中的任一结点而言，在设定电流的参考方向下，应有 $\sum I = 0 (\sum I_入 = \sum I_出)$，一般流出结点的电流取正号，流入结点的电流取负号；对任何一个闭合回路而言，在设定电压的参考方向下，绕行一周，应有 $\sum U = 0 (\sum U = \sum IR)$，一般电压方向与绕行方向一致的电压取正号，电压方向与绕行方向相反的电压取负号。

在实验前，必须先设定电路中所有的电流、电压的参考方向，其中电阻上的电压方向应与电流方向一致，实验电路如图 1.55 所示。若电流、电压的测量值为正，则说明实际方向与参考方向一致；若电流、电压的测量值为负，则实际方向与参考方向相反。

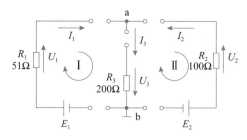

图 1.55　基尔霍夫定律验证电路图

2）实验步骤

（1）检查实验设备与器材是否齐全与完好，按图 1.55 接好实验电路。

（2）接入双路稳压电源，根据实验记录表 1.5 的要求，调节输出电压 $E_1$ 和 $E_2$，用万用表的直流电压挡测量三个电阻的端电压 $U_1$、$U_2$、$U_3$，用万用表的直流电流挡测三条支路的

电流 $I_1$、$I_2$、$I_3$。将测得的数据填入表 1.5 中。注意测量时如果万用表指针反偏,应立即调换表笔,以免损坏万用表表头。

表 1.5  实验数据记录表

| 参数 | $E_1/V$ | $E_2/V$ | $U_1/V$ | $U_2/V$ | $U_3/V$ | $I_1/A$ | $I_2/A$ | $I_3/A$ | 项目 |
|---|---|---|---|---|---|---|---|---|---|
| 第 1 组 | 12 | 12 | 1.73 | 1.73 | 10.2 | 0.034 | 0.017 | 0.051 | 计算值 |
|  |  |  |  |  |  |  |  |  | 测量值 |
|  |  |  |  |  |  |  |  |  | 误差值 |
| 第 2 组 | 12 | 9 | 2.6 | −0.4 | 9.4 | 0.051 | −0.004 | 0.047 | 计算值 |
|  |  |  |  |  |  |  |  |  | 测量值 |
|  |  |  |  |  |  |  |  |  | 误差值 |
| 第 3 组 | 10 | 7 | 2.3 | −0.6 | 7.8 | 0.045 | −0.006 | 0.039 | 计算值 |
|  |  |  |  |  |  |  |  |  | 测量值 |
|  |  |  |  |  |  |  |  |  | 误差值 |

(3)根据实验数据,分析实验结果是否验证基尔霍夫定律。

(4)完成全部实验后,将稳压电源关断,拆除导线,整理实验台。

**4. 思考题**

(1)根据实验数据,验证 KCL 的正确性,分析误差产生的原因。

(2)根据实验数据,验证 KVL 的正确性,分析误差产生的原因。

**5. 完成实验报告**

略。

## 习　　题

1-1　在图 1.56 所示电路中,已知 $U_2=2V$,(1) 求 $I$、$U_1$、$U_3$、$U_4$、$U_{ae}$;(2) 比较 a、b、c、d、e 各点电位的高低。

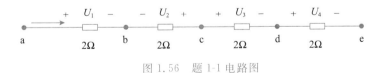

图 1.56　题 1-1 电路图

1-2　现有 100W 和 15W 两盏白炽灯,额定电压均为 220V,它们在额定工作状态下的电阻各是多少?可否把它们串联起来接到 380V 电源上使用?

1-3　一只 110V、8W 的指示灯,现在要接在 380V 的电源上,问要串多大阻值的电阻?该电阻应选用多大瓦数的?

1-4　电路如图 1.57 所示,各电阻阻值已标于图中,电源电压 $U=18V$,求各电阻的电流和电压。

電工電子技術(微課視頻版)

030

1-5　電路如圖 1.58 所示,已知:$E_1=12\text{V}$,$R_{01}=0.12\Omega$,$E_2=15\text{V}$,$R_{02}=0.15\Omega$,供電線的 $R_1=0.24\Omega$。求:

(1) 電路中電流 $I$ 和電壓 $U_1$、$U_2$ 各為何值?(參考方向已標於圖中)

(2) 左邊電壓源輸出多少功率? 右邊電壓源輸入多少功率? 供電線上損耗多少功率?

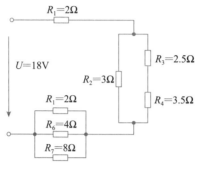

图 1.57　题 1-4 电路图

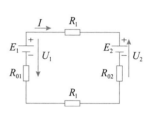

图 1.58　题 1-5 电路图

1-6　求图 1.59 所示电路中 a、b 两点间的电压 $U_{ab}$。

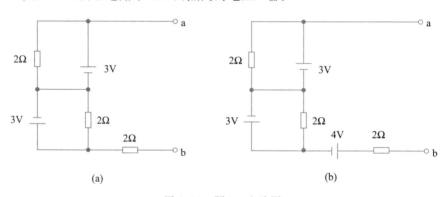

(a)　　　　　　　(b)

图 1.59　题 1-6 电路图

1-7　某万用表的表头满偏刻度电流 $I_b=1\text{mA}$,内阻 $R_0=65\Omega$。某侧电流挡的电路如图 1.60 所示,$R_d=10\Omega$。求这一挡的电流量程(即表头指满偏刻度时图中 $I$ 的数值)。

1-8　多量程直流电流表如图 1.61 所示,计算 0-1、0-2 及 0-3 各端点间的等效电阻,即各挡的电流表内阻。已知:表头等效电阻 $R_A=1.5\text{k}\Omega$,各分流电阻 $R_1=100\Omega$,$R_2=400\Omega$,$R_3=500\Omega$。

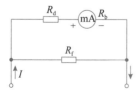

图 1.60　题 1-7 电路图

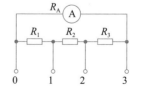

图 1.61　题 1-8 电路图

1-9 计算图 1.62 所示各电路的等效电阻。

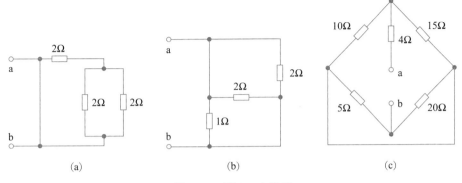

图 1.62 题 1-9 电路图

1-10 电路如图 1.63 所示,已知:$I_{S1}=50A$,$R_{01}=0.2\Omega$,$I_{S2}=50A$,$R_{02}=0.1\Omega$,$R_3=0.2\Omega$。求:

(1) $I_3$ 和 $U_1$、$U_2$ 各为何值?(自标参考方向)

(2) 左、右两边电流源输出(或输入)多少功率?电阻 $R_3$ 消耗多少功率?

1-11 求图 1.64 所示电路的开路电压 $U_{ab}$。

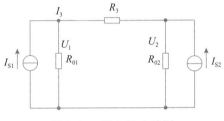

图 1.63 题 1-10 电路图

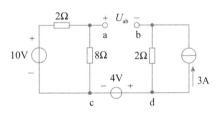

图 1.64 题 1-11 电路图

1-12 电路如图 1.65 所示,已知:$E_1=230V$,$E_2=220V$,$R_1=2\Omega$,$R_2=0.5\Omega$,$R_3=7\Omega$,试用支路电流法求各支路电流。

1-13 电路如图 1.66 所示,已知:$E_1=12V$,$E_2=6V$,$I_S=3A$(方向向上),$R_1=1\Omega$,$R_2=2\Omega$,试用支路电流法和叠加定理求各支路电流。

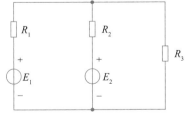

图 1.65 题 1-12 电路图

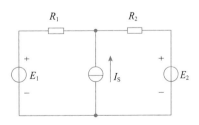

图 1.66 题 1-13 电路图

1-14 如图 1.67 所示电路,已知:$U=2V$,求电阻 $R$。

1-15 计算图 1.68 所示电路中的电压 $U$。

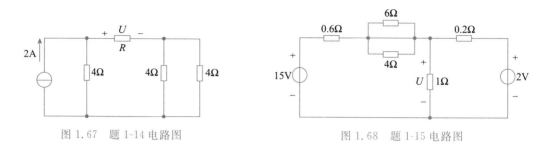

图 1.67　题 1-14 电路图　　　　　　　　　图 1.68　题 1-15 电路图

1-16　用戴维南定理计算图 1.69 所示电路中的电流 $I$。

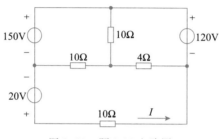

图 1.69　题 1-16 电路图

# 第 2 章

# 正弦交流电路

所谓正弦交流电路,是指含有正弦电源而且电路各部分所产生的电压和电流均按正弦规律变化的电路。交流发电机中所产生的电动势和正弦信号发生器所输出的信号电压都是随时间按正弦规律变化的,它们是常用的正弦电源。在生产上和日常生活中所用的交流电一般都是指正弦交流电。因此,正弦交流电路是电工学中很重要的一个部分。

学习目标:掌握电阻、电感、电容元件电压和电流的关系;掌握阻抗的串联和并联;掌握交流电路的功率;掌握一般交流电路的分析方法。

熟悉正弦交流量的基本特征、正弦量的相量表示法、相量图。

了解电路中谐振的发生条件及其电路特征。

学习重点:交流电路中的元件相量模型;基尔霍夫定律、欧姆定律的相量形式;交流电路的分析方法;交流电路的功率计算。

学习难点:电感、电容元件电压电流关系的物理实质;利用相量图分析电路的方法。

## 2.1 正弦量的三要素

### 2.1.1 正弦电压与电流

直流电路中的电流和电压的大小与方向是不随时间而变化的,如图 2.1 所示。

正弦电压和电流是按正弦规律周期性变化的,其波形如图 2.2 所示。由于正弦电压和电流的方向是周期性变化的,在电路图上所标的方向是它们的参考方向,即代表正半周时的方向。在负半周时,由于所标的参考方向与实际方向相反,则其值为负。图中的虚线箭头代表电流的实际方向;"+""−"代表电压的实际方向(极性)。

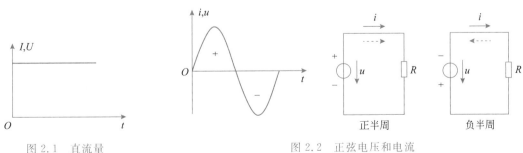

图 2.1　直流量　　　　　　　　图 2.2　正弦电压和电流

正弦电压和电流等物理量常统称为正弦量。正弦量的特征表现在变化的快慢、大小及初始值三个方面,而它们分别由频率(或周期)、幅值(或有效值)和初相位来确定。所以频率、幅值和初相位就称为正弦量的三要素。

### 2.1.2　频率与周期

正弦量完整变化一周所需的时间称为周期 $T$,单位为 s(秒)。每秒内变化的次数称为频率 $f$,单位为 Hz(赫兹)。

频率是周期的倒数,即

$$f = \frac{1}{T} \tag{2.1}$$

我国和大多数国家都采用 50Hz 作为电力标准频率,有些国家(如美国、日本等)采用 60Hz。这种频率在工业上应用广泛,习惯上也称为工频。

正弦量变化的快慢除用周期和频率表示外,还可以用角频率 $\omega$ 来表示。因为一个周期内经历了 $2\pi$ 弧度(图 2.3),所以角频率为

$$\omega = \frac{2\pi}{T} = 2\pi f \tag{2.2}$$

它的单位是 rad/s(弧度每秒)。

式(2.2)表示 $T$、$f$、$\omega$ 三者之间的关系,只要知道其中之一,则其余均可求出。

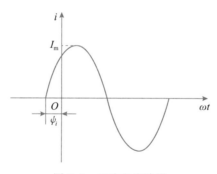

图 2.3　正弦电流波形

### 2.1.3　振幅与有效值

正弦量在任一瞬时的值称为瞬时值,用小写字母来表示,如 $i$、$u$ 及 $e$ 分别表示电流、电压及电动势的瞬时值。瞬时值中最大的值称为幅值或最大值,用带下标 m 的大写字母来表示,如 $I_m$、$U_m$ 及 $E_m$ 分别表示电流、电压及电动势的幅值。

图 2.3 是正弦电流的波形,其数学表达式为

$$i = I_m \sin(\omega t + \psi_i) \tag{2.3}$$

正弦电流、电压和电动势的大小往往不是用它们的幅值,而是常用有效值(均方根值)来计量。

有效值是从电流的热效应规定的,不论是周期性变化的电流还是直流,只要它们在相等的时间内通过同一电阻且两者的热效应相等,就把它们的安培值看作是相等的。即某一个周期电流 $i$ 通过电阻 $R$ 在一个周期内产生的热量和另一个直流 $I$ 通过同样大小的电阻在相等的时间内产生的热量相等,如图 2.4 所示。那么这个周期性变化的电流 $i$ 的有效值在数

值上就等于这个直流 $I$。

图 2.4 正弦电流的有效值

根据上述可得

$$\int_0^T i^2 R \, \mathrm{d}t = I^2 RT$$

由此可得出周期电流的有效值:

$$I = \sqrt{\frac{1}{T}\int_0^T i^2 \, \mathrm{d}t} \tag{2.4}$$

当周期电流为正弦值时,即 $i = I_\mathrm{m}\sin\omega t$(令 $\psi_i = 0$),则

$$I = \sqrt{\frac{1}{T}\int_0^T i^2 \, \mathrm{d}t} = \sqrt{\frac{1}{T}\int_0^T I_\mathrm{m}^2 \sin^2\omega t \, \mathrm{d}t}$$

因为

$$\int_0^T \sin^2\omega t \, \mathrm{d}t = \int_0^T \frac{1-\cos 2\omega t}{2}\mathrm{d}t = \frac{1}{2}\int_0^T \mathrm{d}t - \frac{1}{2}\int_0^T \cos 2\omega t \, \mathrm{d}t = \frac{T}{2} - 0 = \frac{T}{2}$$

所以

$$I = \sqrt{\frac{1}{T}I_\mathrm{m}^2 \frac{T}{2}} = \frac{I_\mathrm{m}}{\sqrt{2}} \tag{2.5}$$

同理可得

$$U = \frac{U_\mathrm{m}}{\sqrt{2}}, \quad E = \frac{E_\mathrm{m}}{\sqrt{2}} \tag{2.6}$$

有效值都用大写字母表示,和表示直流的字母一样。

平常所说的交流电源电压是 220V,电流是多少安,都是指它的有效值。交流电压表和电流表的读数都是它们的有效值。

### 2.1.4 初相位

正弦量是随时间而变化的,要确定一个正弦量还须从计时起点($t=0$)上看。所取的计时起点不同,正弦量的初始值($t=0$ 时的值)就不同,到达幅值或某一特定值所需的时间也就不同。

正弦量可以用下式表示:

$$i = I_\mathrm{m}\sin(\omega t + \psi_i) \tag{2.7}$$

其波形如图 2.3 所示。在这种情况下 $i_0 = I_\mathrm{m}\sin\psi_i$,不等于零。

式中 $\omega t + \psi_i$ 称为正弦量的相位角或相位,它反映正弦量变化的进程。当相位角随时间连续变化时,正弦量的瞬时值随之做连续变化。

$t=0$ 时的相位角称为初相位角或初相位,式(2.7)中初相位为 $\psi_i$。

在一个正弦交流电路中,电压 $u$ 和电流 $i$ 的频率是相同的,但初相位不一定相同,例如,图 2.5(a)所示,图中 $u$ 和 $i$ 的波形可用下式表示:

$$u = U_{\mathrm{m}}\sin(\omega t + \psi_u)$$
$$i = I_{\mathrm{m}}\sin(\omega t + \psi_i) \tag{2.8}$$

它们的初相位分别为 $\psi_u$ 和 $\psi_i$。

两个同频率正弦量的相位角之差或初相位角之差称为相位差,用 $\varphi$ 表示。在式(2.8)中,$u$ 和 $i$ 的相位差为

$$\varphi = (\omega t + \psi_u) - (\omega t + \psi_i) = \psi_u - \psi_i \tag{2.9}$$

当两个同频率正弦量的计时起点($t=0$)改变时,它们的相位和初相位即随之改变,但是两者之间的相位差仍保持不变。

当 $\varphi > 0$ 时,反映电压 $u$ 的相位超前电流 $i$ 的相位一个角度 $\varphi$,简称 $u$ 超前 $i$,如图 2.5(a)所示。

当 $\varphi = 0$ 时,$u$ 和 $i$ 同相位,如图 2.5(b)所示。

当 $\varphi = \dfrac{\pi}{2}$ 时,$u$ 和 $i$ 正交,如图 2.5(c)所示。

当 $\varphi = \pi$ 时,$u$ 和 $i$ 反相位,如图 2.5(d)所示。

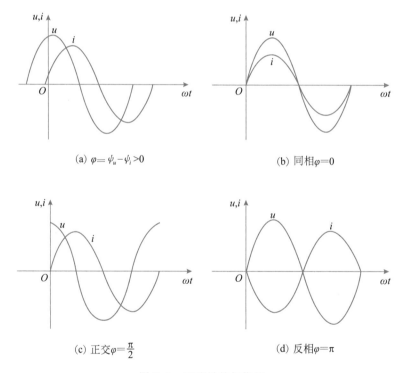

(a) $\varphi = \psi_u - \psi_i > 0$　　　　　　　(b) 同相$\varphi = 0$

(c) 正交$\varphi = \dfrac{\pi}{2}$　　　　　　　(d) 反相$\varphi = \pi$

图 2.5　正弦量的相位差

## 2.2　正弦量的相量表示法

在分析正弦交流电路时,经常会遇到同量纲和同频率的正弦量的加减运算问题。一个正弦量具有幅值、频率和初相位三个特征,而这些特征可以用一些方法表示出来。正弦量的

各种表示方法是分析与计算正弦交流电路的工具。

2.1 节已经介绍过两种表示法，一种是用三角函数来表示，例如：$i = I_m \sin(\omega t + \psi_i)$，这是正弦量的基本表示方法；另一种是用正弦波形来表示，如图 2.3 所示。

此外，正弦量还可以用相量来表示。相量表示的基础是复数，也就是用复数来表示正弦量。

设有一正弦电压 $u = U_m \sin(\omega t + \psi)$，其波形如图 2.6 右边所示，左边是一旋转矢量 $A$。在直角坐标系中，矢量的长度代表正弦量的幅值 $U_m$，它的初始位置（$t=0$ 时的位置）与横轴正方向之间的夹角等于正弦量的初相位 $\psi$，并以正弦量的角频率 $\omega$ 做逆时针方向旋转。可见，这一旋转矢量具有正弦量的三个特征，故可用来表示正弦量。正弦量在某时刻的瞬时值就可以由这个旋转矢量于该瞬时在纵轴上的投影表示出来。例如，在 $t=0$ 时，$u_0 = U_m \sin\psi$；在 $t=t_1$ 时，$u_1 = U_m \sin(\omega t_1 + \psi)$。

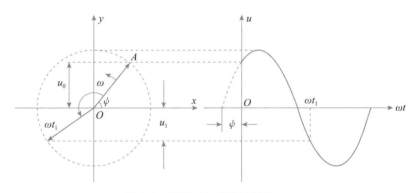

图 2.6　正弦量的旋转矢量表示法

由于旋转矢量的角速度等于正弦量的角频率，其值不变，使用时只需画出它的初始位置，不再表明角速度 $\omega$，并简称为矢量。

正弦量可以用矢量来表示，而矢量可用复数表示，所以正弦量也可用复数来表示。此时直角坐标要改为复数坐标，横轴表示复数的实部，称为实轴，单位是 $+1$，纵轴称为虚轴，单位是 $+j$（$j = \sqrt{-1}$）。如图 2.7 所示，原来的长度为 $|A|$，与横轴夹角为 $\psi$ 的矢量 $A$ 就可以用实部为 $a$、虚部为 $b$ 的复数 $A$ 来表示，即

$$A = a + jb = |A|\cos\psi + jr\sin\psi$$
$$= |A|(\cos\psi + j\sin\psi) \tag{2.10}$$

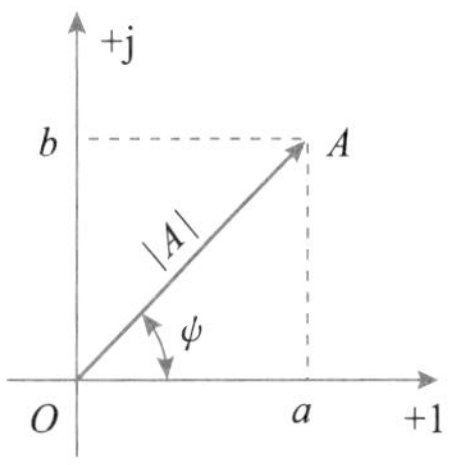

图 2.7　矢量的复数表示法

可以看出：

$$|A| = \sqrt{a^2 + b^2}$$
$$\psi = \arctan\frac{b}{a}$$

式中：$|A|$ 表示复数的大小，称为复数的模；$\psi$ 是复数与实轴正方向的夹角，称为复数的辐角。

根据欧拉公式

$$\cos\psi = \frac{e^{j\psi} + e^{-j\psi}}{2}, \quad \sin\psi = \frac{e^{j\psi} - e^{-j\psi}}{2j}$$

式(2.10)可以写成

$$A = |A| e^{j\psi} \tag{2.11}$$

或按极坐标写成

$$A = |A| \underline{/\psi} \tag{2.12}$$

式(2.10)称为复数的代数式,式(2.11)称为指数式,式(2.12)称为极坐标式。三者可以相互转换。复数的加减运算可以用代数式进行,复数的乘除运算可以用指数式或极坐标式进行。

如上所述,一个矢量可用复数表示,复数的模即为正弦量的幅值或有效值,复数的辐角即为正弦量的初相位。

为了与一般的复数相区别,我们把表示正弦量的复数称为相量,并在大写字母上打"·"。于是正弦电压 $u = U_m \sin(\omega t + \psi)$ 可以用长度为 $U_m$、与横轴的夹角为 $\psi$ 的矢量 $\overrightarrow{U_m}$ 表示,其对应的相量为

$$\dot{U}_m = |U_m| \sin(\omega t + \psi) = |U_m| e^{j\psi} = |U_m| \underline{/\psi} \tag{2.13}$$

或

$$\dot{U} = |U| \sin(\omega t + \psi) = |U| e^{j\psi} = |U| \underline{/\psi} \tag{2.14}$$

$\dot{U}_m$ 是电压的幅值相量,$\dot{U}$ 是电压的有效值相量。注意,相量只是表示正弦量,而不是等于正弦量,只有同频率的正弦量才可用相量画在同一相量图上进行分析计算。

设有相量

$$\dot{U}_1 = U_{R1} + jU_{X1}, \quad \dot{U}_2 = U_{R2} + jU_{X2}$$

则

$$\dot{U}_1 \pm \dot{U}_2 = (U_{R1} \pm U_{R2}) + j(U_{X1} \pm U_{X2}) \tag{2.15}$$

相量的加减运算也可在复平面上用平行四边形法则作图完成,如图2.8所示。

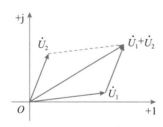

图 2.8　相量的加法运算

设有相量

$$\dot{U}_1 = |U_1| e^{j\psi_1}, \quad \dot{U}_2 = |U_2| e^{j\psi_2}$$

则

$$\dot{U}_1 \cdot \dot{U}_2 = |U_1| \underline{/\psi_1} \cdot |U_2| \underline{/\psi_2} = |U_1| \cdot |U_2| \underline{/(\psi_1 + \psi_2)} \tag{2.16}$$

又

$$\frac{\dot{U}_1}{\dot{U}_2} = \frac{|U_1| \underline{/\psi_1}}{|U_2| \underline{/\psi_2}} = \frac{|U_1|}{|U_2|} \underline{/(\psi_1 - \psi_2)} \tag{2.17}$$

相量相乘除的几何意义如图2.9所示。

模等于 1 的相量如 $e^{j\psi}$、$e^{j\frac{\pi}{2}}$、$e^{j\pi}$ 等称为旋转因子。例如,把任意相量 $\dot{U}$ 乘以 $j(e^{j\frac{\pi}{2}}=j)$ 就等于把相量在复平面上逆时针旋转 $\frac{\pi}{2}$(图 2.10),表示为 $j\dot{U}$,因此把 $j$ 称为旋转 $90°$ 的旋转因子。

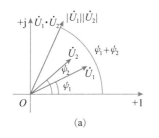
(a)

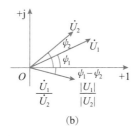
(b)

图 2.9  相量的乘除运算

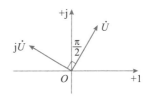

图 2.10  旋转因子

例 2.1  设已知两个正弦电流分别为 $i_1=70.7\sin(314t-30°)\text{A}$,$i_2=60\sin(314t+60°)\text{A}$,求 $i=i_1+i_2$。

解:同频率正弦量的相加(或相减)所得的和(或差)仍是一个频率相同的正弦量。

$$i=i_1+i_2$$

设

$$i=I_m\sin(314t+\theta)\text{A}$$

有

$$I_m\sin(314t+\theta)=70.7\sin(314t-30°)+60\sin(314t+60°)$$

用相量来表示 $i$、$i_1$、$i_2$,有

$$\dot{I}_m=I_m\underline{/\theta}\ \text{A},\quad \dot{I}_{1m}=70.7\underline{/-30°}\text{A},\quad \dot{I}_{2m}=60\underline{/60°}\text{A}$$

把正弦量的运算转换成对应的相量代数运算,有式

$$\dot{I}_m=\dot{I}_{1m}+\dot{I}_{2m}$$

$$\dot{I}_{1m}=70.7\underline{/-30°}=(61.23-j35.35)\text{A},\quad \dot{I}_{2m}=60\underline{/60°}=(30+j51.96)\text{A}$$

$$\dot{I}_m=\dot{I}_{1m}+\dot{I}_{2m}=(61.23+30)+j(51.96-35.35)=91.23+j16.61=92.7\underline{/10.37°}\text{A}$$

通过 $\dot{I}_m$ 写出对应的正弦量

$$i=92.7\sin(314t+10.37°)\text{A}$$

通过上面的例子,可知:

(1)只有对同频率的正弦量,才能用对应的相量进行代数运算。

(2)在应用相量分析法时,先将正弦量变换为对应的相量,然后通过相量的代数运算求得对应所求正弦量的相量,最后由该相量写出对应正弦量的瞬时表达式。

(3)相量图中各相量的初相位与正弦量开始计时时刻的选择有关,但是各相量之间的相位差是固定的。在画相量图时,往往选择其中一个相量作为参考相量,把它的初相位设为 0,其余各相量均按照它们对参考相量的相位差定出它们的初相位。

(4)交流电同直流电一样遵循电路的基本定律,瞬时值可以直接进行加减,应用基尔霍

夫定律可以写出

$$\sum i = 0, \quad \sum u = 0 \tag{2.18}$$

用相量表示时,要同时考虑大小和相位两方面的关系,写作

$$\sum \dot{I} = 0, \quad \sum \dot{U} = 0 \tag{2.19}$$

必须注意,它们的幅值(或有效值)不能直接进行加减。

## 2.3 单一参数的交流电路

在直流电路中,磁场和电场都长时间保持恒定不变(只在开关动作时有变化),电感元件可以视作短路,电容元件可以视作开路,只需考虑电路中的电阻参数。但在交流电路中,电流和电压是交变的,磁场和电场总在变化,这就必须考虑电感和电容的作用。这样一来,各种实际交流电路都可抽象为只含电动势或电激流的电源和电阻、电感及电容等理想电路元件组成的电路模型。

严格来说,只包含单一参数的理想电路元件是不存在的。但当某一部分电路只有一种参数起主要作用,其余参数可以忽略不计时,就可以近似地把它视为理想电路元件。例如,白炽灯可以视为纯电阻元件。大多数电容器的介质损耗很小,可以视为纯电容元件。电感线圈如果有很集中的磁场而它的电阻又很小时,则可以近似地视为纯电感元件。下面分别加以讨论。

### 2.3.1 电阻元件

在正弦交流电路中,假定在任一瞬时,电压 $u_R$ 和电流 $i_R$ 在关联参考方向下如图 2.11 所示。设电阻中流过的正弦电流

$$i_R = \sqrt{2} I_R \sin(\omega t + \psi_i)$$

根据欧姆定律,有

$$u_R = R i_R = R \sqrt{2} I_R \sin(\omega t + \psi_i) = \sqrt{2} U_R \sin(\omega t + \psi_u)$$

从上面两式看出两个正弦量 $u_R$ 和 $i_R$ 频率相同且相位相同。$u_R$ 和 $i_R$ 波形如图 2.12 所示,电压与电流有效值之间成正比关系:

$$U_R = R I_R \tag{2.20}$$

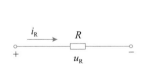

图 2.11　电阻元件的电压、电流关系

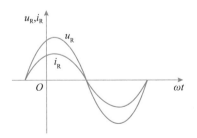

图 2.12　$u_R$ 和 $i_R$ 的波形关系

电阻元件的相量模型如图 2.13 所示。电阻的电流、电压相量形式分别为

$$\dot{I}_R = I_R \,\underline{/\psi_i}, \quad \dot{U}_R = U_R \,\underline{/\psi_u}$$

相量模型中电阻两端的电压与流过电阻的电流、电压相量形式分别为

$$\dot{U}_R = R\dot{I}_R = RI_R \,\underline{/\psi_i}$$

$$U_R \,\underline{/\psi_u} = RI_R \,\underline{/\psi_i}$$

也可以用相量图来表示这种关系,图 2.14 表示了 $\dot{I}_R$ 和 $\dot{U}_R$ 的关系。从图中可见,电阻元件两端的电压与流过电阻元件的电流相位相同。

因为相位相同即 $\psi_u = \psi_i$,所以电子元件两端电压的有效值与其流过的电流的有效值同样符合欧姆定律,即 $U_R = RI_R$。

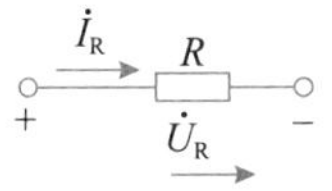

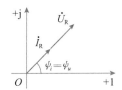

图 2.13  电阻元件的电压、电流的相量模型

图 2.14  $\dot{I}_R$ 和 $\dot{U}_R$ 的相量图

## 2.3.2  电感元件

流过电感元件的电流 $i_L$ 与电感元件两端的电压 $u_L$,在关联参考方向下如图 2.15 所示。

设正弦电流

$$i_L = \sqrt{2}\,I_L \sin(\omega t + \psi_i)$$

根据电感元件的伏安关系

$$u_L = L\,\frac{\mathrm{d}i_L}{\mathrm{d}t}$$

则

$$u_L = \sqrt{2}\,\omega LI_L \sin\left(\omega t + \psi_i + \frac{\pi}{2}\right) = \sqrt{2}\,U_L \sin(\omega t + \psi_u) \tag{2.21}$$

由 $u_L$ 和 $i_L$ 的表达式可知,电感元件两端的电压和流过电感的电流是同频率的正弦量,但电压的相位超前电流的相位 $\dfrac{\pi}{2}$,如图 2.16 所示。即

$$\psi_u = \psi_i + \frac{\pi}{2} \tag{2.22}$$

图 2.15  电感元件的电压、电流关系

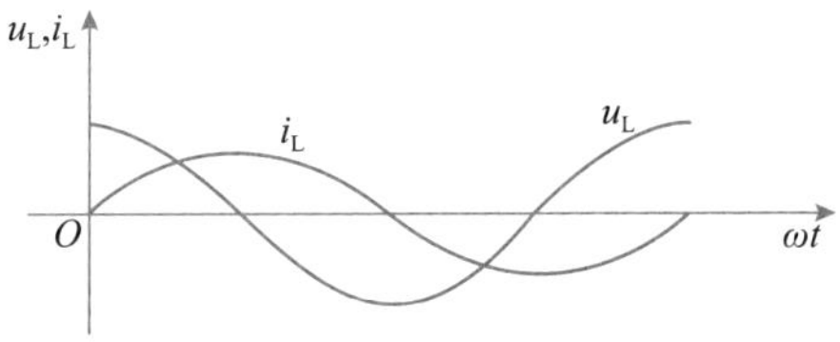

图 2.16  $u_L$ 和 $i_L$ 的波形关系

由式(2.21)可知,电压有效值 $U_L$ 与电流有效值 $I_L$ 的关系是

$$U_{\mathrm{L}} = \omega L I_{\mathrm{L}} = X_{\mathrm{L}} I_{\mathrm{L}} \tag{2.23}$$

$$X_{\mathrm{L}} = \frac{U_{\mathrm{L}}}{I_{\mathrm{L}}} = \omega L = 2\pi f L \tag{2.24}$$

式中：$X_{\mathrm{L}}$ 称为感抗，可见感抗与频率成正比。当频率的单位为 Hz、电感的单位为 H（亨[利]）时，感抗的单位为 $\Omega$。

电感元件的相量模型如图 2.17 所示，电感电压、电流对应的相量分别为

$$\dot{I}_{\mathrm{L}} = I_{\mathrm{L}} \underline{/\psi_i} \tag{2.25}$$

$$\dot{U}_{\mathrm{L}} = \omega L I_{\mathrm{L}} \underline{\left/ \left(\psi_i + \frac{\pi}{2}\right)\right.} = \omega L \underline{\left/\frac{\pi}{2}\right.} \cdot I_{\mathrm{L}} \underline{/\psi_i} = \mathrm{j}\omega L \dot{I}_{\mathrm{L}} = \mathrm{j}X_{\mathrm{L}} \dot{I}_{\mathrm{L}} \tag{2.26}$$

这就是电感元件相量形式的伏安关系，也具有欧姆定律的形式，但电感要用感抗的形式表示。j 表示电感两端的电压超前流过电感元件的电流 $\frac{\pi}{2}$。电感元件的电压与电流的关系也可以用图 2.18 所示的相量图来表示。

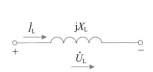 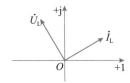

图 2.17　电感元件电压、电流的相量模型　　　　图 2.18　$\dot{I}_{\mathrm{L}}$ 和 $\dot{U}_{\mathrm{L}}$ 的相量图

### 2.3.3　电容元件

流过电容元件的电流 $i_{\mathrm{C}}$ 与电容元件两端的电压 $u_{\mathrm{C}}$，在关联参考方向下如图 2.19 所示。设电容端电压

$$u_{\mathrm{C}} = \sqrt{2} U_{\mathrm{C}} \sin(\omega t + \psi_u)$$

根据电容元件的伏安关系，有

$$i_{\mathrm{C}} = C \frac{\mathrm{d}u_{\mathrm{C}}}{\mathrm{d}t} = \sqrt{2}\,\omega C U_{\mathrm{C}} \sin\left(\omega t + \psi_u + \frac{\pi}{2}\right) = \sqrt{2}\,I_{\mathrm{C}} \sin(\omega t + \psi_i) \tag{2.27}$$

由式(2.27)可知，电容元件的电压和电流是同频率的正弦量，但电流的相位超前电压的相位 $\frac{\pi}{2}$，如图 2.20 所示。

$$\psi_i = \psi_u + \frac{\pi}{2} \tag{2.28}$$

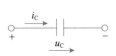 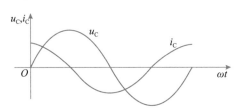

图 2.19　电容元件的电压、电流关系　　　　图 2.20　$u_{\mathrm{C}}$ 和 $i_{\mathrm{C}}$ 的波形关系

电流有效值 $I_C$ 与电压有效值 $U_C$ 的关系为

$$I_C = \omega C U_C \tag{2.29}$$

$$\frac{U_C}{I_C} = \frac{1}{\omega C} = \frac{1}{2\pi f C} = X_C \tag{2.30}$$

式中：$X_C$ 称为容抗。容抗与频率成反比。当频率的单位为 Hz,电容的单位为 F（法[拉]）时,容抗的单位为 $\Omega$。

电容元件的相量模型如图 2.21 所示,电容的电压电流相量分别为

$$\dot{U}_C = U_C \underline{/\psi_u} \tag{2.31}$$

$$\dot{I}_C = \omega C U_C \underline{\left/\left(\psi_u + \frac{\pi}{2}\right)\right.} = \omega C \underline{\left/\frac{\pi}{2}\right.} \cdot U_C \underline{/\psi_u} = j\omega C \dot{U}_C \tag{2.32}$$

$$\dot{U}_C = \frac{1}{j\omega C} \dot{I}_C = -jX_C \dot{I}_C \tag{2.33}$$

在相量模型条件下电容元件的伏安关系也具有欧姆定律的形式,但电容要用容抗的形式表示。$-j$ 表示电容元件两端的电压滞后流过电容的电流 $\frac{\pi}{2}$。电容元件的电压与电流的关系也可以用图 2.22 所示的相量图表示。

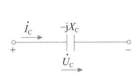

图 2.21 电容元件电压、电流的相量模型

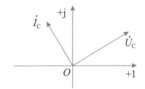

图 2.22 $\dot{I}_C$ 和 $\dot{U}_C$ 的相量图

## 2.4 电阻、电感和电容串联的交流电路

$R$、$L$、$C$ 三个元件串联的交流电路是一个典型的电路。单一参数电路、RL 串联电路和 RC 串联电路,可以看成是它的特例。

电阻 $R$、电感 $L$ 和电容 $C$ 组成的串联电路如图 2.23 所示,图中标出电流和各元件电压的参考方向,流过三个元件的电流是相同的,设

RLC 串联电路和
阻抗的串并联

$$i = \sqrt{2} I \sin\omega t$$

根据基尔霍夫电压定律,有

$$u = u_R + u_L + u_C \tag{2.34}$$

代入元件的约束关系,有

$$u = Ri + L\frac{\mathrm{d}i}{\mathrm{d}t} + \frac{1}{C}\int i\,\mathrm{d}t \tag{2.35}$$

为了避免求解微分方程,可以把图 2.23 所示的正弦量模型转化成图 2.24 所示的相量模型,用正弦量对应的相量进行代数运算。

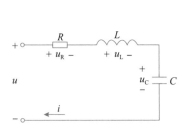

图 2.23　RLC 串联交流电路

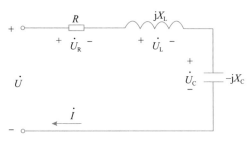

图 2.24　RLC 串联电路的相量模型

对图 2.24 所示电路应用基尔霍夫电压定律,得

$$\dot{U} = \dot{U}_R + \dot{U}_L + \dot{U}_C \tag{2.36}$$

代入元件相量形式的约束关系:$\dot{U}_R = R\dot{I}_R$,$\dot{U}_L = jX_L\dot{I}_L$,$\dot{U}_C = -jX_C\dot{I}_C$。

在串联电路中,通过 $R$、$L$、$C$ 元件的正弦电流 $\dot{I}$ 相同,有

$$\dot{U} = R\dot{I} + jX_L\dot{I} - jX_C\dot{I} = [R + j(X_L - X_C)]\dot{I} = Z\dot{I} \tag{2.37}$$

上式称为 RLC 串联电路相量形式的欧姆定律。式中,$Z$ 称为 RLC 串联电路的复阻抗,单位为 $\Omega$。

$$Z = R + j(X_L - X_C) = R + jX \tag{2.38}$$

复阻抗的实部是电阻 $R$,虚部是电抗 $X$。

复阻抗是复数,可以通过阻抗三角形表示,如图 2.25 所示,图中

$$Z = |Z| \underline{/\varphi}$$

$$|Z| = \sqrt{R^2 + (X_L - X_C)^2}, \quad \tan\varphi = \frac{X_L - X_C}{R}$$

因为

$$Z = \frac{\dot{U}}{\dot{I}} = |Z| \underline{/\varphi} \tag{2.39}$$

当 $X_L = X_C$ 时,$\varphi = 0$,$Z = R$,电路呈电阻性。

当 $X_L > X_C$ 时,$\varphi > 0$,电路呈电感性。

当 $X_L < X_C$ 时,$\varphi < 0$,电路呈电容性。

式中,阻抗角 $\varphi$ 即是电压与电流的相位差,$\varphi = \psi_u - \psi_i$。下面以 RLC 串联电路 $\varphi > 0$ 为例,介绍用多边形法画相量图的步骤,相量图如图 2.26 所示。

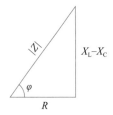

图 2.25　阻抗三角形

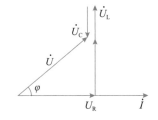

图 2.26　RLC 串联电路相量图

（1）画出参考正弦量即电流相量 $\dot{I}$。

（2）画出 $\dot{U}_R$，与 $\dot{I}$ 同相。

（3）在 $\dot{U}_R$ 的末端做 $\dot{U}_L$，超前 $\dot{I}$ 90°。

（4）在 $\dot{U}_L$ 的末端做 $\dot{U}_C$，滞后 $\dot{I}$ 90°。

（5）从 $\dot{U}_R$ 的始端到 $\dot{U}_C$ 的末端做 $\dot{U}$，即为所求的电压相量。$\dot{U}=\dot{U}_R+\dot{U}_L+\dot{U}_C$。

应当指出，虽然复阻抗与相量的形式相同，但它不代表正弦量，所以不是相量。为了区别，复阻抗这个复数用不打点的大写字母 $Z$ 表示。

**例 2.2** 在图 2.27 中，已知第一只电压表读数为 15V，第 2 只电压表读数为 80V，第 3 只电压表读数为 100V。求电路端电压有效值（电压表的读数为电压有效值）。

**解**：本题通过画相量图，用多边形法则求解。

设 $\dot{I}$ 为参考相量，如图 2.28 所示。由图可知，$\dot{U}_R$ 与 $\dot{I}$ 同相，$\dot{U}_L$ 超前 $\dot{I}$ 90°，$\dot{U}_C$ 滞后 $\dot{I}$ 90°。所以

$$U=\sqrt{15^2+20^2}=25(\text{V})$$

电路呈电容性，电流 $\dot{I}$ 超前电压 $\dot{U}$，端电压有效值等于 25V。注意，$U\neq U_R+U_L+U_C$，而应该是 $\dot{U}=\dot{U}_R+\dot{U}_L+\dot{U}_C$。

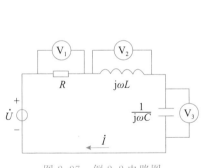

图 2.27　例 2.2 电路图

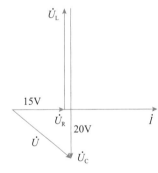

图 2.28　例 2.2 相量图

## 2.5　阻抗的串联与并联

阻抗的串联与并联的分析方法和电阻的串联与并联的分析方法相同。

### 2.5.1　阻抗的串联

图 2.29 中，有 $n$ 个阻抗串联，根据基尔霍夫电压定律，电路的总电压等于各部分电压的相量和，即

$$\dot{U}=\dot{U}_1+\dot{U}_2+\cdots+\dot{U}_n$$

将上式两边各除以电流 $\dot{I}$，可得出电路的等效复阻抗

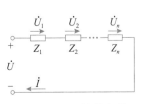

图 2.29　阻抗的串联

$$Z = Z_1 + Z_2 + \cdots + Z_n$$
$$= (R_1 + jX_1) + (R_2 + jX_2) + \cdots + (R_n + jX_n)$$
$$= \sum_{k=1}^{n} R_k + j\sum_{k=1}^{n} X_k = R + jX \tag{2.40}$$

式(2.40)说明:串联电路的总复阻抗等于各部分的复阻抗相加,即串联总复阻抗的电阻等于各部分电阻之和,总电抗等于各部分电抗的代数和,其中感抗取正号,容抗取负号。一定要注意,不可用各部分的阻抗直接相加来求总阻抗。

### 2.5.2 阻抗的并联

图 2.30 中,有 $n$ 个阻抗并联,根据基尔霍夫电流定律,电路的总电流等于各部分电流的相量和,即

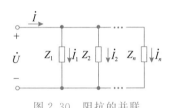

$$\dot{I} = \dot{I}_1 + \dot{I}_2 + \cdots + \dot{I}_n = \frac{\dot{U}}{Z_1} + \frac{\dot{U}}{Z_2} + \cdots + \frac{\dot{U}}{Z_n}$$

等式左边的总电流等于并联电路总电压 $\dot{U}$ 除以并联的等效复阻抗 $Z$,即

图 2.30  阻抗的并联

$$\frac{\dot{U}}{Z} = \dot{U}\left(\frac{1}{Z_1} + \frac{1}{Z_2} + \cdots + \frac{1}{Z_n}\right) \tag{2.41}$$

等式两边各除以电压 $\dot{U}$,可得

$$\frac{1}{Z} = \frac{1}{Z_1} + \frac{1}{Z_2} + \cdots + \frac{1}{Z_n} \tag{2.42}$$

等效阻抗 $Z$ 的倒数等于 $n$ 个并联阻抗的倒数之和。

在两个阻抗并联的情况下,有如下关系式(图 2.31)。

等效阻抗:

$$Z = \frac{Z_1 Z_2}{Z_1 + Z_2} \tag{2.43}$$

电流分配关系:

$$\dot{I}_1 = \frac{Z_2}{Z_1 + Z_2}\dot{I}, \quad \dot{I}_2 = \frac{Z_1}{Z_1 + Z_2}\dot{I} \tag{2.44}$$

对于一个不含独立电源,由 $R$、$L$、$C$ 构成的二端网络 N,复阻抗 $Z$ 可以通过端电压 $\dot{U}$ 和端线上的电流 $\dot{I}$ 求得,如图 2.32 所示。

$$Z = \frac{\dot{U}}{\dot{I}} \tag{2.45}$$

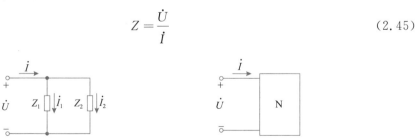

图 2.31  两阻抗并联          图 2.32  二端网络的复阻抗

## 2.6  正弦交流电路的功率

正弦交流
电路的功率

正弦交流电路中不但有电阻元件,而且有电感元件和电容元件。由于电感元件和电容元件的储能特性,它们的功率特性与电阻元件是不同的。正弦交流电路的功率有 3 种形式,分别是有功功率(表示耗能元件实际消耗能量的情况)、无功功率(表示储能元件与电源进行能量交换的情况)和视在功率(表示电源或装置的容量)。

下面对正弦交流电路的功率进行分析讨论。图 2.33 所示网络 N 为无源二端网络。

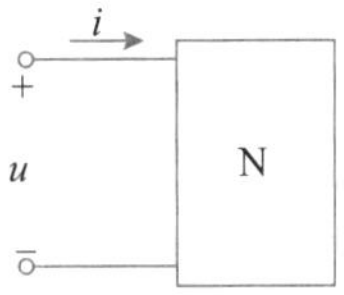

图 2.33  交流电路中的无源二端网络

### 2.6.1  有功功率 $P$

在正弦交流电路中,电压 $u$ 和电流 $i$ 的参考方向如图 2.33 所示,都是同频率的正弦量。设电压为

$$u = \sqrt{2}U\sin\omega t$$

电流为

$$i = \sqrt{2}I\sin(\omega t - \varphi)$$

瞬时功率为

$$p = ui = \sqrt{2}U\sin\omega t \cdot \sqrt{2}I\sin(\omega t - \varphi) = UI[\cos\varphi - \cos(2\omega t - \varphi)] \tag{2.46}$$

有功功率也就是平均功率 $P$,为

$$P = \frac{1}{T}\int_0^T UI[\cos\varphi - \cos(2\omega t - \varphi)]\mathrm{d}t = UI\cos\varphi = UI\lambda \tag{2.47}$$

式中:$\lambda = \cos\varphi$,称为电路的功率因数。可以看出,正弦交流电路的有功功率不但与电压、电流的有效值有关,还与电压与电流相位差 $\varphi$ 的余弦有关。

对电阻元件 $R$,$\varphi = 0$,$P_R = U_R I_R = I^2 R \geqslant 0$。

对电感元件 $L$,$\varphi = \dfrac{\pi}{2}$,$P_L = U_L I_L \cos\dfrac{\pi}{2} = 0$。

对电容元件 $C$,$\varphi = -\dfrac{\pi}{2}$,$P_C = U_C I_C \cos\left(-\dfrac{\pi}{2}\right) = 0$。

可见,在正弦交流电路中,电感、电容元件实际上不消耗电能,而电阻总是消耗电能的。通过以上的分析得到:有功功率反映电路实际消耗的功率,即无源二端网络中各电阻所消耗的有功功率之和。有功功率的单位为 W。

### 2.6.2  无功功率 $Q$

由上述分析可知,在电感元件和电容元件的交流通路中,没有能量消耗,只有电源与电感元件(或电容元件)之间的能量互换。这种能量互换的规模,我们用无功功率 $Q$ 来衡量。

$$Q = UI\sin\varphi \tag{2.48}$$

无功功率 $Q$ 的单位是 var(乏)。

单个电感元件，$\varphi=\dfrac{\pi}{2}$，则 $Q_L=U_LI_L\sin\varphi=U_LI_L>0$。

单个电容元件，$\varphi=-\dfrac{\pi}{2}$，则 $Q_C=U_CI_C\sin\varphi=-U_CI_C<0$。

对于 RLC 串联电路，$Q=UI\sin\varphi=(U_L-U_C)I=U_LI-U_CI=Q_L-Q_C$ 即总无功功率是代数和，感性无功功率取正值，容性无功功率取负值，感性的无功功率和容性的无功功率可以互相抵消。通常工程上认为电感"吸收"无功功率，电容"发出"无功功率。

### 2.6.3 视在功率 $S$

在交流电路中，端电压和电流的有效值的乘积称为视在功率，用符号 $S$ 表示：

$$S=UI \tag{2.49}$$

它不同于直流电路，这个公式不代表电路中的有功功率。

交流电气设备都是按额定电压 $U_N$ 使用，工作电流受额定电流 $I_N$ 的限制，因此电气设备在运行中的视在功率能表示它的工作状态，并受其额定值的限制，变压器容量大小就是用额定视在功率 $S_N=U_NI_N$ 表示的。为了和有功功率及无功功率相区别，视在功率的单位用 V·A(伏安)表示。大容量的变压器用 kV·A(千伏安)或 MV·A(兆伏安)表示。

根据上面对有功功率 $P$、无功功率 $Q$ 和视在功率 $S$ 的分析，得

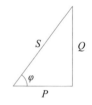

图 2.34　功率三角形

$$S^2=U^2+I^2 \tag{2.50}$$

图 2.34 称为功率三角形。

例 2.3　当把一台功率 $P=1.1\text{kW}$ 的感应电动机接在 220V、50Hz 的电路中，电动机需要的电流为 10A。求：

(1) 电动机的功率因数。

(2) 若在电动机的两端并联一个 $C=79.5\mu\text{F}$ 的电容器，如图 2.35 所示，电路的功率因数为多少？

解：(1) $P=UI\cos\varphi$，则电动机的功率因数：

$$\cos\varphi=\frac{P}{UI}=\frac{1.1\times1000}{220\times10}=0.5,\quad \varphi=60°$$

(2) 在并联电容前，$\dot I=\dot I_1$；在并联电容后，$\dot I=\dot I_1+\dot I_C$。

以电压 $\dot U$ 为参考相量，画出电流相量图，如图 2.36 所示。

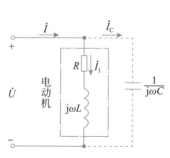

图 2.35　例 2.3 电路图

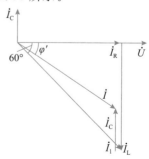

图 2.36　例 2.3 电流相量图

把电流相量 $\dot{I}_1$ 分为两个分量。一个与电压相量 $\dot{U}$ 同相的分量标记为 $\dot{I}_R$，另一个与电压相量 $\dot{U}$ 的相位差为 $\dfrac{\pi}{2}$ 的分量标记为 $\dot{I}_L$。

电容上的电流：

$$I_C = \frac{U}{X_C} = \omega CU = 2\pi f CU = 2 \times 3.14 \times 50 \times 79.5 \times 220 = 5.5(\text{A})$$

$$I_L = 10\sin 60° = 8.66(\text{A}), \quad I_R = 10\cos 60° = 5(\text{A})$$

$$\tan\varphi' = \frac{I_L - I_C}{I_R} = \frac{3.16}{5}, \quad \varphi' = 32.3°, \quad \cos\varphi' = \cos 32.3° = 0.844$$

可见电动机在并联电容器后，整个电路的功率因数从 0.5 提高到 0.844。可以通过并联电容、减小阻抗角来提高整个电路的功率因数。

在交流供电线路上，接有各种各样的负载，它们的功率因数取决于负载本身的参数。白炽灯和电阻炉是纯电阻性负载，只消耗有功功率，其功率因数为 1。生产上大量使用的异步电动机可以等效地看成是由电阻和电感组成的感性负载，它们除消耗有功功率外，还取用大量的感性无功功率，所以功率因数较低，约在 0.5 到 0.85 之间。

式(2.47)可以写成

$$I = \frac{P}{U\cos\varphi}$$

可以看出，如果要求在一定的电压（额定电压）下供给一定的有功功率，功率因数越小，则需要的电流越大。电流的增大，一方面导致供电线路的铜损 $I^2 R_1$（$R_1$ 为供电电路导线的电阻）增大，多损失电能。另一方面还多占用了电源设备的容量，使之不能发挥其供电能力。例如，一台额定电压为 220V、额定容量为 100kV·A 的单相变压器，如果向电阻性负载供电，该变压器满载（即电流达到其额定值）时可以供给 100kW 的有功功率；而向功率因数为 0.5 的感性负载供电，该变压器满载时只能供给 50kW 的有功功率，因为此时负载的视在功率已达

$$S = UI = \frac{P}{\cos\varphi} = \frac{50}{0.5} = 100(\text{kV·A})$$

等于变压器的额定容量，变压器再也没有剩余的容量向其他负载供电了，也就是说供电设备的利用率降低了。

常用的提高功率因数的方法就是在供电线路并联接入电力电容器，用它取用的容性无功功率去补偿原有负载取用的感性无功功率，使总无功功率减小，从而提高供电线路的功率因数。

## 2.7　电路中的谐振

电路中的谐振现象在电子技术上有很大的应用价值。在含有电感和电容元件的电路中，由于感抗和容抗都是频率的函数，当电源颜率变化时，电路可能表现为感性，也可能表现为容性。在某一特定的频率下，电路还可能呈现出纯阻性，这种现象叫作电路的谐振。根据电路的连接方法分为串联谐振和并联谐振两种，分别说明如下。

电路中的谐振

### 2.7.1 串联谐振

在图 2.37 所示的 RLC 串联电路中，在正弦交流电压作用下，电流等于

$$\dot{I} = \frac{\dot{U}}{Z} = \frac{\dot{U}}{R + \mathrm{j}\left(\omega L - \dfrac{1}{\omega C}\right)}$$

复阻抗的模等于

$$|Z| = \sqrt{R^2 + \left(\omega L - \dfrac{1}{\omega C}\right)^2}$$

幅角（阻抗角）等于

$$\varphi = \arctan \frac{\omega L - \dfrac{1}{\omega C}}{R}$$

如果改变电源频率，或在特定的频率下改变电路的参数 $L$ 和 $C$，使 $\omega L = \dfrac{1}{\omega C}$ 的关系得到满足，这时 $|Z| = R$，$\varphi = 0$，电压 $\dot{U}$ 与电流 $\dot{I}$ 同相（图 2.38），电路就会发生串联谐振。从 $\omega L = \dfrac{1}{\omega C}$ 的关系中得出的角频率称为谐振角频率，用 $\omega_0$ 表示：

$$\omega_0 = \frac{1}{\sqrt{LC}}$$

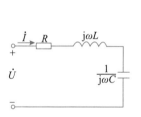

图 2.37　串联谐振电路

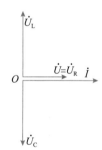

图 2.38　串联谐振相量图

与 $\omega_0$ 相对应的频率称为谐振频率，用 $f_0$ 表示：

$$f_0 = \frac{1}{2\pi \sqrt{LC}}$$

在发生串联谐振的情况下，有

$$I = \frac{U}{|Z_0|} = \frac{U}{R} = I_0 \tag{2.51}$$

$$\omega_0 L = \frac{1}{\omega_0 C} = \sqrt{\frac{L}{C}} \tag{2.52}$$

$$\begin{cases} U_R = RI_0 = U \\ U_L = U_{L0} = \omega_0 L I_0 \\ U_C = U_{C0} = \dfrac{I_0}{\omega_0 C} \end{cases} \tag{2.53}$$

一般电子线路的 $\sqrt{\dfrac{L}{C}}\gg R$，因此，有

$$U_{L0}=U_{C0}\gg U_R=U$$

这表明一个小的信号电压加在串联谐振电路上，当发生谐振时，可以从电感或电容两端得到较大的输出信号电压，故串联谐振又称为电压谐振。

谐振频率只与电路的 $L$、$C$ 参数有关，与 $R$ 无关，如图 2.39 所示。从频率特性可以看出容抗 $X_C$ 与 $\omega$ 成反比，感抗 $X_L$ 与 $\omega$ 成正比。当 $\omega=0$ 时，$X_C\to\infty$，$X_L=0$，因此在低频范围内，$X_L-X_C<0$，电路属于容性。当 $\omega\to\infty$ 时，$X_L\to\infty$，$X_C\to0$，因此在高频范围内，$X_L-X_C>0$，电路属于感性。只有在 $\omega=\omega_0$ 时，$X_L-X_C=0$，此时电路是纯电阻性的。

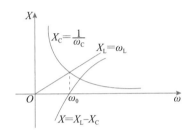

图 2.39　串联谐振电路的频率特性

工程上常把谐振时电容电压或电感电压与总电压之比称为电路的品质因数，并用符号 $Q$ 表示：

$$Q=\frac{U_{L0}}{U}=\frac{U_{C0}}{U}=\frac{\omega_0 L}{R}=\frac{1}{\omega_0 CR}=\frac{1}{R}\sqrt{\frac{L}{C}} \tag{2.54}$$

在电子技术中，串联谐振电路实际上是由线圈和电容器组成的，电路的电阻就是线圈的电阻，品质因数的数值比较高，一般在几十到几百范围内。在一定的输入信号电压 $U$ 的条件下，从谐振电路的电感或电容上取得的输出信号电压 $U_{L0}=U_{C0}=QU$。当 $Q\gg1$ 时，对与电路谐振频率相同的输入信号，电容及电感上会出现比该输入信号幅值大得多的同频率的信号。这也就是为什么收音机能在输入的众多的电台信号中，选出需要的电台信号的原理。

### 2.7.2　并联谐振

图 2.40 所示为具有电阻 $R$ 和电感 $L$ 的线圈与电容 $C$ 组成的并联电路，当电路总电流 $\dot I$ 与电压 $\dot U$ 同相时，就产生并联谐振。

电路中线圈和电容的复阻抗分别为

$$Z_1=R+\mathrm{j}\omega L,\quad Z_C=\frac{1}{\mathrm{j}\omega C}$$

电路的复阻抗为

$$Z=\frac{(R+\mathrm{j}\omega L)\dfrac{1}{\mathrm{j}\omega C}}{R+\mathrm{j}\omega L+\dfrac{1}{\mathrm{j}\omega C}} \tag{2.55}$$

在一般情况下，线圈本身的电阻很小，特别是在频率较高时，$\omega L\gg R$，有

$$Z = \frac{\dfrac{L}{C}}{R + j\omega L + \dfrac{1}{j\omega C}} = \frac{1}{\dfrac{RC}{L} + j\left(\omega C - \dfrac{1}{\omega L}\right)} \tag{2.56}$$

按照 $\dot{U}$、$\dot{I}$ 同相这一要求,并联电路发生谐振的条件是式(2.56)中括号内的虚部等于零,即

$$\omega_0 C - \frac{1}{\omega_0 L} = 0$$

$$\omega_0 = \frac{1}{\sqrt{LC}} \tag{2.57}$$

$$f_0 = \frac{1}{2\pi\sqrt{LC}} \tag{2.58}$$

在 $\omega L \gg R$ 的情况下,并联谐振电路的谐振频率非常接近于串联谐振电路的谐振频率 $\omega_0$,其品质因数仍为 $Q = \dfrac{\omega_0 L}{R}$。并联谐振时,$\varphi = 0$,电压和电流同相位,阻抗最大。阻抗为 $Z_0 = \dfrac{L}{RC}$,在外施电压 $\dot{U}$ 一定时,电路的总电流 $\dot{I}$ 最小。在谐振时,通过线圈和电容的电流远大于电路的总电流,如图 2.41 所示。这种现象称为过电流现象。此时电感或电容支路中电流是总电流的 $Q$ 倍,故并联谐振又称为电流谐振。

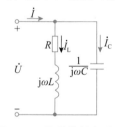
图 2.40　并联谐振电路

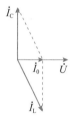
图 2.41　并联谐振相量图

## 本章小结

1. 交流电是大小和方向都随时间做周期性变化的交变电动势、交变电流和交变电压的总称,电力工业使用的是工频(我国和多数国家为 50Hz,有的国家是 60Hz)正弦交流电,它们在任一时刻的瞬时值 $e(t)$、$i(t)$、$u(t)$ 是由它们的幅值(最大值)、角频率($\omega = 2\pi f$)和初相位三个特征量确定的,这三个特征量又称为正弦交流电的三要素。

2. 正弦交流电有多种表示方法,由于工频交流电的角频率一定,只要确定了幅值和初相位,它的瞬时值也就确定了。因此正弦交流电的这些表示方法都是通过不同的途径去表示它的幅值和初相位,最常用的是相量(复数)表示法。电工技术上采用有效值(等效的直流值)表示交流电的大小,正弦交流电的有效值正好是其幅值的 $\dfrac{1}{\sqrt{2}}$。正弦交流电用相量表示时,要按照相量的几何加减关系进行运算,不可用相量的模直接进行加减运算。

3. 对正弦交流电路的计算,主要是找出电路中各电量在有效值和相位上的关系以及能量转换关系,对于单一参数电路,其基本性质和上述关系如表 2.1 所示。

表 2.1　纯电阻、纯电感和纯电容电路的性质

| 符号表示 | $\overset{i_R\ \ R}{\underset{u_R}{\circ\!\!-\!\!\square\!\!-\!\!\circ}}$ | $\overset{i_L\ \ L}{\underset{u_L}{\circ\!\!-\!\!\text{coil}\!\!-\!\!\circ}}$ | $\overset{i_C}{\underset{u_C}{\circ\!\!-\!\!\vert\vert\!\!-\!\!\circ}}$ |
|---|---|---|---|
| 瞬时值 | $u_R = Ri$ | $u_L = L\dfrac{di}{dt}$ | $u_C = \dfrac{1}{C}\int i\,dt$ |
| 有效值 | $U_R = RI$ | $U_L = X_L I$ | $U_C = X_C I$ |
| 相量 | $\dot{U}_R = R\dot{I}$ | $\dot{U}_L = jX_L\dot{I}$ | $\dot{U}_C = -jX_C\dot{I}$ |
| 电阻或电抗 | $R$ | $X_L = \omega L$ | $X_C = \dfrac{1}{\omega C}$ |
| 相位关系 | 电压与电流同相 | 电流滞后于电压 90° | 电流超前于电压 90° |
| 相量图 | $\overset{\longrightarrow}{\underset{\dot{I}\quad\dot{U}_R}{}}$ | $\begin{array}{l}\uparrow\dot{U}_L\\ \underset{\dot{I}}{\llcorner\!\!\longrightarrow}\end{array}$ | $\begin{array}{l}\ulcorner\!\!\longrightarrow\dot{I}\\ \downarrow\dot{U}_C\end{array}$ |
| 有功功率 | $P_R = U_R I = I^2 R$ | $P_L = 0$ | $P_C = 0$ |
| 无功功率 | $Q_R = 0$ | $Q_L = U_L I = I^2 X_L$ | $Q_C = U_C I = I^2 X_C$ |

4. 正弦交流电路的基本规律同样包含两个方面:一是用瞬时值或相量表示的各个电路元件本身的特性(表 2.1);二是用瞬时值或相量表示的各个电路元件相互间遵循的基尔霍夫定律。各种正弦交流电路都可根据这两类约束条件来分析。典型的简单正弦交流电路是 RLC 串联电路和阻抗串并联电路,这两种电路的电压和电流的相量关系及功率计算是本章的重点内容。

5. 电路谐振分为串联谐振和并联谐振,其共同的特征是电路的电压和电流同相,对外呈现电阻性。

谐振的条件是:

$$\omega_0 L = \frac{1}{\omega_0 C}$$

谐振频率:

$$\omega_0 = \frac{1}{\sqrt{LC}}, \quad f_0 = \frac{1}{2\pi\sqrt{LC}}$$

6. 正弦交流电路的功率有 3 种形式,分别是有功功率、无功功率和视在功率。有功功率 $P = UI\cos\varphi$,无功功率 $Q = UI\sin\varphi$,视在功率 $S = UI$,三者之间的关系是 $S^2 = P^2 + Q^2$。

## 技能训练——常用电工工具的使用方法

1. 实验目的

(1) 掌握各种常用电工工具的正确使用方法。

(2) 熟悉各种电工工具的使用注意事项。

**2. 实验器材**

多功能电工实验台、螺钉旋具(一字和十字)、低压验电器、钢丝钳、尖嘴钳、斜口钳、电工刀、剥线钳。

**3. 实验原理**

电工常用工具是指电工维修必备的工具,包括验电笔、钢丝钳、尖嘴钳、电工刀、螺钉旋具和扳手等。维修电工使用工具进行带电操作之前,必须检查工具绝缘套的绝缘是否良好,以防绝缘损坏,发生触电事故。

1) 螺钉旋具

(1) 外形结构。螺钉旋具又称螺丝起子、螺丝批、螺丝刀或改锥,分为一字形和十字形两种,以配合不同槽形的螺钉使用,其结构如图 2.42 所示。常用的规格有 50mm、100mm、150mm 和 200mm 等,电工不可使用金属杆直通柄顶的螺钉旋具(俗称通心螺丝刀)。为了避免金属杆触及皮肤或邻近带电体,应在金属杆上加套绝缘管。

图 2.42　螺钉旋具

(2) 使用方法。图 2.43 所示为螺钉旋具使用时的握持方法。图 2.43(a)为大螺钉旋具的使用方法,大旋具一般用来紧固较大的螺钉,使用时除大拇指、食指和中指要夹住握柄外,手掌还要顶住握柄的末端,这样可以防止旋具转动时滑脱。图 2.43(b)为小旋具的握持方法,小旋具一般用来紧固电气装置接线柱头上的小螺丝钉,使用时可用食指顶住握柄的末端,用大拇指和中指夹着握柄旋拧。

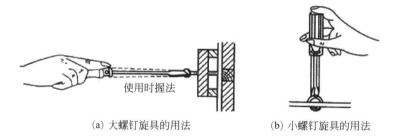

使用时握法

(a) 大螺钉旋具的用法　　　　(b) 小螺钉旋具的用法

图 2.43　螺钉旋具的使用方法

(3) 注意事项。

① 螺钉旋具不能用于带电作业。

② 不得用锤子打击螺钉旋具手柄,以免手柄破裂。

③ 不能用螺钉旋具代替凿子使用。

2）低压验电器

（1）结构。

低压验电器又称试电笔，主要用来检查电气设备或低压线路是否带电。常用试电笔有钢笔式、旋具式。一般钢笔式和旋具式的试电笔，由金属探头、氖管、安全电阻、笔尾金属体、弹簧和观察小窗组成，弹簧与笔尾的金属体相接触，如图 2.44 所示。

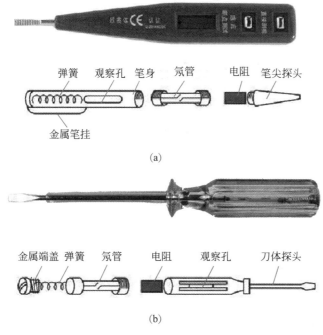

(a)

(b)

图 2.44　低压验电器

（2）使用方法。

普通试电笔测量电压范围为 60～500V，低于 60V 时试电笔的氖管可能不会发光，高于 500V 不能用普通试电笔来测量，否则容易造成人身触电。使用试电笔时，必须按图 2.45 所示的正确方法进行操作，手指应接触金属笔挂（钢笔式）或试电笔顶部的金属螺钉（旋具式），使氖管窗口背光面向操作者，以便于观察。当电笔触及带电体时，电流由被测带电体经试电笔和人体与大地构成回路，只要带电体与接地之间电位差大于 60V 时，氖管就会发出红色辉光。

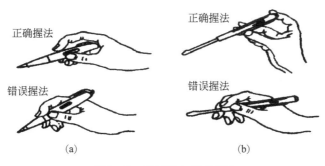

图 2.45　低压验电器的握法

（3）注意事项。

① 使用试电笔前,一定要在有电的电源上检查氖管能否正常发光。

② 使用试电笔时,应防止人体与金属带电体的直接接触,同时注意防止手指皮肤触及笔尖金属体,以避免触电。

③ 使用完毕,要保持试电笔清洁,并放置在干燥处,严防碰摔。

3）钢丝钳

（1）结构和功能。

钢丝钳是钳夹和剪切工具,由钳头和钳柄两部分组成,钳头包括钳口、齿口、刀口和铡口,其结构如图 2.46 所示。电工所用的钢丝钳,在钳柄上必须套有耐压为 500V 以上的绝缘套管。它的规格用全长表示,有 150mm、175mm 和 200mm 三种。使用时其刀口应朝向使用者。

钢丝钳的功能较多:钳口主要用来弯绞或钳夹导线线头;齿口用来固紧或起松螺母;刀口用来剪切导线或剖削导线绝缘层;铡口用来铡切导线线芯或铅丝、钢丝等较硬金属。如图 2.46 所示。

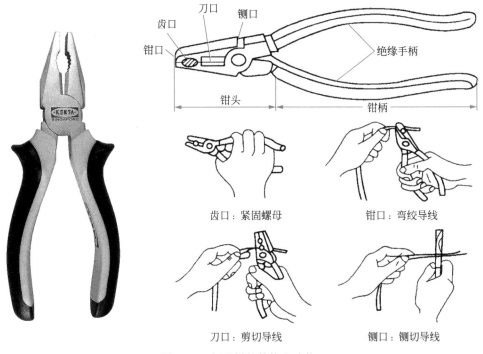

齿口:紧固螺母　　　　钳口:弯绞导线

刀口:剪切导线　　　　铡口:铡切导线

图 2.46　钢丝钳的结构和功能

（2）注意事项。

① 使用钢丝钳之前,应检查绝缘手柄的绝缘套管是否完好无损,防止套管损伤破坏其绝缘性能。

② 用钢丝钳剪切带电导线时,严禁用刀口同时剪切相线和零线,或同时剪切两根相线,以免发生短路事故。

③ 不可将钢丝钳当锤使用,以免刀口错位,转动轴失圆,影响正常使用。

4）尖嘴钳

尖嘴钳如图 2.47 所示,头部尖细,适用于在狭小的工作空间操作,用来夹持较小的螺钉、垫圈、导线等,其握法与钢丝钳的握法相同。尖嘴钳的规格用全长表示,常用的规格有 130mm、160mm 和 180mm 三种,在钳柄套有耐压强度为 500V 的绝缘套管。

尖嘴钳的用途如下。

（1）有刃口的尖嘴钳能剪断细小金属丝。

（2）钳嘴能夹持较小螺钉、垫圈、导线等零件。

（3）在装接控制电路板时,尖嘴钳能将单股导线弯成有一定圆弧的接线鼻子。

5）斜口钳

斜口钳又称断线钳,其头部扁斜,钳柄有铁柄、管柄和绝缘柄三种形式,其中电工用的绝缘柄断线钳的外形如图 2.48 所示,其耐压为 1000V。断线钳是专供剪断较粗的金属丝、线材及电线电缆等用。

图 2.47　尖嘴钳

图 2.48　斜口钳

6）电工刀

电工刀是电工在装配维修工作时用于剖削电线绝缘层、割削绳索等的常用工具,如图 2.49 所示。

图 2.49　电工刀

使用电工刀时要注意以下几点。

(1) 使用电工刀时,应将刀口朝外进行操作。在剖削绝缘导线的绝缘层时,必须使圆弧状刀面贴在导线上,以免刀口损伤芯线。

(2) 电工刀刀柄无绝缘保护,严禁接触或剖削带电导线及器件,以防止触电。

(3) 电工刀第一次使用前应先开刃。

(4) 电工刀的刀尖是剖削作业的必需部位,应避免在硬器上划损或碰缺,刀口应经常保持锋利,磨刀宜用油石为好。

7) 剥线钳

剥线钳用来剥削截面为 $6mm^2$ 以下的塑料或橡胶绝缘导线的绝缘层,由钳头和钳柄两部分组成,如图 2.50 所示。钳头部分由压线口和切口构成,分为 $0.5\sim3mm$ 多个直径切口,用于不同规格的芯线剥削。

图 2.50　剥线钳

使用时,将要剥削的绝缘层长度用标尺定好后,左手持导线,将导线放在大于芯线直径的切口上切削,以免切伤芯线,右手握钳柄,向内紧握钳柄,导线端部绝缘层被剖断后自由飞出。剥线钳不能用于带电作业。

8) 活络扳手

活络扳手是用来紧固和拧松螺母的一种专用工具,它由头部和柄部组成,而头部则由活络扳唇、呆扳唇、扳口、涡轮和轴销等构成,如图 2.51 所示。常用的活络扳手有 150mm、200mm、250mm 和 300mm 四种规格。旋动涡轮可以调节扳口的大小,由于它的开口尺寸可以在规定范围内任意调节,所以特别适用于在螺栓规格多的场合使用。

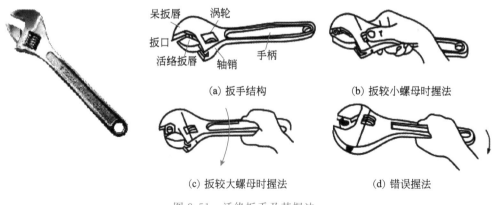

(a) 扳手结构　　　　(b) 扳较小螺母时握法

(c) 扳较大螺母时握法　　　　(d) 错误握法

图 2.51　活络扳手及其握法

使用时,应将扳唇紧压螺母的平面。扳动大螺母时,手应握在接近柄尾处。扳动较小螺母时,应握在接近头部的位置。施力时手指可随时旋调涡轮,收紧活络扳唇,以防打滑。

**4. 实验内容和步骤**

(1) 用低压验电器按下列要求进行测试。

① 区别相线与零线:在交流电路中,正常情况下,当验电器触及相线时,氖管会发亮,触及零线时,氖管不会发亮。

② 区别电压的高低:氖管发亮的强弱由被测电压高低决定,电压高,氖管亮;反之,则暗。

③ 区别直流电与交流电:交流电通过试电笔时,氖管中的两个电极同时发亮;直流电通过试电笔时,氖管中只有一个电极发亮。

④ 区别直流电的正、负极:把试电笔连接在直流电的正、负极之间,氖管发亮的一端即为直流电的负极。

(2) 用电工刀对废旧塑料单芯硬线进行剖削练习(要求:逐渐做到不剖伤芯线)。

(3) 进行螺钉旋具的用法练习。

(4) 进行钢丝钳的使用练习。

(5) 用剥线钳对废旧电线做剥线练习。

(6) 用尖嘴钳练习做羊眼圈。

**5. 思考题**

(1) 常用电工工具有哪些? 各有什么作用?

(2) 低压验电器使用时的注意事项有哪些?

**6. 完成实验报告**

略。

# 实验项目——荧光灯电路的安装及功率因数的提高

**1. 实验目的**

(1) 学习功率因数表(或功率表)的使用方法。

(2) 学会安装荧光灯电路,了解各元器件作用。

(3) 理解提高功率因数的意义和方法。

**2. 实验器材**

荧光灯灯具、交流电流表、万用表、电容箱、低压断路器、熔断器、功率因数表(或功率表)、导线若干。

**3. 实验内容和步骤**

按图 2.52 接线,电路在连接时注意功率表(或功率因数表)的正确安装,电路连接完成之后必须请老师检查,确定准确无误之后方可通电。电源接通之后,先断开开关 S,当荧光灯正常工作后,根据表 2.2 的要求进行测量,分别测量电源电压有效值 $U$、灯管电压 $U_R$、电路的电流 $I$、镇流器电压 $U_L$ 及 $\cos\varphi$(或荧光灯消耗的有功功率 $P$),将测量结果和计算结果均填入表 2.2 中。然后接入电容箱,分别接入不同电容值,再将测量数据填入表 2.2 中。

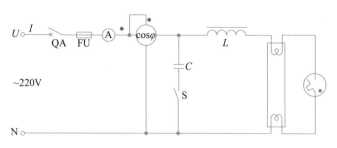

图 2.52　荧光灯实验电路

表 2.2　荧光灯电路测试数据记录表

| 电容值/μF | 测　量　值 | | | | | 计算值 cosφ(或 P/W) |
|---|---|---|---|---|---|---|
| | U/V | $U_R$/V | $U_L$/V | I/mA | cosφ(或 P/W) | |
| 0 | | | | | | |
| 1 | | | | | | |
| 2 | | | | | | |
| 3 | | | | | | |
| 4 | | | | | | |

**4. 思考题**

(1) 根据表 2.2 中的数据完成要求的计算内容。

(2) 并联电容前后,观察电路中的灯管电压 $U_R$、电路的电流 $I$、镇流器电压 $U_L$ 及功率因数 cosφ(或荧光灯消耗的有功功率 $P$)有无变化? 为什么有的量变化而有的量不变?

(3) 并联电容可提高功率因数,是否并联电容的值越大,功率因数就越高,为什么?

(4) 将负载与电容器串联能否提高功率因数?

**5. 完成实验报告**

略。

# 习　　题

2-1　绘出正弦量 $u(t)=100\sin\left(5000t-\dfrac{\pi}{6}\right)$ V 的波形图,该函数的最大值、角频率、频率和周期各为多少? 该函数与下列各函数的相位关系为何?

$i_1=10\cos5000t$ A,　$i_2=100\sin5000t$ A,　$i_3=20\sin\left(5000t-\dfrac{\pi}{3}\right)$ A,

$i_4=5\cos\left(5000t+\dfrac{\pi}{4}\right)$ A。

2-2　求图 2.53 中矢量 $\vec{E}_{1m}$ 和 $\vec{E}_{2m}$ 的正弦函数的表示式。(设 $E_{1m}=100$ V, $E_{2m}=60$ V)

2-3　把下列复数化为代数形式。

(1) $50\underline{/60°}$　(2) $40\underline{/270°}$　(3) $45\underline{/120°}$　(4) $3.2\underline{/-178°}$

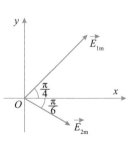

图 2.53　题 2-2 矢量图

2-4 把下列复数化为极坐标形式。

(1) $23.1-j47$  (2) $-5.7+j16.9$  (3) $3.3+j7.5$  (4) $-6-j8$

2-5 设有正弦电流 $i_1=14.14\sin(\omega t-50°)$A，$i_2=28.3\cos(\omega t-50°)$A，写出它们的最大值和有效值相量表示式，并画出相应的相量图。

2-6 写出下列正弦电压对应的相量。

(1) $u_1=100\sqrt{2}\sin(\omega t-30°)$

(2) $u_2=220\sqrt{2}\sin(\omega t+45°)$

(3) $u_3=110\sqrt{2}\sin(\omega t+60°)$

2-7 写出下列相量对应的正弦量。

(1) $\dot{U}_1=100\underline{/-120°}$ V  (2) $\dot{U}_2=(-50+j86.6)$V  (2) $\dot{U}_3=50\underline{/45°}$ V

2-8 已知 $u_1=100\cos(\omega t+20°)$V，$u_2=100\cos(\omega t-10°)$V，用相量法求 $u_1$ 和 $u_2$ 之和。

2-9 已知正弦电流 $i_1=70.7\sin(314t-30°)$A，$i_2=60\sin(314t+60°)$A。求正弦电流 $i_1$ 和 $i_2$ 的和。

2-10 图 2.54 所示电路中电压表 $V_1$ 和 $V_2$ 的读数都是 5V，试求两图中电压表 V 的读数。

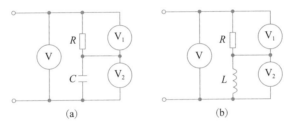

图 2.54 题 2-10 电路图

2-11 已知各并联支路中电流表的读数，$A_1$ 为 5A，$A_2$ 为 20A，$A_3$ 为 25A，求图 2.55 所示电路中的电流表 A 的读数。

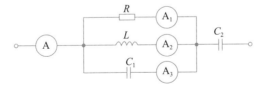

图 2.55 题 2-11 电路图

2-12 试定性画出图 2.56 所示电路的电压相量图。

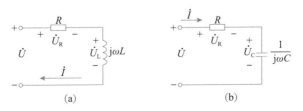

图 2.56 题 2-12 电路图

2-13　电路如图 2.57 所示,已知正弦交流电路的电流 $i=22\sin(\omega t+30°)$A,端电压 $u=220\sqrt{2}\sin(\omega t+60°)$V,试写出对应的相量 $\dot{I}$、$\dot{U}$,并画出相量图。

2-14　在图 2.58 所示电路中,已知 $u=220\sqrt{2}\sin 314t$V,$R=5.4\Omega$,$L=12.7$mH,试求电路的 $|Z|$、阻抗角 $\varphi$、电流 $I$、功率 $P$。

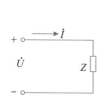

图 2.57　题 2-13 电路图

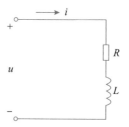

图 2.58　题 2-14 电路图

2-15　图 2.59 所示电路是利用功率表、电流表、电压表测量交流电路参数的方法,现测出功率表读数为 940W,电压表读数为 220V,电流表读数为 5A,电源频率为 50Hz,试求线圈绕组的 $R$ 和 $L$ 数值。

2-16　有一并联电路如图 2.60 所示,已知 $I_1=3$A,$I_2=4$A,求总电流 $I$,并写出其瞬时值表达式。

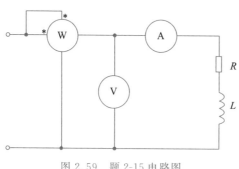

图 2.59　题 2-15 电路图

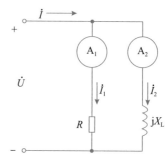

图 2.60　题 2-16 电路图

2-17　在图 2.61 所示电路中,$\dot{U}=220\underline{/0°}$V,$Z_1=j10\Omega$,$Z_2=j50\Omega$,$Z_3=j100\Omega$,求各支路电流及总电流。

2-18　在图 2.62 所示电路中,输入电压为 220V,有一只电炉和一台满载电动机并联,电炉为纯电阻,负载 $R=30\Omega$,电动机为感性负载,它的额度功率 $P=13.2$W,$\cos\varphi=0.8$,求总电流。

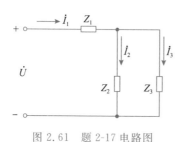

图 2.61　题 2-17 电路图

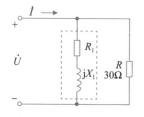

图 2.62　题 2-18 电路图

2-19　将一感性负载接于 110V、50Hz 的交流电源时,电路中的电流为 10A,消耗功率 $P=600\text{W}$,求负载的 $\cos\varphi$、$R$、$X$。

2-20　在图 2.63 所示电路中,求电流 $\dot{I}$,试问电路发生了什么变化?

2-21　在图 2.64 所示电路中,当调节 $C$,使电流 $I$ 与电压 $U$ 同相时,测出 $U=100\text{V}$,$U_C=180\text{V}$,$I=1\text{A}$,电源的频率 $f=50\text{Hz}$,求电路中的 $R$、$L$、$C$。

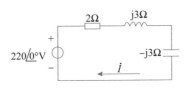

图 2.63　题 2-20 电路图

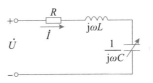

图 2.64　题 2-21 电路图

# 第 3 章

# 三相交流电路

电力工业普遍采用三相交流电源,由三相交流电源供电的电路是三相交流电路。第 2 章讨论的供给电能的交流电路,只是其中一个相的电路。本章主要讨论三相电路中电源和负载的连接,在三相电路中应用电路基本定律得出某些关系式,以便对实际电路进行分析计算。最后介绍安全用电知识。

学习目标:掌握三相电源的星形联结、三相对称星形负载电路和三相对称三角形负载电路的分析方法;掌握安全用电方面的知识。

学习重点:三相电路的分析方法和三相负载功率的计算;安全用电知识。

学习难点:三相电路的分析方法。

## 3.1 三相交流电源

三相电源

### 3.1.1 三相电动势

图 3.1 是三相交流发电机结构示意图。它的定子内部装有铁心,铁心内圆周表面冲有很多槽,放置有三组相同的绕组,图中用三个集中的线圈代表,始端是 $U_1$、$V_1$、$W_1$,末端是 $U_2$、$V_2$、$W_2$。三个始端(或末端)在空间位置上互差 $120°$,定子铁心及其绕组称作电枢。发电机的转子上装有磁极,上面绕着励磁线圈,通入直流电流励磁,可在磁极表面的空气隙中产生较强的磁场,由于磁通具有连续性,磁力线经由磁极铁心和定子铁心而完成闭合路径,如图 3.1 中的虚线所示。选择合适的磁极形状,可使磁极极面中心的磁感应强度最大($B = B_m$),而往两边逐渐减小,形成正弦分布状态。当转子(磁极)由原动机带动做匀速旋转时,定子绕组便切割磁力线产生正弦变化的感应电动势。由于定子绕组对称,三个相的电动势 $e_U$、$e_V$、$e_W$(参考方向均由末端指向始端)将是幅值相等、相位互差 $120°$、同频率的三个正弦量。当磁极顺时针旋转时,磁力线依次先切割 U 线圈,再切割 V 线圈和 W 线圈,因此,$e_U$ 先达到正最大值 $E_m$,然后 V 和 W 依次达到 $E_m$(图 3.2 所示为 $e_U$、$e_V$ 和 $e_W$ 先后达到 $E_m$ 的情形)。如以 $e_U$ 为参考正弦量,则三相电动势的表达式为

$$\begin{cases} e_U = E_m \sin\omega t \\ e_V = E_m \sin(\omega t - 120°) \\ e_W = E_m \sin(\omega t - 240°) = e_W = E_m \sin(\omega t + 120°) \end{cases} \quad (3.1)$$

如用相量表示这三个电动势,可写为

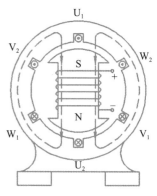

图 3.1 三相交流发电机

$$\begin{cases} \dot{E}_U = E\mathrm{e}^{\mathrm{j}0^\circ} = E \\ \dot{E}_V = E\mathrm{e}^{-\mathrm{j}120^\circ} \\ \dot{E}_W = E\mathrm{e}^{\mathrm{j}120^\circ} \end{cases} \tag{3.2}$$

三相电动势的正弦曲线和相应的相量图如图 3.2 所示。

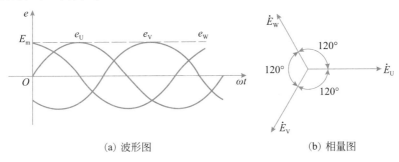

(a) 波形图           (b) 相量图

图 3.2　三相电动势

　　幅值相等、频率相同而相位互差 120° 的三相电动势称为对称三相电动势。三相交流电动势(或电压)出现最大值(或零值)的先后顺序称为三相电源的相序。上述三相电源的相序是 U→V→W。

## 3.1.2　三相电源的星形联结

　　实际发电机的三个绕组总是连成一个整体对负载供电。如果把绕组的三个末端 $U_2$、$V_2$、$W_2$ 连在一起，这个点称为中点(用 N 表示)；而从绕组的三个始端 $U_1$、$V_1$、$W_1$ 和中点 N 引出四根供电线，这就是三相电源的星形(Y)联结(图 3.3)。这四根线就是三相电源的端线和中线，中线 N 通常接地，故又称地线或零线。端线 $L_1$、$L_2$、$L_3$ 对地有电位差，故又称火线。

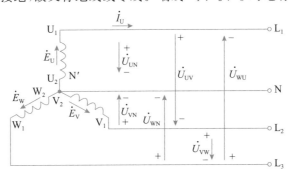

图 3.3　三相电源的星形联结

　　$L_1$、$L_2$、$L_3$ 三根端线对中线 N 的电压 $U_{UN}$、$U_{VN}$、$U_{WN}$(即各相绕组的端电压)称为三相电源的相电压。三根端线(火线)之间的电压 $U_{UV}$、$U_{VW}$、$U_{WU}$ 称为线电压。根据图 3.3 所示电路的参考方向，当负载开路时，可以写出

$$\begin{cases} u_{UN} = e_U = E_m\sin\omega t \\ u_{VN} = e_V = E_m\sin(\omega t - 120^\circ) \\ u_{WN} = e_W = E_m\sin(\omega t + 120^\circ) \end{cases} \tag{3.3}$$

式中：$U_m = E_m$，根据基尔霍夫电压定律，可知线电压与相电压的关系为

$$\begin{cases} u_{UV} = u_{UN} - u_{VN} \\ u_{VW} = u_{VN} - u_{WN} \\ u_{WU} = u_{WN} - u_{UN} \end{cases} \tag{3.4}$$

因为各个电压都是同频率的正弦量，故可用相量表示：

$$\begin{cases} \dot{U}_{UV} = \dot{U}_{UN} - \dot{U}_{VN} \\ \dot{U}_{VW} = \dot{U}_{VN} - \dot{U}_{WN} \\ \dot{U}_{WU} = \dot{U}_{WN} - \dot{U}_{UN} \end{cases} \tag{3.5}$$

图 3.4 所示是式(3.5)相量关系的相量图。由图可见，当相电压对称时，线电压也是对称的。相电压有效值用 $U_P$ 表示，线电压有效值用 $U_l$ 表示，它们的关系为

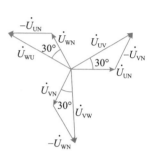

图 3.4　星形联结电压相量图

$$\frac{1}{2}U_l = U_P \cos 30° = \frac{\sqrt{3}}{2}U_P$$

所以

$$U_l = \sqrt{3}U_P \tag{3.6}$$

从相位上看，$\dot{U}_{UV}$ 超前 $\dot{U}_{UN}$ 30°，$\dot{U}_{VW}$ 超前 $\dot{U}_{VN}$ 30°，$\dot{U}_{WU}$ 超前 $\dot{U}_{WN}$ 30°。如采用相量表示法可以把数值和相位关系一次表示出来：

$$\begin{cases} \dot{U}_{UV} = \sqrt{3}\dot{U}_{UN} e^{j30°} \\ \dot{U}_{VW} = \sqrt{3}\dot{U}_{VN} e^{j30°} \\ \dot{U}_{WU} = \sqrt{3}\dot{U}_{WN} e^{j30°} \end{cases} \tag{3.7}$$

三相电源通常是对称的，我国通用的低压供电线路的相电压 $U_P = 220V$，线电压 $U_l = \sqrt{3}U_P = 380V$。

例 3.1　设三相电源绕组中电动势是对称的：

$$\begin{cases} \dot{E}_U = 127\ \underline{/0°} \\ \dot{E}_V = 127\ \underline{/-120°} \\ \dot{E}_W = 127\ \underline{/120°} \end{cases}$$

需要接成星形联结，如果 V 相绕组接反方向(图3.5)，求各个线电压。

解：因 V 相电源绕组反接，故相电压是不对称的。

$$\begin{cases} \dot{U}_{UN} = \dot{E}_U = 127\ \underline{/0°} \\ \dot{U}_{V'N} = -\dot{E}_V = 127\ \underline{/60°} \\ \dot{U}_{WN} = \dot{E}_W = 127\ \underline{/120°} \end{cases}$$

由此所得的线电压也是不对称的，如图 3.5(b)所示。

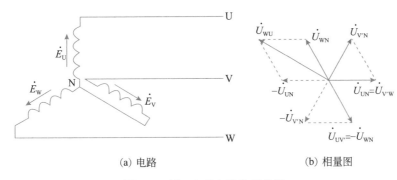

(a) 电路　　　　　　　　　(b) 相量图

图 3.5　例 3.1 的电路和相量图

$$\begin{cases} \dot{U}_{UV'} = \dot{U}_{UN} - \dot{U}_{V'N} = 127\ \underline{/0^\circ} - 127\ \underline{/60^\circ} = 127\ \underline{/-60^\circ} \\ \dot{U}_{V'W} = \dot{U}_{V'N} - \dot{U}_{WN} = 127\ \underline{/60^\circ} - 127\ \underline{/120^\circ} = 127\ \underline{/0^\circ} \\ \dot{U}_{WU} = \dot{U}_{WN} - \dot{U}_{UN} = 127\ \underline{/120^\circ} - 127\ \underline{/0^\circ} = 220\ \underline{/150^\circ} \end{cases}$$

由此例可知,虽然三相电源绕组中电动势是对称的,但如果有一相绕组接错,则相电压和线电压都将是不对称的。如用接错的电源向负载供电,将会发生严重的事故。

### 3.1.3　三相电源的三角形联结

在图 3.6 中,将电源的三相绕组一相的末端与相应的另一相的始端依次相连,接成三角形,并从连接点引出三条相线 $L_1$、$L_2$、$L_3$ 给用户供电。

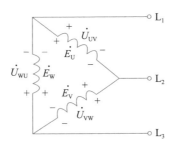

图 3.6　三相电源的三角形联结

每相的始末端(正负端)不能接错,如果接错,$\dot{U}_{UV} + \dot{U}_{VW} + \dot{U}_{WU} \neq 0$,会引起环流,把电源损坏,这点要引起注意。在三角形联结中,线电压等于电源的相电压。

## 3.2　三相负载的星形联结

分析三相电路的一般方法和分析单相电路一样,首先画出电路图,标出电压和电流的参考方向,然后根据电路的基本定律列出方程式求解未知的电压和电流。在算出电压和电流的基础上,计算三相电路的功率。但三相负载如果对称,其电压和电流也是对称的,因此只需要计算一相的电压和电流,其他两相的电压和电流也可以类推。

三相负载和
三相电路的功率

如图 3.7 所示,三个单相负载 $Z_1$、$Z_2$ 和 $Z_3$,它们的额定电压等于电源的相电压,必须分别接在各端线与中线之间,这就构成了负载星形(Y)联结的三相四线制电路。对称的三相负载,如三相电动机的内部绕组做星形联结,只引出三个端子分别与电源的三根端线相连接,而且不接中线,这就构成了负载星形联结的三相三线制电路。下面分别对这两种负载电路进行讨论。

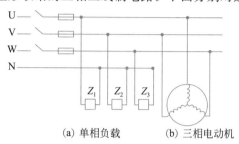

(a) 单相负载　　(b) 三相电动机

图 3.7　三相四线制星形负载电路

### 3.2.1　三相四线制电路

为了便于分析,将图 3.7 中由 $Z_1$、$Z_2$ 和 $Z_3$ 组成的三相四线制电路分离出来,改画成图 3.8 所示的电路。

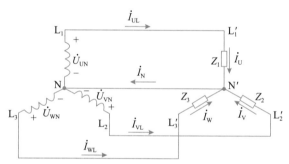

图 3.8　三相星形负载电路

一般情况下,供电线(特别是中线)上的电压降比负载电压小得多,可以忽略不计,这时加在各相负载上的电压就等于电源的各相电压,它们通常是对称的,可以写作:

$$\begin{cases} \dot{U}_{UN} = U_P \underline{/0°} \\ \dot{U}_{VN} = U_P \underline{/-120°} \\ \dot{U}_{WN} = U_P \underline{/120°} \end{cases} \quad (3.8)$$

此时每相负载中的电流称为相电流,它们分别等于:

$$\begin{cases} \dot{I}_U = \dfrac{\dot{U}_{UN}}{Z_1} \\ \dot{I}_V = \dfrac{\dot{U}_{VN}}{Z_2} \\ \dot{I}_W = \dfrac{\dot{U}_{WN}}{Z_3} \end{cases} \quad (3.9)$$

三个端线中的电流称为线电流,由于每个端线只和一相负载连接,因此线电流等于相电流,即

$$\dot I_{Ul} = \dot I_U, \quad \dot I_{Vl} = \dot I_V, \quad \dot I_{Wl} = \dot I_W$$

通常概括为

$$I_l = I_P \tag{3.10}$$

根据图 3.8 中所示的参考方向和基尔霍夫电流定律,星形负载的中线电流应为:

$$\dot I_N = \dot I_U + \dot I_V + \dot I_W \tag{3.11}$$

当负载对称,即

$$Z_U = Z_V = Z_W = Z = |Z|\underline{/\varphi} \tag{3.12}$$

时,每相负载的电流或线电流分别等于:

$$\begin{cases} \dot I_U = \dfrac{\dot U_{UN}}{Z} = \dfrac{U_P\,\underline{/0^\circ}}{|Z|\,\underline{/\varphi}} = \dfrac{U_P}{|Z|}\,\underline{/-\varphi} \\[3mm] \dot I_V = \dfrac{\dot U_{VN}}{Z} = \dfrac{U_P\,\underline{/-120^\circ}}{|Z|\,\underline{/\varphi}} = \dot I_U e^{-j120^\circ} \\[3mm] \dot I_W = \dfrac{\dot U_{WN}}{Z} = \dfrac{U_P\,\underline{/-120^\circ}}{|Z|\,\underline{/\varphi}} = \dot I_U e^{+j120^\circ} \end{cases} \tag{3.13}$$

分析结果可知,负载电流(或线电流)也是对称的,其有效值为

$$I_U = I_V = I_W = I_P = \frac{U_P}{|Z|} \tag{3.14}$$

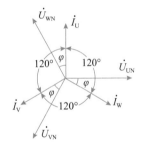

图 3.9　对称星形负载的相电压和相电流

其相量图如图 3.9 所示。因此,当计算出 $\dot I_U$ 后,可按式(3.13)推算出 $\dot I_V$ 和 $\dot I_W$。

在对称星形负载的情况下,由于电流对称,因此中线电流:

$$\dot I_N = \dot I_U + \dot I_V + \dot I_W = 0 \tag{3.15}$$

中线既然没有电流,中线就没有存在的必要了。这就产生了对称星形负载的三相三线制电路,如图 3.10 所示。

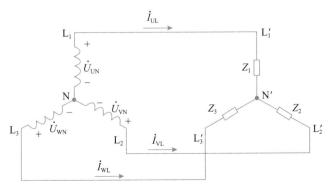

图 3.10　对称星形负载的三线供电制

### 3.2.2 三相三线制电路

三相三线制在实际中应用极为广泛,前面讲过的星形联结的三相电动机和三相电阻炉都采用这种供电制,因为它们的内部电路都是对称的,所以没有连接中线的必要。那么在没有中线的情况下,三个相电流 $\dot{i}_U$、$\dot{i}_V$ 和 $\dot{i}_W$ 从哪里流回电源呢?这是因为图中所标的 $\dot{i}_U$、$\dot{i}_V$ 和 $\dot{i}_W$ 的方向都是参考方向,而电流的实际方向取决于这三个相量对应的正弦量瞬时值的正或负。由于三相电流对称,各相电流的相量和等于零,如式(3.15)所示,即表明,在某一瞬间,有的相电流流向中点 N′,而有的相电流从中点 N′ 流出。流入和流出的电流相等,三相负载彼此构成回路,因此不需要有中线。

对于对称的三相星形联结负载,既然有中线和无中线工作状态不变,那么无中线的负载中点 N′ 和电源中点 N 应该具有相等的电位(叫作等电位点),它们之间没有电位差,即

$$\dot{U}_{NN'} = 0 \qquad\qquad (3.16)$$

由于星形联结电源的中点通常接地,因此,无中线的对称星形负载的中点 N′ 的电位也等于零。此时,负载相电压仍然等于电源相电压(忽略供电线电压降),其有效值为电源线电压有效值的 $\frac{1}{\sqrt{3}}$ 倍。

**例 3.2** 某三相电加热炉,由 3 组阻抗相同的单相电加热器组成加热系统。已知单相加热器的复阻抗为 $Z = 5\underline{/60°}\ \Omega$,额定电压为 220V。如何才能将它连接到线电压为 380V 的三相四线制工频电源上?正常工作时每个加热器中通过的电流是多少?是否可以不接中线?

**解:** 由于单相加热器额定工作电压为 220V,所以必须将三组加热器连接成Y形,才能与线电压为 380V 的三相电源连接。线电压为 380V 的三相电源,相电压为 220V。因为是三相对称负载,所以各相负载电流的大小相同,等于相电压与单相加热器阻抗的比值,即

$$I_P = \frac{U_P}{|Z|} = \frac{220}{5} = 44\,(A)$$

各加热器通过的电流均为 44A,由于负载对称,所以中线无电流,可以不接中线。

**例 3.3** 某三相三线制供电线路上,接入三相电灯负载,接成Y形,如图 3.11(a)所示。设线电压为 380V,每一组电灯负载的电阻为 400Ω,额定电压为 220V。试计算:

(1) 在正常工作时,电灯负载的电压和电流为多少?

(2) 如果 1 相断开时,其他两相负载的电压和电流为多少?

(3) 如果 1 相发生短路,其他两相负载的电压和电流为多少?

(4) 如果采用三相四线制(加了中性线)供电,如图 3.11(b)所示,试重新计算 1 相断开或短路时,其他各相负载的电压和电流。

**解:**(1) 在正常情况下,三相负载对称,有

$$U_{1N'} = U_{2N'} = U_{3N'} = \frac{380}{\sqrt{3}} = 220\,(V)$$

$$I_1 = I_2 = I_3 = I_{1N'} = \frac{220}{400} = 0.55\,(A)$$

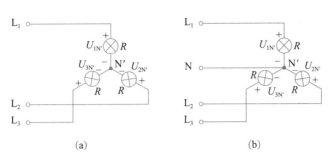

图 3.11　例 3.3 图(正常情况)

（2）1 相断开，如图 3.12(a)所示，有

$$U_{2N'} = U_{3N'} = \frac{380}{2} = 190(V)$$

$$I_2 = I_3 = \frac{190}{400} = 0.475(A)$$

$$I_1 = 0$$

2 相、3 相每组电灯的端电压低于额定电压，电灯不能正常工作。

（3）1 相短路，如图 3.12(b)所示，有

$$U_{2N'} = U_{3N'} = 380(V)$$

$$I_2 = I_3 = \frac{380}{400} = 0.95(A)$$

2 相、3 相每组电灯的端电压高于额定电压，电灯将会被损坏。

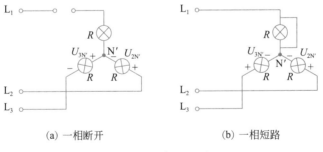

(a) 一相断开　　　　　　　　　(b) 一相短路

图 3.12　例 3.3 图

（4）采用三相四线制时，如图 3.11(b)所示。1 相断开，其余两相由于中线的作用，$U_{2N'} = U_{3N'} = 220V$，负载正常工作。当 1 相短路时，$L_1$ 线电流会急剧增大，将接于 $L_1$ 线上的保险丝立即熔断，使其成为 $L_1$ 线断开的状态。其余两相仍能正常工作，这就是三相四线制供电的优点。为了保证每相负载正常工作，中性线不能断开。

## 3.3　三相负载的三角形联结

当三个单相负载 $Z_1$、$Z_2$ 和 $Z_3$ 的额定电压等于电源线电压时，它们必须分别接在电源的各端线之间，这就构成了负载三角形(△)联结的三相电路，如图 3.13(a)所示。对称的三相负载，如三相电动机，当额定相电压等于电源线电压时，内部绕组可做三角形联结，然后引

出三个端子接到三相电源的端线上,如图 3.13(b)所示。

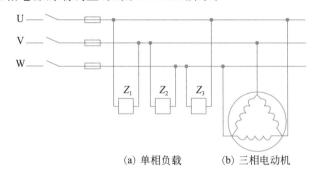

(a) 单相负载　　　(b) 三相电动机

图 3.13　三相负载的三角形联结

## 3.3.1　三角形联结电路中的一般关系式

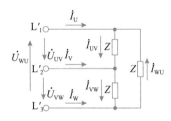

图 3.14　三相三角形电路

为便于分析,通常将图 3.13(a)中由 $Z_1$、$Z_2$ 和 $Z_3$ 组成的电路改画成图 3.14 所示电路。如果忽略供电线路上的电压降,则加到各负载上的电压就等于对称的电源线电压,以 $\dot{U}_{UV}$ 为参考相量,其表达式为

$$\begin{cases} \dot{U}_{UV} = U_1 \underline{/0°} \\ \dot{U}_{VW} = U_1 \underline{/-120°} \\ \dot{U}_{WU} = U_1 \underline{/120°} \end{cases} \tag{3.17}$$

此时每相负载中的电流为

$$\begin{cases} \dot{I}_{UV} = \dfrac{\dot{U}_{UV}}{Z_1} \\[2mm] \dot{I}_{VW} = \dfrac{\dot{U}_{VW}}{Z_2} \\[2mm] \dot{I}_{WU} = \dfrac{\dot{U}_{WU}}{Z_3} \end{cases} \tag{3.18}$$

根据基尔霍夫定律求得线电流:

$$\begin{cases} \dot{I}_U = \dot{I}_{UV} - \dot{I}_{WU} \\ \dot{I}_V = \dot{I}_{VW} - \dot{I}_{UV} \\ \dot{I}_W = \dot{I}_{WU} - \dot{I}_{VW} \end{cases} \tag{3.19}$$

## 3.3.2　对称负载的三角形联结电路

当负载阻抗对称时,即

$$Z_1 = Z_2 = Z_3 = Z = |Z| \underline{/\varphi}$$

则各相电流为

$$\begin{cases} \dot{I}_{UV} = \dfrac{\dot{U}_{UV}}{Z} = \dfrac{U_1}{|Z|} \underline{/-\varphi} \\[3mm] \dot{I}_{VW} = \dfrac{\dot{U}_{VW}}{Z} = \dfrac{U_1}{|Z|} \underline{/-\varphi-120°} \\[3mm] \dot{I}_{WU} = \dfrac{\dot{U}_{WU}}{Z} = \dfrac{U_1}{|Z|} \underline{/-\varphi+120°} \end{cases} \tag{3.20}$$

各线电流分别为

$$\begin{cases} \dot{I}_U = \dot{I}_{UV} - \dot{I}_{WU} = \sqrt{3}\,\dot{I}_{UV}\,e^{-j30°} \\[2mm] \dot{I}_V = \dot{I}_{VW} - \dot{I}_{UV} = \sqrt{3}\,\dot{I}_{VW}\,e^{-j30°} \\[2mm] \dot{I}_W = \dot{I}_{WU} - \dot{I}_{VW} = \sqrt{3}\,\dot{I}_{WU}\,e^{-j30°} \end{cases} \tag{3.21}$$

其电压和电流的相量图如图 3.15 所示。

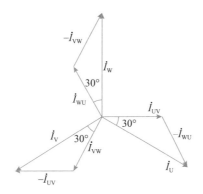

图 3.15 对称三角形负载的电压和电流相量图

在对称三相负载的△形联结中,线电流 $I_1$ 等于相电流 $I_P$ 的 $\sqrt{3}$ 倍。线电流滞后对应的相电流 30°,线电压 $U_1$ 等于相电压 $U_P$。

综上所述,在对称的三相电路中有以下结论。

在星形联结的情况下,$U_1 = \sqrt{3}U_P$,$I_1 = I_P$。

在三角形联结的情况下,$U_1 = U_P$,$I_1 = \sqrt{3}\,I_P$。

## 3.4 三相负载的功率

三相负载吸收的有功功率等于各相负载吸收的有功功率之和,即

$$P = P_U + P_V + P_W = U_{PU}I_{PU}\cos\varphi_U + U_{PV}I_{PV}\cos\varphi_V + U_{PW}I_{PW}\cos\varphi_W \tag{3.22}$$

式中的电压和电流是各相电压和相电流的有效值,$\varphi_U$、$\varphi_V$ 和 $\varphi_W$ 是各相电压和该相电流之间的相位差。

对于对称三相负载,各相电压和相电流的有效值相等,相位差也相等,因而各相吸收的平均功率也相等,式(3.22)可改写为

$$P = 3U_P I_P \cos\varphi \tag{3.23}$$

如果对称负载是星形联结,则

$$U_P = \frac{U_1}{\sqrt{3}}, \quad I_P = I_1 \qquad (3.24)$$

如果是三角形联结,则

$$U_P = U_1, \quad I_P = \frac{I_1}{\sqrt{3}} \qquad (3.25)$$

因此三相总功率可以改写为

$$P = \sqrt{3} U_1 I_1 \cos\varphi \qquad (3.26)$$

使用此公式时,必须注意,$\varphi$ 角仍然代表相电压与该相电流的相位差,不能错误地理解为线电压与线电流的相位差。$\varphi$ 角取决于负载阻抗的阻抗角,而与负载的连接方式无关。

同样,对称三相负载的总无功功率 $Q$ 和视在功率 $S$ 分别为

$$Q = \sqrt{3} U_1 I_1 \sin\varphi \qquad (3.27)$$

$$S = \sqrt{P^2 + Q^2} = \sqrt{3} U_1 I_1 \qquad (3.28)$$

**例 3.4** 某三相异步电动机的输出功率是 2.2kW,功率因数 $\cos\varphi = 0.86$,效率 $\eta = 0.88$,额定功率(线电压)$U_N = 380$V,绕组是星形联结。求每相的电流。

解:设电动机的输出功率为 $P_2$,从电源输入的功率为 $P_1$,则

$$P_1 = \frac{P_2}{\eta} = \frac{2.22}{0.88} = 2.5(\text{kW})$$

$$P_1 = \sqrt{3} U_1 I_1 \cos\varphi = \sqrt{3} \times 380 \times 0.86 I_1$$

所以

$$I_1 = \frac{P_1}{\sqrt{3} \times 380 \times 0.86} = \frac{2500}{\sqrt{3} \times 380 \times 0.86} = 4.42(\text{A})$$

由于电路是星形联结,所以

$$I_P = I_1 = 4.42(\text{A})$$

**例 3.5** 对称三相三线制的线电压为 380V,每相负载阻抗为 $Z = 10 \underline{/53.1°}\ \Omega$,求负载为星形联结和三角形联结时的三相功率。

解:负载为星形联结时,相电压为

$$U_P = \frac{U_1}{\sqrt{3}} = \frac{380}{\sqrt{3}} = 220(\text{V})$$

线电流为

$$I_1 = I_P = \frac{220}{10} = 22(\text{A})$$

相电压与相电流的相位差为 53.1°,则三相功率:

$$P = \sqrt{3} U_1 I_1 \cos\varphi = \sqrt{3} \times 380 \times 22 \times \cos53.1° = 8688(\text{W})$$

负载为三角形联结时,相电流为

$$I_P = \frac{380}{10} = 38(\text{A})$$

线电流为

$$I_1 = \sqrt{3} I_P = 38\sqrt{3}(\text{A})$$

相电压与相电流的相位差为 53.1°,则三相功率:

$$P = \sqrt{3}U_lI_l\cos\varphi = \sqrt{3} \times 380 \times \sqrt{3} \times 38 \times \cos53.1° = 26064(\text{W})$$

通过上题的分析可知,在电源电压一定的情况下,如果三相负载连接形式不同,那么负载的有功功率不同。所以三相负载在电源电压一定的情况下,一般都有确定的连接形式(星形联结或三角形联结),不能任意连接。例如,有一台三相电动机,当电源线电压为 380V 时,电动机要求接成星形,如果错接成三角形,会导致功率过大而损坏电动机。

## 3.5  安全用电

学习电工电子技术课程是为了在实际工作中应用电工技术和电子技术,而在用电过程中必须注意人身和设备的安全,因此必须学习基本的安全用电知识,并从思想上给予重视,以防止触电及设备事故的发生,避免不必要的人身伤亡和财产损失。

### 3.5.1  电流对人体的作用和伤害程度

当人身接触了电气设备的带电(或漏电)部分,使身体承受电压,从而使人体内部流过电流,这种情况称为"触电"。电流对人体组织的作用比较复杂,伤及内部器官时称为电击,主要是电流伤害神经系统使心脏和呼吸功能受到障碍,极易导致死亡;只是皮肤表面被电弧烧伤时称为电伤,烧伤面积过大也可能有生命危险。电流对人体伤害的严重程度和电流的种类、电流的大小、持续时间、电流经过身体的途径等因素有关。工频交流电的危险性大于直流电,因为交流电流主要是麻痹破坏神经系统,往往难以自主摆脱,高频(2000Hz 以上)交流电由于趋肤效应,危险性减小。流过人体的工频电流在 0.5～5mA 时,就有痛感,但尚可忍受和自主摆脱;电流大于 5mA 后,将发生痉挛,难以忍受;电流达到 50mA(0.05A),持续数秒到数分钟,将引起昏迷和心室颤动,就有生命危险。电流最忌通过心脏和中枢神经,因此从手到手,从手到脚都是危险的电流途径,从脚到脚危险性较小,当然电流通过头部会损伤人脑而导致死亡,但通常四肢触电的机会更多一些。

### 3.5.2  触电方式和安全电压

常见的触电方式主要有单线(相)触电和双线(相)触电两种。

一般人在生活和工作中使用的都是 220/380V 的星接三相四线制电源。如果一手触及一根带电的火线(裸线或绝缘损坏),那就是单线触电,如图 3.16(a)所示,因为人站在地上时,电流将从火线经人手进入人体,再从脚经大地和电源接地电极回到电源中点,这时人体承受相电压。如果双手分别触及两根不同相的带电火线,那就是双线触电,如图 3.16(b)所示,电流将从一根火线经人手进入人体,再经另一只手回到另一根火线,这时人体承受线电压。

按照欧姆定律,流过人体电流的大小和人体电阻 $R_h$ 成反比,$R_h$ 由体内电阻和皮肤电阻组成,后者为主,变化范围很大,在皮肤干燥时,可达数千欧,在皮肤湿润(出汗或环境潮湿)时,只有 1kΩ 左右,而且随所加电压的增大和持续时间的增加而减小。因此单线触电时,在湿脚着地等恶劣条件下,人体电流可高于:

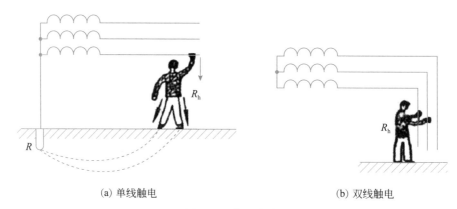

(a) 单线触电　　　　　　　　(b) 双线触电

图 3.16　触电方式

$$I_{\mathrm{h}} = \frac{U_{\mathrm{P}}}{R_{\mathrm{h}}} = \frac{220}{1000} = 0.22(\mathrm{A}) \qquad (3.29)$$

此电流大大超过危险电流值(0.05A)。如果地面干燥,所穿鞋袜有一些绝缘作用,危险性可能减小,但人因此对单线触电麻痹大意则是绝对错误的。事实上,触电死亡事故中,大部分是单线触电。在必须不停电进行接线和维修工作时,只有在人体和地面之间采取可靠的绝缘措施(穿绝缘鞋、站在绝缘垫或绝缘工作台上)后,才可以触及一根火线。

同理,双线触电时,人体电流可达 0.38A,危险性大于单线触电,不过图 3.16(b)所示情况很少出现,往往是局部人体同时触及两根相距不远的火线而发生电灼伤。

在劳动保护措施中规定有安全电压,它是以人体允许电流与人体电阻的乘积为依据,我国采用 36V 和 12V。凡手提照明灯、机床上的照明灯、危险环境的局部照明、携带式电动工具等,如无特殊安全结构,其安全电压应采用 36V。凡活动困难、周围有大面积接地导体环境(如金属容器内、矿井内)的手提照明灯,其安全电压应采用 12V。

### 3.5.3　保护接地和保护接零

为了防止电气设备的金属外壳因内部绝缘损坏而意外带电并避免因此造成触电事故,可以采取保护性的接地和接零措施。接地就是把电气设备的接地点通过接地线和接地电极(又称接地装置)同大地连接起来,关于各种接地装置所用材料(一般为各种钢材)、尺寸、埋设深度及其接地电阻(指对接地装置向四周土壤流散电流的电阻与接地线电阻之和),电工手册上有具体规定。前面讲的星接三相四线制电源(通常是供电变压器)的中点接地是工作接地,其作用是限制各火线对地电压不超过 250V,并且在变压器绝缘损坏时,减轻高压窜入低压供电线路的危险。

#### 1. 保护接地

用于电源中点 N 没有工作接地的三相三线制供电线路(矿井中采用),它是将用电设备本来不带电的机壳等金属部分与接地装置连接起来(图 3.17),接地电阻 $R_{\mathrm{e}}$ 按规定不大于 4Ω。

由于供电线与大地间存在着绝缘电阻(图 3.17 中用 $r_{\mathrm{U}} = r_{\mathrm{V}} = r_{\mathrm{W}} = r$ 表示)和对地电容(对于 380V 低压供电线可不考虑),在未装保护接地时,它们构成星接对称负载电路(只是 $r$ 阻值很大,一般为几十万欧),作为其中点 N′ 的大地的电位 $V_{\mathrm{N}}'$ 应和电源中点电位 $V_{\mathrm{N}}$ 相等,正常情况下,每根供电线对地电压仍为 220V 的相电压 $U_{\mathrm{P}}$。

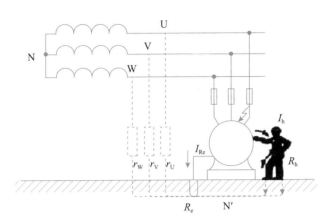

图 3.17　保护接地

（1）电动机未装有保护接地时（图 3.17 中尚未接 $R_e$），如果用电设备绝缘损坏使机壳和供电线 U 相连，机壳将带电，对地电压也为 $U_P$，即 $U_{UN'} = U_P$。此时人若接触机壳，人体电阻 $R_h$ 和 U 相供电线对地绝缘电阻 $r_U$ 是并联关系，构成如图 3.18 所示星接不对称负载电路，流过人体的电流 $I_h$ 可运用戴维南定理求出，即

$$I_h = \frac{未接\ R_h\ 时的\ U_{UN'}}{三相电压源短路时的\ r_{UN'} + R_h} = \frac{U_P}{r_U\ /\!/\ r_V\ /\!/\ r_W + R_h} = \frac{U_P}{\dfrac{r}{3} + R_h} \quad (3.30)$$

式（3.30）中 $U_{UN'}$ 是未接 $R_h$ 时的 U 相电压，$r_{UN'}$ 是三相电源短路时 U 相的电阻。显然，式（3.30）的人体电流 $I_h$ 小于式（3.29）的中点接地供电线路中单线触电电流 $I_h$，危险性减小，但也不是绝对安全。

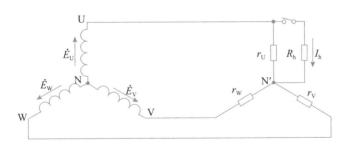

图 3.18　中点不接地供电线路中单线触电情况分析

（2）机壳有了保护接地后，以图 3.17 电路为例，在绝缘损坏时，接地电阻 $R_e$ 和 $r_U$ 是并联关系，U 相的等效负载电阻为

$$r_U\ /\!/\ R_e \approx R_e \approx 4\Omega$$

其值远小于 $r_V$、$r_W$，使 U 线和漏电机壳的电位 $V_U$ 和作为负载中点 $N'$ 的大地的电位 $V_{N'}$ 非常接近，即 $U_{UN'}$ 数值很小，消除了触电的危险。

例 3.6　某工地 380V 中点不接地供电线路，晴天测得各相对地绝缘电阻 $r = 0.5\text{M}\Omega$，阴雨天测得 $r = 0.1\text{M}\Omega$。（1）求两种情况下，单线触电的人体电流 $I_h$，分析其危险程度；（2）设保护接地电阻 $R_e = 4\Omega$，求图 3.17 中漏电机壳的对地电压 $U_{UN'}$。

解：（1）根据式（3.30），晴天时，有

$$I_h = \frac{U_P}{\frac{r}{3} + R_h} = \frac{220}{\frac{500000}{3} + 1000} = 1.3 \, (\text{mA}) \quad \text{无危险}$$

阴雨天时,有

$$I'_h = \frac{U_P}{\frac{r}{3} + R_h} = \frac{220}{\frac{10000}{3} + 1000} = 51 \, (\text{mA}) \quad \text{有危险}$$

(2) 比照式(3.30)计算 $I_{Re}$,可得

$$U_{UN'} = R_e I_{Re} = R_e \frac{U_P}{\frac{r}{3} + R_e}$$

晴天时,有

$$U_{UN'} = R_e \frac{U_P}{\frac{r}{3} + R_e} = 4 \times \frac{220}{\frac{500000}{3} + 4} = 5.3 \, (\text{mV})$$

阴雨天时,有

$$U_{UN'} = R_e \frac{U_P}{\frac{r}{3} + R_e} = 4 \times \frac{220}{\frac{10000}{3} + 4} = 0.26 \, (\text{V})$$

可见,有了保护接地后,漏电机壳对地电压很微小,人接触机壳,没有什么危险。

**2. 保护接零**

用于电源中点 N 有工作接地的三相四线制供电线路中,它是将用电设备本来不带电的机壳等金属部分与供电线路的零线(中线)连接起来(图 3.19)。当绝缘损坏、一相供电线和机壳相连时,就会发生一相电源短路,短路电流 $I_{SC}$ 将熔断器 FU 中熔丝迅速熔断,使故障点脱离电源,消除了触电的危险。当然,用电设备要检修后才能再投入运行。

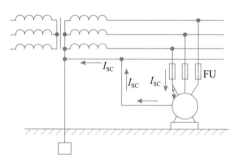

图 3.19 机壳有保护接零时一相电源触壳情况

应当说明,在三相四线制供电线路中不允许有的设备采用保护接地(图 3.20)。否则,当该设备绝缘损坏使供电线和机壳相连时,流入保护接地电极的电流 $I_{Re}$ 经电源工作接地电极流回电源中点,其值为

$$I_{Re} = \frac{U_P}{R_e + R_N}$$

它若不足以熔断熔丝,故障将长期存在,该设备对地电压 $U_e$ 和零线对地电压 $U_N$ 将分别为

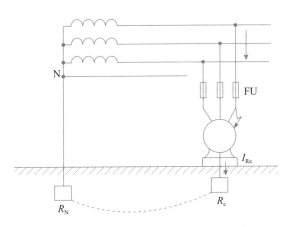

图 3.20 四线制供电线路中有保护接地时一相电源触壳情况

$$U_{\mathrm{e}} = R_{\mathrm{e}} I_{\mathrm{Re}} = U_{\mathrm{P}} \frac{R_{\mathrm{e}}}{R_{\mathrm{e}} + R_{\mathrm{N}}}$$

$$U_{\mathrm{N}} = R_{\mathrm{N}} I_{\mathrm{Re}} = U_{\mathrm{P}} \frac{R_{\mathrm{N}}}{R_{\mathrm{e}} + R_{\mathrm{N}}}$$

而且 $U_{\mathrm{e}} + U_{\mathrm{N}} = U_{\mathrm{P}} = 220\mathrm{V}$，则该设备和其他所有接零线的设备的外壳都可能带有远高于 36V 的危险电压。

目前，属于单相负载的家用电器应用日益广泛，为了安全，有金属外壳的（如电冰箱、洗衣机等），也应采取保护接零（图 3.21）。这里要注意，供连接单相负载的三相四线制电路中，零线的干线不接开关和熔断器，但对各单相负载用户供电的零线支线（称工作零线）也像火线一样接有熔断器，因此保护零线应像图 3.21 所示接在和零线干线直接相连的保护零线上，所用电源插座和插销应是三线的，其中有一另具特征的插孔和插销，专门用来供保护零线同电器外壳连接。有的时候，用户住房中只有两孔电源插座，那就应将与电器外壳相连的插销片悬空不接，千万不可以将它和准备接电源工作零线的插销片连接起来使用（如图 3.21 中虚线所示），否则，万一插销插反了或者工作零线上的熔断器断了，电器外壳将同电源火线相连，使外壳带电，对地有 220V 的相电压，反而可能引起触电事故，十分危险。

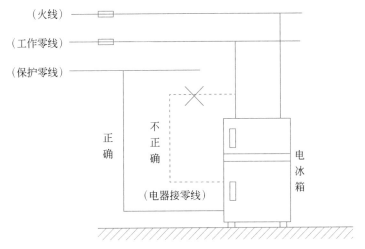

图 3.21 单相家用电器的保护接零

### 3.5.4　静电防护

工农业生产中产生静电的情况很多,例如,皮带运输机运行时,皮带与皮带轮摩擦起电;物料粉碎、碾压、搅拌、挤出等加工过程中的摩擦起电;在金属管道中输送液体或用气流输送粉体物料等都可能产生静电。带静电的物体按照静电感应原理还可以对附近的导体在近端感应出异性电荷,而在远端产生同性电荷,并能在导体表面曲率较大的部分发生尖端放电。

静电的危害主要是由于静电放电引起周围易燃易爆的液体、气体或粉尘起火或爆炸;还可能使人遭受电击,一般情况下,限于静电能量,虽不至于死亡,但可能引起跌倒等二次伤害。消除静电的最基本方法是接地,把物料加工、储存和运输等设备及管道的金属体统统用导线连接起来并接地,接地电阻阻值不要求像供电线路中保护接地那么小,但要牢靠,并可与其他的接地共用接地装置。当然最好从工艺上采取措施,限制静电的产生,或采用泄漏法和静电中和法使静电消散或消除,本书这类专门技术从略。

### 3.5.5　触电急救

万一发生触电事故,必须进行急救,首要措施是迅速切断电源开关或用绝缘器具(如木棒、干绳、干布等)使触电者脱离电源,同时要防止碰伤和摔伤。

如果触电者呼吸和心脏跳动已停止,往往只是"假死"状态,必须毫不迟疑地用人工呼吸和心脏按压(心肺复苏术)进行抢救,并急速请医生前来急救。

### 3.5.6　防火与防爆

电气设备的绝缘材料(包括绝缘油)多数是可燃物质,或由于材料老化、掺入杂质因而失去绝缘性能时可能引起火花、电弧;或由于过载、短路的保护电器失灵使电气设备过热;或绝缘导线端子螺丝松了,使接触电阻增大而过热等,都可能使绝缘材料燃烧起来并波及周围可燃物而酿成火灾。电烙铁、电炉等电热器使用不当、用完忘记断电从而引起火灾更是屡有发生。应严格遵守安全操作规程,经常检查电气设备运行情况(特别要注意温升和异味),定期检修,防止这类事故。

空气中所含可燃固体粉尘(如煤粉、面粉等)和可燃气体达到一定程度时,遇到电火花、电弧或其他明火就会发生爆炸燃烧。在这类场合应选用防爆型的开关、变压器、电动机等电气设备,这类设备装有坚固特殊的外壳,使电气设备中电火花或电弧的作用不波及到设备之外,具体规定可查阅电工手册。

## 本章小结

1. 由对称三相电源、对称三相负载、相等端线阻抗组成的三相电路称为对称三相电路。

2. 由于在日常生活中经常遇到三相负载不对称的情况,为了保证负载能正常工作,在低压配电系统中,通常采用三相四线制(3 根相线,1 根中性线,共 4 根输电线)。为了保证每相负载正常工作,中性线不能断开,所以中性线是不允许接入开关或熔断器的。

3. 对称三相电源连接的特点如下。

Y形联结：$U_1 = \sqrt{3} U_P$

△形联结：$U_1 = U_P$

4. 对称三相负载连接的特点如下。

Y形联结：$U_1 = \sqrt{3} U_P$，$I_1 = I_P$

△形联结：$U_1 = U_P$，$I_1 = \sqrt{3} I_P$

5. 在对称三相电路中，三相负载的总有功功率为 $P = \sqrt{3} U_1 I_1 \cos\varphi$。式中，$\varphi$ 为相电压与相电流之间的相位差；$\cos\varphi$ 为每相负载的功率因数。

6. 在安全用电方面主要是讲述了触电的危险、保护措施（接地、接零）及注意事项。简述了防静电、防火及防爆问题。从事实际工作的工程技术人员应当掌握安全用电的知识。

## 技能训练——单相交流电能表的连接

**1. 实验目的**

（1）了解电能表的分类和结构。

（2）掌握单相交流感应式电能表的接线方法。

**2. 实验器材**

电工实验台、单相交流感应式电能表、低压断路器、熔断器、白炽灯、插座、导线。

**3. 实验原理**

1）电能表的分类

电能表用于测量电能，也叫电度表。它是生产和使用数量最多的一种仪表。电能表根据工作原理不同，可分为感应式、电动式和磁电式 3 种；根据接入电源的性质不同，可分为交流电能表和直流电能表；根据测量对象的不同，可分为有功电能表和无功电能表；根据测量准确度的不同，可分为 3.0 级、2.0 级、1.0 级、0.5 级、0.1 级等；根据电能表接入电源相数的不同，可分为单相电能表和三相电能表。下面就常用交流感应式电能表的结构及接线进行介绍。

2）单相交流感应式电能表的结构

单相交流感应式电能表的外形和结构如图 3.22 所示。它的主要组成部分有电压线圈 1、电流线圈 2、转盘 3、转轴 4、上下轴承 5 和 6、蜗杆 7、永久磁铁和磁轭 8、计量器、支架、外壳、接线端钮等。工作时，当电压线圈和电流线圈通过交变电流时，就有交变的磁通穿过转盘，在转盘上产生感应涡流，这些涡流与交变的磁通互相作用产生电磁力，从而使转盘转动。计量器就是通过齿轮比，把电能表转盘的转数变为与之对应的电能指示值。转盘转动后，涡流与永久磁铁的磁感线相切割，受一反向的磁场力作用，从而产生制动力矩，致使转盘以某一速度旋转，其转速与负载功率的大小成正比。

3）单相电能表的选用

选用电能表应注意以下三点。

（1）选型应选用换代的新产品，如 DD861、DD862、DD862a 型，这种新产品具有寿命长、性能稳定、过载能力大、损耗低等优点。因此，选型时，应优先选用 86 系列单相电能表。

（2）电能表的额定电压必须符合被测电路电压的规格。例如，照明电路的电压为 220V，电能表的额定电压也必须是 220V。

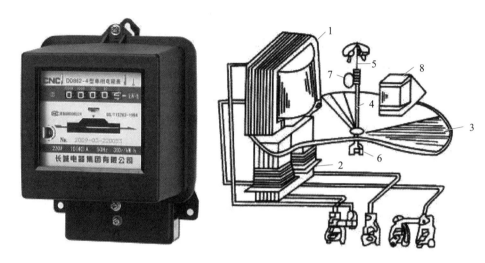

图 3.22　单相交流感应式电能表的外形和结构

1—电压线圈；2—电流线圈；3—转盘；4—转轴；5、6—上、下轴承；7—蜗杆；8—永久磁铁和磁轭

（3）电能表的额定电流必须与负载的总功率相适应。在电压一定（220V）的情况下，根据公式 $P=IU$，可以计算出对于不同安培数的单相电能表可带负载的最大总功率见表3.1。

表 3.1　单相电能表与所带负载对应的总瓦数

| 电能表安培数/A | 1 | 2.5 | 3 | 5 | 10 | 15 | 20 |
|---|---|---|---|---|---|---|---|
| 负载总瓦数/W | 220 | 550 | 660 | 1100 | 2200 | 3300 | 4400 |

4）单相交流感应式电能表的接线方法

单相交流感应式电能表可直接接在电路上，其接线方式有两种，即顺入式和跳入式，如图 3.23 所示。国产单相感应式电能表一般采用跳入式接法，即为 1、3 接进线，2、4 接出线。在低压小电流电路中，电能表可直接接在线路上，如图 3.23（b）所示。在低压大电流电路中，若线路负载电流超过电能表的量程，则须经电流互感器将电流变小，即将电能表间接连接到线路上，如图 3.24 所示。

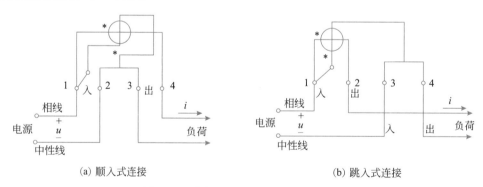

(a) 顺入式连接　　　　　　　　　　(b) 跳入式连接

图 3.23　单相交流感应式电能表的接线

当电能表不经互感器而直接接入电路时，可以从电能表上直接读出实际电度数（kW·h，即"度"）；如果电能表利用电流互感器或电压互感器扩大量程时，实际消耗电度数应为电能表的读数乘以电流变比或电压变比。

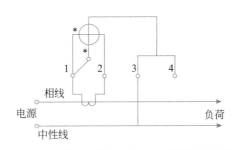

图 3.24　单相电能表经电流互感器接入电路

**4. 实验内容和步骤**

**1）连接单相电能表**

按图 3.25 练习单相交流感应式电能表的接线。

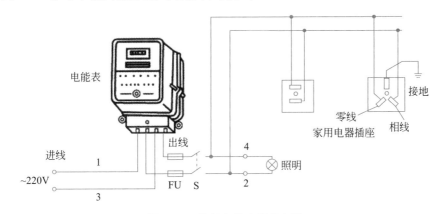

图 3.25　单相电能表测量电路

**2）电能表的安装要求**

（1）电能表应装在干燥处，不能装在高温、潮湿或有腐蚀性气体的地方。

（2）电能表应装在没有振动的地方，因为振动会使零件松动，导致计量不准确。

（3）安装电能表不能倾斜，一般电能表倾斜 5° 会引起 1% 的误差，倾斜太大会引起铝盘不转。

（4）电能表应装在厚度为 25mm 的木板上，木板下面及四周边缘必须涂漆防潮。允许和配电板共用一块木板，木板离地面的高度不得低于 1.4m，但也不能过高，通常高度在 2m 为适宜。如需并列安装多只电能表时，则两表间的中心距离不得小于 200mm。

（5）为了有利于线路的走向简洁，以保证配电装置的操作安全，电能表必须装在配电装置的左方或下方，切不可装在其右方或上方。

（6）单相电能表的选用必须与用电器总瓦数相适应。

（7）电能表在使用时，电路不容许短路及用电器超过额定值的 125%。

（8）电能表不允许安装在 10% 额定负载以下的电路中使用。

**5. 思考题**

（1）如何选用电能表？

（2）电能表为什么不能倾斜安装？

**6. 完成实验报告**

略。

## 实验项目——家庭电路的安装

家庭电路的安装

**1. 实验目的**

(1) 熟悉照明电路的组成和基本工作原理。

(2) 熟练掌握电能表的安装接线方法。

(3) 熟练掌握电工布线规范,能够按照电路图进行家庭电路的安装、检查和调试。

**2. 实验器材**

家庭电路安装实验板、电能表、自动空气开关、熔断器、单联开关、双联开关、白炽灯、日光灯管、镇流器、启辉器、插座、灯座、导线等。

**3. 实验内容和步骤**

实验电路如图 3.26 所示,本实验的家庭电路中包含四个支路:单联开关控制日光灯电路、双联开关控制白炽灯电路、单联开关控制白炽灯电路和独立的插座电路。

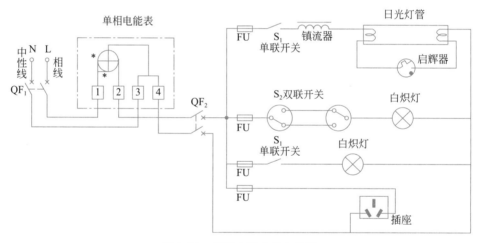

图 3.26　家庭电路实验电路图

1) 日光灯照明电路

日光灯照明电路由单联开关、日光灯灯管、镇流器、启辉器和灯座组成。如实验电路图所示,单联开关、镇流器和灯管串联,启辉器并联在灯光两端。

日光灯的工作原理是:当开关接通时,电源电压立即通过镇流器和灯管灯丝加到启辉器的两极。220V 的电压立即使启辉器的惰性气体电离,产生辉光放电。辉光放电的热量使双金属片受热膨胀,两极接触。电流通过镇流器、启辉器触极和两端灯丝构成通路。灯丝很快被电流加热,发射出大量电子。这时,由于启辉器两极闭合,两极间电压为零,辉光放电消失,管内温度降低;双金属片自动复位,两极断开。在两极断开的瞬间,电路电流突然切断,镇流器产生很大的自感电动势,与电源电压叠加后作用于管两端。灯丝受热时发射出来的大量电子,在灯管两端高电压作用下,以极大的速度由低电势端向高电势端运动。在加速运动的过程中,碰撞管内氩气分子,使之迅速电离。氩气电离生热,热量使水银产生蒸汽,随之水银蒸汽也被电离,并发出强烈的紫外线。在紫外线的激发下,管壁内的荧光粉发出近乎白色的可见光。

2) 双联开关控制白炽灯电路

双联开关的结构和接线如图 3.27 所示,开关有一个动触点和两个静触点,其中动触点 1 为连铜片(简称连片),它就像一个活动的桥梁一样,无论怎样按动开关,连片 1 总要跟静触点 2、3 中的一个保持接触,从而达到控制电路导通或断开的目的,可以用万用表验证这三个触点之间的导通关系。用两个双联开关可以实现在两地自由控制同一盏白炽灯。

3) 插座电路

三线插座(也称三孔插座)的安装方式如图 3.28 所示,零线接在带有 N 标识的一端接线柱(一般在左侧),相线(火线)接在有 L 标识的一端接线柱(一般在右侧),中间接线柱带有 E 的标识,接地线(PE 线),即"左零右火上接地",如果没有接地线,那么中间端子悬空不接线。

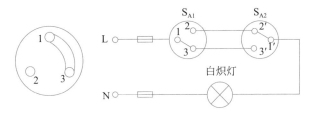

图 3.27　双联开关的结构和接线图

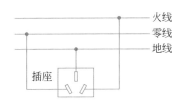

图 3.28　双三线插座的接线方式

4) 实验步骤

(1) 检查实验电路安装板和实验器材完好。

(2) 根据实验电路图 3.26 在家庭实验电路安装板上进行布线、接线,注意导线的布局合理(在线槽中走线),接点处不松动、不露铜。

(3) 完成接线后,整理试验台上的工具,清理多余的器件、导线和断线头等,以防造成短路或触电事故。

(4) 通电前用万用表检查线路连接是否正确。

(5) 检查线路连接无误后,在指导老师的监护下,才可以通电操作。

4. 思考题

(1) 如何区分火线和零线?

(2) 自动空气开关的作用是什么?

5. 完成实验报告

略。

## 习　　题

3-1　对称三相电源向对称丫形联结的负载供电,如图 3.29 所示,当中性线开关 S 闭合时,电流表读数为 2A。(1) 若开关 S 打开,电流表读数是否改变? 为什么? (2) 若 S 闭合,1 相负载 $Z$ 断开,电流表读数是否改变? 为什么?

3-2　图 3.30 所示电路为对称三相四线制电路,电源线电压有效值为 380V,$Z = (6+j8)\Omega$,求线电流 $\dot{I}_1$、$\dot{I}_2$、$\dot{I}_3$。

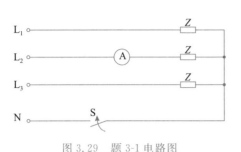

图 3.29　题 3-1 电路图　　　　　图 3.30　题 3-2 电路图

3-3　对称三相电源向三角形联结的负载供电,如图 3.31 所示,已知三相负载对称,$Z_1 = Z_2 = Z_3$,各电流表读数均为 1.73A,突然负载 $Z_3$ 断开,此时三相电源不变,问各电流表读数如何变化? 是多少?

3-4　图 3.32 所示电路阻抗 $Z = (15 + j20)\Omega$ 的对称星形负载,经过相线阻抗 $Z_1 = (1 + j2)\Omega$ 与对称三相电源相连接,电源线电压有效值是 380V,试求星形负载各相的电压相量。

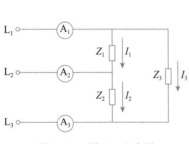　　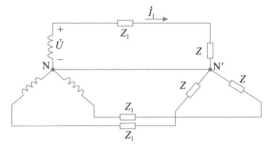

图 3.31　题 3-3 电路图　　　　　图 3.32　题 3-4 电路图

3-5　有一台Y形联结的三相电动机,接到线电压为 380V 的对称三相电源上,电动机吸收的功率为 5.3kW,$\cos\varphi = 0.8$,$\varphi > 0$,求线电流的有效值和电动机的无功功率。

3-6　当使用工业三相电阻炉时,常常采用改变电阻丝的接法来调节加热温度,今有一台三相电阻炉,每相电阻为 8.68Ω,计算:

(1) 线电压为 380V 时,电阻炉为△形和Y形联结的功率各是多少?

(2) 当线电压为 220V 时,电阻炉为△形联结的功率各是多少?

3-7　图 3.33 所示电路中,对称负载为△形联结,已知三相电源对称线电压等于 220V,电流表读数等于 17.3A,每相负载的有功功率为 4.5kW,求每相负载的电阻和感抗。

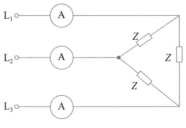

图 3.33　题 3-7 电路图

3-8　有一台三相电动机,它的额定输出功率为 10kW,额定电压为 380V,在额定功率下的效率 $\eta$ 为 0.875,功率因数 $\cos\varphi = 0.88$,$\varphi > 0$,问在额定功率下,取用电源的电流是多少?

# 第 **4** 章

# 磁路和变压器

在电力系统和电子设备中经常用电磁转换来实现能量的转换,学习这些电磁设备时,不仅会遇到电路问题,也会遇到磁路问题。为了产生较强的磁场并把磁场约束在一定的空间内加以运用,常采用导磁性能良好的铁磁材料做成一定形状的铁心,使这类设备中的磁场集中分布于主要由铁心构成的闭合路径内,这样的路径通常称为磁路。

根据上述情况,要了解变压器和电动机的运行特性,不仅要分析它们的电路,还要分析它们的磁路以及二者之间的联系。因此本章先介绍磁路的基本知识和基本规律,并简述交流铁心线圈内部的基本电磁关系,为分析交流电机、电器的性能打下必要的理论基础。然后讲解变压器的基本结构、工作原理、运行特性和主要额定值,并对生产和科学实验中普遍应用的三相变压器、自耦变压器做简要的介绍。

学习目标:掌握磁路的基本知识和基本定律;掌握交流铁心线圈内部的基本电磁关系;学习变压器的结构、分类和用途;掌握变压器的基本工作原理(变电压、变电流、变阻抗)和变压器的应用。

学习重点:磁路的基本知识和基本定律;交流铁心线圈内部的基本电磁关系;变压器的基本工作原理(变电压、变电流、变阻抗)和变压器的应用。

学习难点:交流铁心线圈内部的基本电磁关系;变压器的基本工作原理(变电压、变电流、变阻抗)和变压器的应用。

## 4.1 磁 路

磁路问题也是局限于一定路径内的磁场问题,因此磁场的各个基本物理量也适用于磁路。磁路主要是由具有良好导磁能力的材料构成的,因此有必要对这种材料的磁性能加以讨论。磁路和电路往往是相关联的,因此我们也要研究磁路和电路的关系以及磁和电的关系。

### 4.1.1 磁场的基本物理量

磁场的特性可用下列几个基本物理量表示。

**1. 磁感应强度**

磁感应强度 $B$ 是表示磁场内某点的磁场强弱和方向的物理量。它是一个矢量。它与电流(电流产生磁场)之间的方向关系可用右手螺旋定则确定,其大小可用 $B=\dfrac{F}{lI}$ 来衡量。其中,$l$ 为垂直放入该点的导体长度(1m);$I$ 为导体中通过的电流(1A);$F$ 为导体受到的力。

如果磁场内各点的磁感应强度大小相等,方向相同,这样的磁场称为均匀磁场。

**2. 磁通**

磁感应强度 $B$(如果不是均匀磁场,则取 $B$ 的平均值)与垂直于磁场方向的面积 $S$ 的乘积,称为通过该面积的磁通 $\Phi$,即

$$\Phi = BS, \quad B = \frac{\Phi}{S} \tag{4.1}$$

由上式可见,磁感应强度在数值上可以看成与磁场方向相垂直的单位面积所通过的磁通,故又称为磁通密度。

如果用磁力线来描述磁场,使磁力线的疏密反映磁感应强度的大小,则通过某一面积的磁力线的总数就反映通过该面积的磁通的大小,通过垂直于磁场方向的单位面积的磁力线数目就反映该点的磁感应强度的大小。由于磁通的连续性,磁力线应是闭合的空间曲线。

根据电磁感应定律的公式:

$$e = -N\frac{\mathrm{d}\Phi}{\mathrm{d}t}$$

在国际单位制中,磁通的单位是伏·秒(V·s),通常称为韦伯(Wb);磁感应强度的单位是特斯拉(T),特斯拉也就是韦伯每平方米(Wb/m²)。

**3. 磁场强度**

磁场强度 $H$ 是计算磁场时所引用的一个物理量,也是矢量,通过它来确定磁场与电流之间的关系:

$$\oint \vec{H}\mathrm{d}\vec{l} = \sum I \tag{4.2}$$

式(4.2)是安培环路定律(或称为全电流定律)的数学表达式。它是计算磁路的基本公式。

式中 $\oint \vec{H}\mathrm{d}\vec{l}$ 是磁场强度矢量 $\vec{H}$ 沿任意闭合回路 $l$(常取磁力线作为闭合回路)的线积分;$\sum I$ 是穿过该闭合回路所围面积的电流的代数和。电流的正负是这样规定的:任意选定一个闭合回路的围绕方向,凡是电流方向与闭合回路围绕方向之间符合右手螺旋定则的电流即为正,反之为负。

下面以环形线圈(图 4.1)为例,其中介质是均匀的,应用式(4.2)来计算线圈内部各点的磁场强度,取磁力线作为闭合回路,并且以其方向作为回路的围绕方向。根据安培环路定律,有

$$\oint \vec{H}\mathrm{d}\vec{l} = H \times l$$

$$\sum I = IN$$

即

$$Hl = IN \tag{4.3}$$

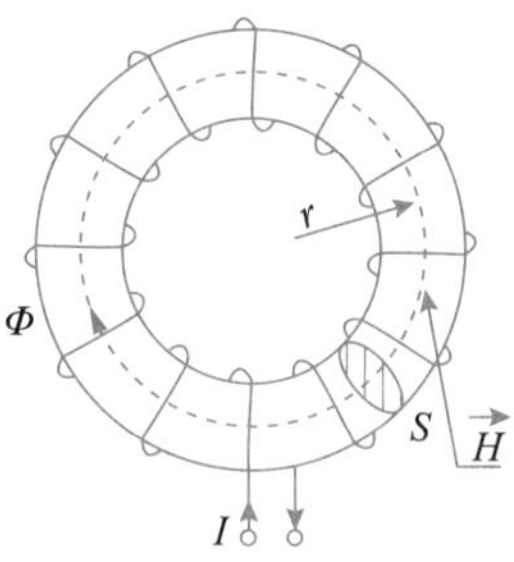

图 4.1 环形线圈

式中:闭合回路的长度 $l = 2\pi r$(半径为 $r$ 的圆周长);$N$ 是线圈的匝数;$H$ 是均匀磁场的磁场强度。

式(4.3)中电流与线圈匝数的乘积 $IN$ 称为磁动势,用字母 $F$ 表示,即

$$F = IN \tag{4.4}$$

磁通就是由它产生的,它的单位是安培(A)。

### 4. 磁导率

磁导率 $\mu$ 是一个用来表示磁场介质磁性的物理量,也就是用来衡量物质导磁能力的物理量。它与磁场强度的乘积等于磁感应强度,即

$$B = \mu H \tag{4.5}$$

因此,在图 4.1 中线圈内部半径为 $r$ 处各点的磁感应强度可以由式(4.3)得出,即

$$B = \mu H = \mu \frac{IN}{l} \tag{4.6}$$

由式(4.3)和式(4.6)可知,磁场内某一点的磁场强度 $H$ 只与电流大小、线圈匝数以及该点的几何位置有关,而与磁场介质的磁性($\mu$)无关。但磁感应强度 $B$ 是与磁场介质的磁性有关的。当线圈内的介质不同时,则磁导率 $\mu$ 不同,在同样电流值下,同一点的磁感应强度的大小就不同,线圈内的磁通也就不同。

由式(4.2)可知,磁场强度 $H$ 的国际单位是安每米(A/m),由式(4.5)可知,磁导率 $\mu$ 的国际单位是亨/米(H/m)。

由实验测得,真空的磁导率是:

$$\mu_0 = 4\pi \times 10^{-7} \, \text{H/m}$$

因为这是一个常数,所以将其他物质的磁导率和它去比较是很方便的。任意一种物质的磁导率 $\mu$ 和真空的磁导率 $\mu_0$ 的比值,称为该物质的相对磁导率 $\mu_r$,即

$$\mu_r = \frac{\mu}{\mu_0} \tag{4.7}$$

自然界的所有物质按磁导率的大小,或者说按磁化的特性,大体上可分成磁性材料和非磁性材料两大类。对非磁性材料而言,$\mu \approx \mu_0$,$\mu_r \approx 1$,基本不具有磁化的特性,而且每一种非磁性材料的磁导率都是常数。

## 4.1.2　磁性材料的主要性能

磁性材料主要是指铁、镍、钴及其合金等,它们具有下列磁性能。

### 1. 高导磁性

磁性材料的磁导率很高,$\mu_r \gg 1$,具有被强烈磁化的特性。我们知道电流产生磁场,磁性物质的分子中由于电子运动而形成分子电流,分子电流也要产生磁场,每个分子相当于一个基本小磁铁。同时,在磁性物质内部还分成许多小区域,由于磁性物质的分子间有一种特殊的作用力而使每一区域内的分子磁铁都排列整齐,显示磁性。这些小区域称为磁畴。在没有外磁场作用时,各个磁畴排列混乱,磁场互相抵消,对外就显示不出磁性来,如图 4.2(a)所示。在外磁场作用下,例如,在铁心线圈中的励磁电流所产生的磁场的作用下,其中磁畴就顺着外磁场方向转向,显现出磁性来。随着外磁场的增强(或励磁电流的增大),磁畴就逐渐转到与外磁场相同的方向上,如图 4.2(b)所示。这样就产生了一个很强的与外磁场同方向的磁化磁场,而使磁性物质内的磁感应强度大大增加。

磁性物质的这一磁性能被广泛地应用于电工设备中,例如,电机、变压器及各种铁磁元件的线圈中都放有铁心。在这种具有铁心的线圈中通入不大的励磁电流,便可以产生足够大的磁通和磁感应强度。这就解决了既要磁通大,又要励磁电流小的矛盾。利用优质的磁

性材料可使同一容量的电机的重量和体积大大减轻和减小。

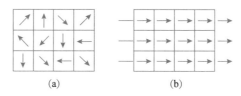

图 4.2　磁性物质的磁化

### 2. 磁饱和性

磁性物质由于磁化所产生的磁化磁场不会随着外磁场的增强而无限地增强。当外磁场(或励磁电流)增大到一定值时,全部磁畴的磁场方向都转向与外磁场的方向一致。这时磁化磁场的磁感应强度 $B_J$ 即达到饱和值,如图 4.3 所示。图中 $B_0$ 是在外磁场作用下如果磁场内不存在磁性物质时的磁感应强度。将 $B_J$ 曲线和 $B_0$ 直线的纵坐标相加,便得出 $B$-$H$ 磁化曲线。各种磁性材料的磁化曲线可通过实验得出,在磁路计算上极为重要。磁化曲线可分成三段:$Oa$ 段——$B$ 与 $H$ 差不多成正比地增加;$ab$ 段——$B$ 的增加缓慢下来;$b$ 以后一段——$B$ 增加得很少,达到了磁饱和。

当有磁性物质存在时,$B$ 与 $H$ 不成正比,所以磁性物质的磁导率 $\mu$ 不是常数,随 $H$ 而变化,如图 4.4 所示。

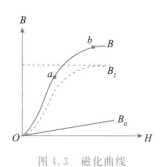

图 4.3　磁化曲线　　　　　　　　　图 4.4　$\mu$ 与 $H$ 的关系

### 3. 磁滞性

当铁心线圈中通有交变电流(大小和方向都变化)时,铁心就受到交变磁化。在电流变化一次时,磁感应强度 $B$ 随磁场强度 $H$ 而变化的关系如图 4.5 所示。由图可见,当 $H$ 已减到零值时,$B$ 却并未回到零值。这种磁感应强度滞后于磁场强度变化的性质称为磁性物质的磁滞性。

当线圈中电流减到零值(即 $H=0$)时,铁心在磁化时所获得的磁性还未完全消失。这时铁心中所保留的磁感应强度称为剩磁感应强度 $B_r$(剩磁),在图 4.5 中即为纵坐标 0-2 和 0-5,永久磁铁的磁性就是由剩磁产生的。但有时剩磁是有害的,当工件在平面磨床上加工完毕,由于电磁吸盘有剩磁,仍将工件吸住。因此需要通入反向去磁电流,去掉剩磁,才能将工件取下。要使铁心的剩磁消失,通常改变线圈中励磁电流的方向,也就是改变磁场强度 $H$ 的方向进行反向磁化。使 $B=0$ 的 $H$ 值在图 4.5 中用 0-3 和 0-6 表示,称为矫顽磁力 $H_c$。

在铁心反复交变磁化的情况下,表示 $B$ 与 $H$ 变化关系的闭合曲线 1234561(图 4.5)称为磁滞回线。

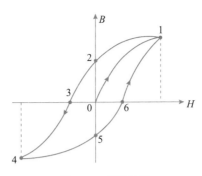

图 4.5　磁滞回线

磁性材料按其磁滞回线形状不同,可分为以下三类。

1）软磁材料

软磁材料具有较小的矫顽磁力,磁滞回线较窄。一般用来制造电机、电器及变压器等的铁心。常用的有铸铁、硅钢、坡莫合金及铁氧体等。铁氧体在电子技术、通信技术、雷达技术、空间技术等方面的应用也很广泛。

2）永磁材料

永磁材料具有较大的矫顽磁力,磁滞回线较宽。一般用来制造永久磁铁。常用的有碳钢、钴钢及铁镍铝钴合金等。

3）矩磁材料

矩磁材料具有较小的矫顽力和较大的剩磁,磁滞回线接近矩形,稳定性也良好。在计算机和控制系统中可用作记忆元件、开关元件和逻辑元件。常用的有镁锰铁氧体及 1J51 型铁镍合金等。

### 4.1.3　磁路的欧姆定律

为了使较小的励磁电流产生足够大的磁通(或磁感应强度),在电机、变压器及各种铁磁元件中常用磁性材料做成一定形状的铁心。铁心的磁导率比周围空气或其他物质的磁导率高得多,因此磁通的绝大部分经过铁心而形成一个闭合通路。这种人为造成的磁通的路径称为磁路。图 4.6 和图 4.7 分别是两极直流电机和交流接触器的磁路。磁通经过铁心(磁路的主要部分)和空气隙(有的磁路中没有空气隙)而闭合。

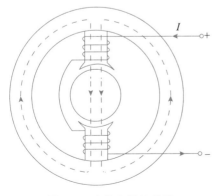

图 4.6　直流电机的磁路

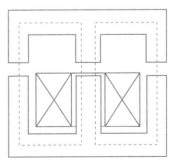

图 4.7　交流接触器的磁路

对磁路进行分析计算,也要用到一些基本定律,其中最基本的是磁路的欧姆定律。

以图 4.1 所示的环形线圈为例,根据式(4.2),有

$$\oint \vec{H} \mathrm{d} \vec{l} = \sum I$$

得出

$$IN = Hl = \frac{B}{\mu}l = \frac{\Phi}{\mu S}l$$

或

$$\Phi = \frac{IN}{\dfrac{l}{\mu S}} = \frac{F}{R_m} \tag{4.8}$$

式中:$F = IN$ 为磁动势,即由此而产生磁通;$R_m$ 称为磁阻,是表示磁路对磁通具有阻碍作用的物理量;$l$ 为磁路的平均长度,$S$ 为磁路的截面积。式(4.8)与电路的欧姆定律在形式上相似,所以称为磁路的欧姆定律。两者对照如表 4.1 所示。

表 4.1　磁路和电路的比较

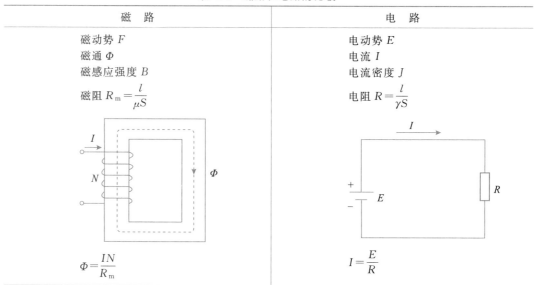

| 磁　　路 | 电　　路 |
|---|---|
| 磁动势 $F$　磁通 $\Phi$　磁感应强度 $B$　磁阻 $R_m = \dfrac{l}{\mu S}$　　$\Phi = \dfrac{IN}{R_m}$ | 电动势 $E$　电流 $I$　电流密度 $J$　电阻 $R = \dfrac{l}{\gamma S}$　　$I = \dfrac{E}{R}$ |

应用磁路欧姆定律对磁路工作状态做定性分析比较方便,例如,磁路中如果气隙增大,磁路的磁阻将增大,若要产生一定的磁通,就需要较大的磁动势或励磁电流。由于磁路中铁磁材料的磁导率不是常数,所以做定量计算时仍要用安培环路定律,即式(4.2)和式(4.3)进行计算。要注意式(4.3)是对均匀磁场而言的。如果磁路是由磁阻不同(材料不同或长度和截面积不同)的几段组成的,则

$$IN = H_1 l_1 + H_2 l_2 + \cdots = \sum (Hl) \tag{4.9}$$

### 4.1.4　交流铁心线圈电路

铁心线圈按励磁方式的不同,有直流铁心线圈和交流铁心线圈。直流铁心线圈的励磁电流是直流(如直流电机的励磁线圈),产生的磁通是恒定的,在线圈和铁心中不会感应出电动

势;在一定电压 $U$ 下,线圈中的电流 $I$ 只和线圈本身的电阻 $R$ 有关;功率损耗也只有 $I^2R$。而交流铁心线圈在电磁关系、电压电流关系及功率损耗等方面和直流铁心线圈有所不同。

**1. 交流铁心线圈的电磁关系**

交流铁心线圈如图 4.8 所示。磁动势 $iN$ 产生的磁通绝大部分通过铁心而闭合,这部分磁通称为主磁通 $\Phi$。此外,还有很少一部分磁通主要经过空气或其他非导磁介质而闭合,这部分磁通称为漏磁通 $\Phi_\sigma$。这两个磁通在线圈中产生两个感应电动势:主磁电动势 $e$ 和漏磁电动势 $e_\sigma$。这个电磁关系表示如下:

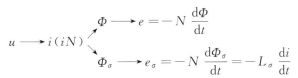

因为漏磁通主要不经过铁心,所以励磁电流 $i$ 与 $\Phi_\sigma$ 之间可以认为呈线性关系,铁心线圈的漏磁电感为常数,即

$$L_\sigma = \frac{N\Phi_\sigma}{i}$$

因此,$e_\sigma$ 可用漏电感电动势表示。

根据基尔霍夫电压定律,交流铁心线圈的电压方程式为

$$u = iR + (-e_\sigma) + (-e) = iR + L_\sigma \frac{\mathrm{d}i}{\mathrm{d}t} + (-e) \tag{4.10}$$

式中:$R$ 为线圈电阻。由于一般铁心线圈的主磁通 $\Phi$ 远大于漏磁通 $\Phi_\sigma$,所感应的电动势 $e$ 又远大于线圈电阻电压降 $iR$,因此电源电压主要由主磁通的感应电动势来平衡,即

$$u = -e = N \frac{\mathrm{d}\Phi}{\mathrm{d}t} \tag{4.11}$$

根据式(4.11),电源电压正弦变化时,$e$ 和 $\Phi$ 也必为正弦变化,设

$$\Phi = \Phi_\mathrm{m}\sin\omega t$$

则

$$e = -N \frac{\mathrm{d}\Phi}{\mathrm{d}t} = -\omega N\Phi_\mathrm{m}\cos\omega t = E_\mathrm{m}\sin(\omega t - 90°) \tag{4.12}$$

式中:$E_\mathrm{m} = \omega N\Phi_\mathrm{m}$ 为 $e$ 的最大值,其有效值为

$$E = \frac{E_\mathrm{m}}{\sqrt{2}} = \frac{2\pi f N\Phi_\mathrm{m}}{\sqrt{2}} = 4.44 f N\Phi_\mathrm{m} \tag{4.13}$$

式(4.10)可用相量表示为

$$\dot{U} = \dot{I}R + (-\dot{E}_\sigma) + (-\dot{E}) = \dot{I}R + jX_\sigma \dot{I} + (-\dot{E}) \tag{4.14}$$

式中: $X_\sigma$ 为漏磁电抗,简称漏抗。在忽略前两项时为 $\dot{U} \approx -\dot{E}$,其有效值 $U \approx E$,由此可见当 $f$、$N$ 一定时,铁心线圈中主磁通最大值基本上取决于电源电压,其值为

$$\Phi_m = \frac{E}{4.44fN} \approx \frac{U}{4.44fN} \tag{4.15}$$

上述关系普遍适用于交流电机和电器。

铁心线圈中磁通 $\Phi$ 由电流 $i$ 所生,$i$ 的最大值 $I_m$ 和磁通最大值 $\Phi_m$ 相对应,根据安培环路定律,可写作:

$$\sum H_m l = NI_m \tag{4.16}$$

式中: $H_m = \frac{B_m}{\mu}$, $B_m = \frac{\Phi_m}{S}$,在电流 $i$ 近似正弦变化时,其有效值可按下式计算:

$$I \approx \frac{I_m}{\sqrt{2}} = \frac{\sum H_m l}{\sqrt{2}N} \tag{4.17}$$

**2. 功率损耗和电压、电流的关系**

无铁心的线圈加交流电压时,输入功率只是供给线圈电阻的功率损耗 $I^2R$,通常称为铜损,写作 $P_{Cu}$,它与 $I^2$ 成正比。

有铁心的线圈加交流电压时,输入功率除供给铜损外,主要供给铁心通过交变磁通时所产生的磁滞损耗和涡流损耗,两者合称为铁损,写作 $P_{Fe}$。

为了减小磁滞损耗,通常选用磁滞回线比较窄的硅钢片做铁心,旋转电机用低硅钢片(含硅 2%～3%),变压器用高硅钢片(含硅 3%～5%),后者磁滞损耗更小一些,但质较脆。

为了减小涡流损耗,铁心由彼此绝缘且顺着磁场方向的硅钢片叠成,如图 4.9 所示。铁心分片将使涡流限制在较小的截面内流通,而铁心含硅能使其电阻率增大,这些都使涡流及其损耗大为减小。工作在工频下的电机和电器,其铁心一般采用厚度为 0.35～0.5mm 的硅钢片。

对于铁心线圈,当频率 $f$ 一定时,铁损近似地与 $B_m^2$ 或 $\Phi_m^2$ 成正比,若线圈匝数一定,铁损近似地与 $U^2$ 成正比,这个关系也普遍适用于交流电机和电器。铁损能量转变为热能,使铁心温度升高,温升过高时将损坏线圈的绝缘材料,因此在使用交流电机和电器时,要注意所加电压不要超过额定电压 $U_N$,以免温升超过允许的数值。

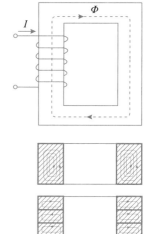

图 4.9　铁心中的涡流

## 4.2　变压器的基本结构

变压器是人们最常见的电气设备。在电力系统中,用来升高或降低交流电压,远距离输送电能时升高电压,可以减小电流,节省输电线材料和降低线路上功率损耗;用电时降低电

压,可少耗费绝缘材料和保证人身安全。在电信系统和电子线路中,用来传递交流信号和实现阻抗交换。各种电子设备都有电源变压器。此外,还有一些特殊的用途。

尽管各种变压器的用途、电压等级和容量不同,但基本结构是一样的。它们都由铁心和套在上面的绕组(电机中各种形式线圈的统称)所组成。图 4.10 所示为单相变压器的结构图,图 4.10(a)为心式变压器,采用"口"字形铁心,高压和低压绕组都分成两部分,分别套在左右两个心柱上,上下两磁轭和心柱构成闭合铁心;图 4.10(b)为壳式变压器,高压和低压绕组互相间隔套在中间的心柱上,左右两边的磁轭与心柱构成闭合铁心。

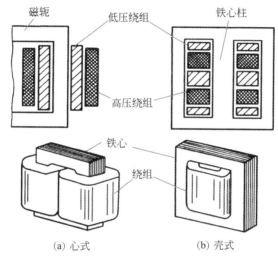

(a) 心式　　　　　　　　(b) 壳式

图 4.10　单相变压器的结构

对于大容量电力变压器,为了散去运行时由铁损和铜损产生的热量,铁心和绕组都浸在盛有绝缘油的油箱中,油箱外面还装有散热油管。

## 4.3　变压器的原理与应用

### 4.3.1　变压器的基本工作原理

图 4.11 所示为变压器工作原理图。为了便于标注有关的物理量,通常将高压绕组和低压绕组分别画在两边心柱上。接电源的绕组称为一次绕组(也叫原边),匝数为 $N_1$;接负载的绕组称为二次绕组(也叫副边),匝数为 $N_2$。

变压器的原理

变压器的应用

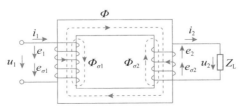

图 4.11　变压器工作原理图

当一次绕组接上交流电压 $u_1$ 时,一次绕组中便有电流 $i_1$ 通过。一次绕组的磁动势

$i_1 N_1$ 产生的磁通绝大部分通过铁心而闭合,从而在二次绕组中感应出电动势。如果二次绕组接有负载,那么二次绕组中就有电流 $i_2$ 通过。二次绕组的磁动势 $i_2 N_2$ 也产生磁通,其绝大部分也通过铁心而闭合。因此,铁心中的磁通是一个由一、二次绕组的磁动势共同产生的合成磁通,它称为主磁通,用 $\Phi$ 表示。主磁通通过一次绕组和二次绕组而在其中感应出的电动势分别为 $e_1$ 和 $e_2$。此外,一、二次绕组的磁动势还分别产生漏磁通 $\Phi_{\sigma 1}$ 和 $\Phi_{\sigma 2}$,从而在各自的绕组中分别产生漏磁电动势 $e_{\sigma 1}$ 和 $e_{\sigma 2}$。

上述的电磁关系可表示如下:

$$
\begin{array}{l}
u_1 \rightarrow i_1 \ (i_1 N_1) \\
\qquad\qquad\quad \begin{cases} \Phi_{\sigma 1} \rightarrow e_{\sigma 1} = -N_1 \dfrac{\mathrm{d}\Phi_{\sigma 1}}{\mathrm{d}t} = -L_{\sigma 1}\dfrac{\mathrm{d}i_1}{\mathrm{d}t} \\[2mm] \Phi \begin{cases} e_1 = -N_1 \dfrac{\mathrm{d}\Phi}{\mathrm{d}t} \\[2mm] e_2 = -N_2 \dfrac{\mathrm{d}\Phi}{\mathrm{d}t} \end{cases} \end{cases} \\
i_2 \ (i_2 N_2) \\
\qquad\qquad\quad \Phi_{\sigma 2} \rightarrow e_{\sigma 2} = -N_2 \dfrac{\mathrm{d}\Phi_{\sigma 2}}{\mathrm{d}t} = -L_{\sigma 2}\dfrac{\mathrm{d}i_2}{\mathrm{d}t}
\end{array}
$$

下面分别讨论变压器的电压变换、电流变换及阻抗变换。

**1. 电压变换**

根据基尔霍夫电压定律,对一次绕组电路可列出与式(4.10)相同的电压方程,即

$$u_1 = i_1 R_1 + (-e_{\sigma 1}) + (-e_1) = i_1 R_1 + L_{\sigma 1}\frac{\mathrm{d}i_1}{\mathrm{d}t} + (-e_1) \tag{4.18}$$

通常一次绕组上所加的是正弦电压 $u_1$。在正弦电压作用的情况下,上式可用相量表示:

$$\dot{U}_1 = \dot{I}_1 R_1 + (-\dot{E}_{\sigma 1}) + (-\dot{E}_1) = \dot{I}_1 R_1 + \mathrm{j}X_1 \dot{I}_1 + (-\dot{E}_1) \tag{4.19}$$

式中:$R_1$ 和 $X_1 = \omega L_{\sigma 1}$ 分别为一次绕组的电阻和感抗(漏磁感抗,由漏磁通产生)。

由于一次绕组的电阻 $R_1$ 和感抗 $X_1$(或漏磁通 $\Phi_{\sigma 1}$)较小,因此它们两端的电压降也较小,与主磁电动势 $E_1$ 比较起来,可以忽略不计。于是有

$$\dot{U}_1 \approx -\dot{E}_1$$

根据式(4.13),$e_1$ 的有效值为

$$E_1 = 4.44 f N_1 \Phi_{\mathrm{m}} \approx U_1 \tag{4.20}$$

同理,对二次绕组电路可列出

$$e_2 = i_2 R_2 + (-e_{\sigma 2}) + u_2 = i_2 R_2 + L_{\sigma 2}\frac{\mathrm{d}i_2}{\mathrm{d}t} + u_2 \tag{4.21}$$

如用相量表示,则为

$$\dot{E}_2 = \dot{I}_2 R_2 + (-\dot{E}_{\sigma 2}) + \dot{U}_2 = \dot{I}_2 R_2 + \mathrm{j}X_2 \dot{I}_2 + \dot{U}_2 \tag{4.22}$$

式中:$R_2$ 和 $X_2 = \omega L_{\sigma 2}$ 分别为二次绕组的电阻和感抗;$\dot{U}_2$ 为二次绕组的端电压。

感应电动势 $e_2$ 的有效值为

$$E_2 = 4.44 f N_2 \Phi_{\mathrm{m}} \tag{4.23}$$

在变压器空载时,$I_2 = 0$,$E_2 = U_{20}$,式中 $U_{20}$ 是空载时二次绕组的端电压。

由式可见,由于一、二次绕组的匝数 $N_1$ 和 $N_2$ 不相等,因此 $E_1$ 和 $E_2$ 的大小是不等的,因而输入电压 $U_1$(电源电压)和输出电压 $U_2$(负载电压)的大小也是不等的。

一、二次绕组的电压之比为

$$\frac{U_1}{U_{20}} \approx \frac{E_1}{E_2} = \frac{N_1}{N_2} = K \qquad\qquad (4.24)$$

式中:$K$ 称为变压器的变比,即一、二次绕组的匝数比。可见,当电源电压 $U_1$ 一定时,只要改变匝数比,就可以得到不同的输出电压 $U_2$。

变比在变压器的铭牌上注明,它表示一、二次绕组的额定电压之比,例如"6000/400V"($K=15$)。这表示一次绕组的额定电压(即一次绕组上应加的电源电压)$U_{1N}=6000$V,二次绕组的额定电压 $U_{2N}=400$V。所谓二次绕组的额定电压,是指一次绕组加上额定电压时二次绕组的空载电压。由于变压器有内阻抗压降,所以二次绕组的空载电压一般应比满载时的电压高 $5\%\sim10\%$。

要变换三相电压可采用三相变压器,如图 4.12 所示。图中,各相高压绕组首端和末端分别用 $U_1$、$V_1$、$W_1$ 和 $U_2$、$V_2$、$W_2$ 表示;低压绕组则用 $u_1$、$v_1$、$w_1$ 和 $u_2$、$v_2$、$w_2$ 表示;高、低压绕组中性点分别用 N 和 n 表示。

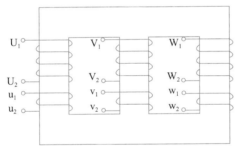

图 4.12　三相变压器

图 4.13 所举的是三相变压器联结的两例,并列出了电压的变换关系。Y/Y₀ 联结的三相变压器是供动力负载和照明负载共用的,低压一般是 400V,高压不超过 35kV;Y/△ 联结的变压器,低压一般是 10kV,高压不超过 60kV。

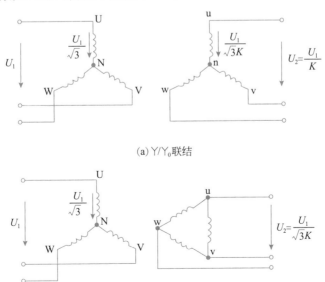

(a) Y/Y₀联结

(b) Y/△联结

图 4.13　三相变压器的联结法举例

高压侧联结成Y形，相电压只有线电压的 $\dfrac{1}{\sqrt{3}}$，可以降低每相绕组的绝缘要求；低压侧联结成△形，相电流只有线电流的 $\dfrac{1}{\sqrt{3}}$，可以减小每相绕组的导线截面。

**2. 电流变换**

由 $U_1 \approx E_1 = 4.44 f N_1 \Phi_m$ 可见，当电源电压 $U_1$ 和频率 $f$ 不变时，$E_1$ 和 $\Phi_m$ 也都近似于常数。也就是说，铁心中主磁通的最大值在变压器空载或有负载时是差不多恒定的。因此，有负载时产生的主磁通的一、二次绕组的合成磁动势 $(i_1 N_1 + i_2 N_2)$ 应该和空载时产生主磁通的一次绕组的磁动势 $i_0 N_1$ 差不多相等，即

$$i_1 N_1 + i_2 N_2 \approx i_0 N_1$$

如果用相量表示，则为

$$\dot{I}_1 N_1 + \dot{I}_2 N_2 \approx \dot{I}_0 N_1 \tag{4.25}$$

变压器的空载电流 $i_0$ 是励磁用的。由于铁心的磁导率高，空载电流很小，它的有效值 $I_0$ 在一次绕组额定电流 $I_{1N}$ 的 10% 以内，因此 $I_0 N_1$ 与 $I_1 N_1$ 相比，常可忽略。于是式 (4.25) 写成用相量表示，则为

$$\dot{I}_1 N_1 \approx -\dot{I}_2 N_2 \tag{4.26}$$

由上式可知，一、二次绕组的电流关系为

$$\frac{I_1}{I_2} \approx \frac{N_2}{N_1} = \frac{1}{K} \tag{4.27}$$

上式说明变压器一、二次绕组的电流之比近似等于它们的匝数比的倒数。可见，变压器中的电流虽然由负载的大小确定，但是一、二次绕组中电流的比值是差不多不变的。因为当负载增加时，$I_2$ 和 $I_2 N_2$ 随着增大，而 $I_1$ 和 $I_1 N_1$ 也必须相应增大，以抵偿二次绕组的电流和磁动势对主磁通的影响，从而维持主磁通的最大值近似于不变。

变压器的额定电流 $I_{1N}$ 和 $I_{2N}$ 是指按规定工作方式(长时连续工作或短时工作或间歇工作)运行时一、二次绕组允许通过的最大电流，它们是根据绝缘材料允许的温度确定的。

二次绕组的额定电压与额定电流的乘积称为变压器的额定容量，即

$$S_N = U_{2N} I_{2N} \approx U_{1N} I_{1N}(单相)$$

它是视在功率(单位是 V·A)，与输出功率(单位是 W)不同。

**3. 阻抗变换**

上面讲过变压器能起变换电压和变换电流的作用。此外，它还有变换负载阻抗的作用，以实现"匹配"。

在图 4.14 中，负载阻抗 $|Z_L|$ 接在变压器二次侧，而图中的虚线框部分可以用一个阻抗 $|Z'_L|$ 来等效代替。所谓等效，就是输入电路的电压、电流和功率不变。也就是说，直接接在电源上的阻抗 $|Z'_L|$ 和接在变压器二次侧的负载阻抗 $|Z_L|$ 是等效的。两者的关系可通过下面的计算得出。

根据式(4.24)和式(4.27)可得出

$$\frac{U_1}{I_1} = \frac{\dfrac{N_1}{N_2} U_2}{\dfrac{N_2}{N_1} I_2} = \left(\frac{N_1}{N_2}\right)^2 \frac{U_2}{I_2}$$

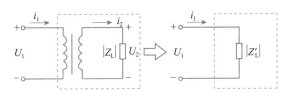

图 4.14　负载阻抗的等效变换

由图 4.14 可知

$$\frac{U_1}{I_1} = |Z'_L|, \quad \frac{U_2}{I_2} = |Z_L|$$

代入可得

$$|Z'_L| = \left(\frac{N_1}{N_2}\right)^2 |Z_L| \tag{4.28}$$

匝数比不同,负载阻抗 $|Z_L|$ 折算到一次侧的等效阻抗 $|Z'_L|$ 也不同。我们可以采用不同的匝数比,把负载阻抗变换为所需要的、比较合适的数值。这种做法通常称为阻抗匹配。

例 4.1　已知变压器 $N_1 = 800$ 匝,$N_2 = 200$ 匝,$U_1 = 220\text{V}$,$I_2 = 8\text{A}$,负载为纯电阻,求变压器的二次电压 $U_2$、一次电流 $I_1$ 和输入功率 $P_1$、输出功率 $P_2$(忽略变压器的漏磁和损耗)。

解:
$$K = \frac{N_1}{N_2} = \frac{800}{200} = 4, \quad U_2 = \frac{U_1}{K} = \frac{220}{4} = 55(\text{V})$$

$$I_1 = \frac{I_2}{K} = \frac{8}{4} = 2(\text{A})$$

输入功率　　　$P_1 = U_1 I_1 \cos\varphi_1 = 220 \times 2 \times 1 = 440(\text{W})$
输出功率　　　$P_2 = U_2 I_2 \cos\varphi_2 = 55 \times 8 \times 1 = 440(\text{W})$

例 4.2　一只 8Ω 的扬声器,经匝数比 $K = 6.5$ 的输出变压器接入晶体管功率放大电路时,等效负载电阻 $R'_L$ 为何值?

解:
$$R'_L = K^2 R_L = 6.5^2 \times 8 = 338(\Omega)$$

### 4.3.2　变压器的使用

#### 1. 变压器的外特性

由式(4.19)和式(4.22)可以看出,当电源电压 $U_1$ 不变时,随着二次绕组电流 $I_2$ 的增加(负载增加),一、二次绕组阻抗上的电压降便增加,这将使二次绕组的端电压 $U_2$ 发生变动。当电源电压 $U_1$ 和负载功率因数 $\cos\varphi_2$ 为常数时,$U_2$ 和 $I_2$ 的变化关系可用所谓外特性曲线 $U_2 = f(I_2)$ 来表示,见图 4.15。对电阻性和电感性负载而言,电压 $U_2$ 随电流 $I_2$ 的增加而下降。

通常希望电压 $U_2$ 的变动越小越好。从空载到额定负载,二次绕组电压的变化程度用电压变化率 $\Delta U$ 表示,即

$$\Delta U = \frac{U_{20} - U_2}{U_{20}} \times 100\% \tag{4.29}$$

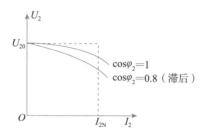

图 4.15 变压器的外特性曲线

在一般变压器中,由于其电阻和漏磁感抗都很小,电压变化率是不大的,约为 5% 左右。

**2. 变压器的损耗与效率**

与交流铁心线圈一样,变压器的功率损耗包括铁心中的铁损 $\Delta P_{\mathrm{Fe}}$ 和绕组上的铜损 $\Delta P_{\mathrm{Cu}}$ 两部分。铁损的大小与铁心内磁感应强度的最大值 $B_{\mathrm{m}}$ 有关,与负载大小无关,而铜损则与负载大小(正比于电流平方)有关。

变压器的效率常用下式确定:

$$\eta = \frac{P_2}{P_1} = \frac{P_2}{P_2 + \Delta P_{\mathrm{Fe}} + \Delta P_{\mathrm{Cu}}} \tag{4.30}$$

式中:$P_2$ 为变压器的输出功率;$P_1$ 为输入功率。

变压器的功率损耗很小,所以效率很高,通常在 95% 以上,在一般电力变压器中,当负载为额定负载的 50%~75% 时,效率达到最大值。

**3. 变压器的额定值**

1)额定电压($U_{1\mathrm{N}}/U_{2\mathrm{N}}$)

受铁心饱和与发热的限制,超过额定电压时,铁损要增大,时间长了,变压器过热,温升超过允许值,将损伤或烧坏绝缘。

$U_{1\mathrm{N}}/U_{2\mathrm{N}}$ 对单相变压器是指相电压值,对三相变压器是指线电压值。

2)额定电流($I_{1\mathrm{N}}/I_{2\mathrm{N}}$)

受发热限制,超过额定电流时,铜损要增大,时间长了,将要损坏绝缘。

$I_{1\mathrm{N}}/I_{2\mathrm{N}}$ 对单相变压器是指相电流值,对三相变压器是指线电流值。

3)额定容量($S_{\mathrm{N}}$)

由于变压器运行时,功率因数由负载决定,因此变压器用额定视在功率表示其额定容量。对于单相变压器:

$$S_{\mathrm{N}} = U_{2\mathrm{N}} I_{2\mathrm{N}} = U_{1\mathrm{N}} I_{1\mathrm{N}} \tag{4.31}$$

对于三相变压器:

$$S_{\mathrm{N}} = \sqrt{3}\, U_{2\mathrm{N}} I_{2\mathrm{N}} = \sqrt{3}\, U_{1\mathrm{N}} I_{1\mathrm{N}} \tag{4.32}$$

单位为 V·A 或 kV·A。国家标准中,电力变压器的额定容量等级有 20kV·A、30kV·A、50kV·A、100kV·A、180kV·A、320kV·A、560kV·A、750kV·A、1000kV·A 等。

例 4.3 一台如图 4.16 所示的电源变压器,一次额定电压 $U_{1\mathrm{N}}=220\mathrm{V}$,匝数 $N_1=550$,它有两个二次绕组,一个电压 $U_{2\mathrm{N}}=36\mathrm{V}$,负载功率 $P_2=180\mathrm{W}$;另一个电压 $U_{2\mathrm{N}}'=110\mathrm{V}$,负载功率 $P_2'=550\mathrm{W}$。试求:(1)两个二次绕组的匝数 $N_2$ 和 $N_2'$;(2)一次电流 $I_1$(忽略漏阻抗压降和损耗)。

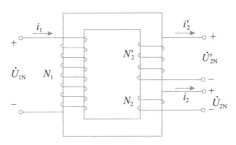

图 4.16　例 4.3 图

解：(1) $\dfrac{N_1}{N_2} = \dfrac{U_{1N}}{U_{2N}}$,　$N_2 = \dfrac{U_{2N}}{U_{1N}} N_1 = \dfrac{36}{220} \times 550 = 90$

$\dfrac{N_1}{N_2'} = \dfrac{U_{1N}}{U_{2N}'}$,　$N_2' = \dfrac{U_{2N}'}{U_{1N}} N_1 = \dfrac{110}{220} \times 550 = 275$

(2) $P_1 = P_2 + P_2' = 180 + 550 = 730 (\mathrm{W})$

$I_1 = \dfrac{P_1}{U_{1N}} = \dfrac{730}{220} = 3.32 (\mathrm{A})$

### 4.3.3　特殊变压器

下面介绍几种特殊的变压器。

**1. 自耦变压器**

图 4.17 所示是一种自耦变压器的电路示意图,其结构特点是二次绕组是一次绕组的一部分。由于同一主磁通穿过绕组,所以一次侧和二次侧的电压仍然和它的匝数成正比。

$$\frac{U_1}{U_2} = \frac{N_1}{N_2} = K$$

在电源电压 $U_1$ 一定时,磁通最大值 $\Phi_{\mathrm{m}}$ 基本不变,同样存在着磁动势平衡关系,一次绕组和二次绕组的电流仍然和它的匝数成反比。

$$\frac{I_1}{I_2} = \frac{N_2}{N_1} = \frac{1}{K}$$

自耦变压器比普通变压器省料,效率高,但低压电路和高压电路直接有电的联系,要采用同样的绝缘,不够安全。因此,一般变压比很大的电力变压器和输出电压为 12V、36V 的安全灯变压器都不采用自耦变压器。

图 4.18 所示为三相自耦变压器的电路图,它的三相绕组常接成Y形。

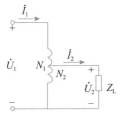

图 4.17　自耦变压器

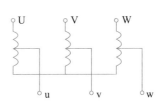

图 4.18　三相自耦变压器

实验室中常用的调压器就是一种可以改变二次绕组匝数的自耦变压器,其外形及电路如图 4.19 所示。转动手柄可改变二次绕组的匝数,从而达到调压的目的。其一次侧输入 220V 或 110V 电压,二次侧输出电压可由 0 均匀变化到 250V。使用接线时从安全角度考虑,需把电源的零线接至端子 1。若把相线接在端子 1,调压器输出电压即使为零(端子 5 与 4 重合,$N_2=0$),但端子 5 仍为高电位,用手触摸时有危险。

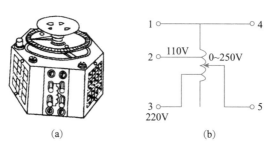

图 4.19  调压器的外形及电路

**2. 仪用互感器**

用于测量的变压器称为仪用互感器,简称互感器。采用互感器的目的是扩大测量仪的量程,使测量仪表与大电流或高电压电路隔离。

互感器按用途可分为电流互感器和电压互感器两种。

1) 电流互感器

电流互感器是一种将大电流变换为小电流的变压器,工作原理与普通变压器的负载运行相同,其工作原理和电路符号如图 4.20(a)、(b)所示。

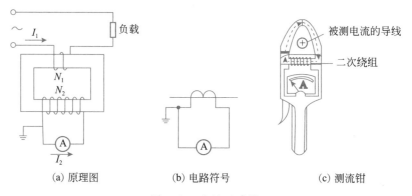

图 4.20  电流互感器

电流互感器的一次绕组用粗导线绕成,匝数很少,串联在被测线路中。二次绕组导线细,匝数多,与安培计或其他仪表及继电器的电流线圈相连接。

根据变压器原理,可认为

$$\frac{I_1}{I_2}=\frac{N_2}{N_1}=K_i$$

或

$$I_1=\frac{N_2}{N_1}I_2=K_iI_2 \tag{4.33}$$

式中:$K_i$ 是电流互感器的电流比,也称为变换系数。

由式(4.33)可见,利用电流互感器可将大电流变换为小电流。安培计的读数 $I_2$ 乘上变换系数 $K_i$ 即为被测的大电流 $I_1$(在安培计的刻度上可直接标出被测电流值)。通常电流互感器二次侧的额定电流都规定为 5A 或 1A。

电流互感器中经常使用的钳形电流表(测流钳)如图 4.20(c)所示。它的铁心如同一钳形,用弹簧压紧。测量时将钳压开而引入被测导线,这时该导线就是一次绕组、二次绕组绕在铁心上并与安培计接通。利用测流钳可以随时随地测量线路中的电流。

在使用电流互感器时,二次绕组电路是不允许断开的。这点和普通变压器不一样。因为它的一次绕组是与负载串联的,其中电流 $I_1$ 的大小由负载的大小决定,不由二次绕组电流 $I_2$ 决定。所以当二次绕组电路断开时,二次绕组的电流和磁动势立即消失,但是一次绕组的电流 $I_1$ 不变。这时铁心内的磁通全由一次绕组的磁动势 $I_1N_1$ 产生,结果造成铁心内很大的磁通。这一方面会使铁损大大增加,从而使铁心发热到不能容许的程度,另一方面又使二次绕组的感应电动势增高到危险的程度。

2)电压互感器

电压互感器是一个降压变压器,其工作原理与普通变压器空载运行相似,如图 4.21 所示。

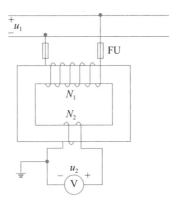

图 4.21　电压互感器

电压互感器的一次绕组匝数较多,与被测高压线路并联,二次绕组匝数较少,并联在高阻抗的测量仪表上。通常二次绕组的额定电压规定为 100V,二次绕组不允许短路。

## 本章小结

1. 变压器、电机等设备都有由铁磁材料构成而为磁场集中分布的磁路,用以获得很强的磁场从而进行工作。

磁场的基本物理量(包括单位)和遵循的基本定律都适用于磁路,表示磁路中磁场强弱的物理量有磁通 $\Phi$、磁通密度 $B = \dfrac{\Phi}{S}$、磁场强度 $H = \dfrac{B}{\mu}$($\mu$ 为磁场介质的磁导率,铁磁材料 $\mu$ 不是常数,空气和非磁性材料的磁导率 $\mu_0$ 是常数),磁路中磁场强度和励磁电流 $I$ 遵循安

培环路定律,表达式为 $\sum Hl = NI$。 由此导出磁路欧姆定律:

$$\Phi = \frac{IN}{\sum \dfrac{l}{\mu S}} = \frac{F}{R_{\mathrm{m}}}$$

它表明了磁路和电路在形式上的对偶关系,磁通 $\Phi$ 和电流 $I$,磁动势 $F = IN$ 和电动势 $E$,以及磁阻 $R_{\mathrm{m}} = \sum \dfrac{l}{\mu S}$ 和电阻 $R = \dfrac{l}{\gamma S}$ 互为对偶,通常用来对磁路做定性分析。

2. 交流铁心线圈内部的基本电磁关系是分析交流电机和电器工作状态的理论基础,$u$、$i$ 和 $\Phi$ 的关系是:

$$U \approx E = 4.44 fN\Phi_{\mathrm{m}}$$

$$I \approx \frac{\sum H_{\mathrm{m}} l}{\sqrt{2}}$$

功率为 $P = P_{\mathrm{Fe}} + P_{\mathrm{Cu}} = P_{\mathrm{Fe}} + rI^2$,$P_{\mathrm{Fe}}$ 为铁损,它与 $U^2$ 成正比,$P_{\mathrm{Cu}}$ 为铜损。

3. 变压器由闭合铁心和绕在其上的一次绕组(接电源)、二次绕组(接负载)构成,在交流输配电线路中用来传输电能,在电子线路中用来传递交流信号。变压器按其一、二次绕组的匝数比进行电压变换、电流变换和阻抗变换,即

$$\frac{U_1}{U_2} \approx \frac{N_1}{N_2} = K, \quad \frac{I_1}{I_2} \approx \frac{N_2}{N_1} = \frac{1}{K} \quad Z_{\mathrm{L}}' = \left(\frac{N_1}{N_2}\right)^2 Z_{\mathrm{L}} = K^2 Z_{\mathrm{L}}$$

阻抗变换的含义是接于二次侧电路的负载阻抗 $Z_{\mathrm{L}}$,从一次侧电路看进去的等效阻抗 $Z_{\mathrm{L}}'$ 为 $Z_{\mathrm{L}}$ 的 $K^2$ 倍。

按照能量守恒关系,输入和输出功率关系为

$$P_1 = P_2 + \Delta P_{\mathrm{Fe}} + \Delta P_{\mathrm{Cu}} = U_2 I_2 \cos\varphi_2 + \Delta P_{\mathrm{Fe}} + I_1^2 R_1 + I_2^2 R_2$$

变压器的额定值有:$\dfrac{U_{1\mathrm{N}}}{U_{2\mathrm{N}}}$(同时表示电压变换比)和 $\dfrac{I_{1\mathrm{N}}}{I_{2\mathrm{N}}}$(符合电流变换比)和额定容量 $S_{\mathrm{N}}$。$S_{\mathrm{N}} = U_{2\mathrm{N}} I_{2\mathrm{N}} = U_{1\mathrm{N}} I_{1\mathrm{N}}$,超过额定电压,铁损增大,超过额定电流,铜损增大,这都将导致变压器过热。

4. 三相变压器用来变换三相电压,主要连接方式为 Y/Y₀ 联结和 Y/△ 联结。额定容量 $S_{\mathrm{N}} = \sqrt{3} U_{2\mathrm{N}} I_{2\mathrm{N}} = \sqrt{3} U_{1\mathrm{N}} I_{1\mathrm{N}}$,额定电压、电流均指线值。

5. 自耦变压器只有一个绕组,既做一次绕组,一部分又兼做二次绕组,自耦调压器应用得很普遍。

## 技能训练 1——电阻色环的识读

**1. 实验目的**
(1) 认识常用电阻器的类型和符号。
(2) 掌握固定电阻色环的识读方法。

**2. 实验器材**
碳膜电阻器、金属膜电阻器、绕线电阻器、滑动变阻器、电位器等。

**3. 实验原理**

**1）常用电阻器**

在各种电路中,经常要用到具有一定阻值的元件,称为电阻器,简称电阻。常用的电阻器按功能可分为固定电阻器和可变电阻器,它们的电路符号分别如图 4.22 所示。

常用的固定电阻器根据组成材料和结构形式不同可以分为膜式电阻器和绕线电阻器两大类,如图 4.23 所示,膜式电阻器一般采用色标法表示电阻的阻值。膜式电阻器有碳膜电阻器、金属膜电阻器和金属氧化膜电阻器。一般家用电器使用碳膜电阻器较多,金属膜电阻器精度更高,其阻值范围为 $1\Omega \sim 10M\Omega$,性能稳定,结构简单轻巧,使用在要求较高的设备上。绕线电阻器的阻值精度极高,但体积大,阻值较低,大多在 $100k\Omega$ 以下。

(a) 固定电阻器　　(b) 可变电阻器　　　　　　　(a) 膜式电阻器　　　　　(b) 绕线电阻器

图 4.22　电阻的电路符号　　　　　　　　　　图 4.23　固定电阻器

可变电阻器是阻值可以调整的电阻器,按照制作材料的不同可分为膜式可变电阻器和绕线式可变电阻器,其外形分别如图 4.24 所示。膜式可变电阻器采用旋转式调节方式,一般用在小信号电路中,用以调节信号电压。绕线式可变电阻器属于功率型电阻器,具有噪声小、耐高温、承载电流大等优点,主要用于各种低频电路的电压或电流调整。

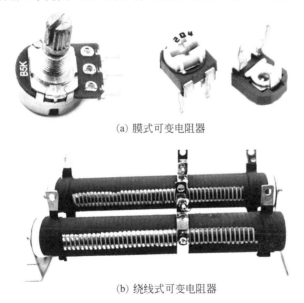

(a) 膜式可变电阻器

(b) 绕线式可变电阻器

图 4.24　可变电阻器

**2）电阻器的主要参数**

**（1）标称阻值**

标称阻值即电阻器的标准电阻值。表 4.2 中的标称系列阻值乘以 $10^n$（$n$ 为整数)所得数值可作为标称阻值,例如,对应于 2.2,就可以有 0.22Ω、2.2Ω、22Ω、220Ω、2.2kΩ、22kΩ 等规格。

表 4.2　电阻的标称系列值和允许偏差

| 系列 | 允许偏差/% | 标称系列值 |
|------|-----------|-----------|
| E24 | ±5 | 1.0　1.1　1.2　1.3　1.5　1.6　1.8　2.0　2.2　2.4　2.7　3.0　3.3　3.6<br>3.9　4.3　4.7　5.1　5.6　6.2　6.8　7.5　8.2　9.1 |
| E12 | ±10 | 1.0　1.2　1.5　1.8　2.2　2.7　3.3　3.9　4.7　5.6　6.8　8.2 |
| E6 | ±20 | 1.0　1.5　2.2　3.3　4.7　6.8 |

（2）允许偏差

允许偏差是指电阻真实值与标称值之间的误差值。表 4.2 中列出了电阻的标称系列值和允许偏差。

（3）额定功率

额定功率也称标称功率,是指在一定条件下,电阻器长期连续工作所允许消耗的最大功率。常用小型电阻器的标称功率一般有 1/20W、1/8W、1/4W、1W、2W 等,选用电阻器时一定要考虑其额定功率,以保证电阻器的工作安全。

电阻器的标称阻值和允许偏差一般都直接标注在表面上,体积小的电阻器则用文字符号和色环表示,固定电阻色环的识读方法如图 4.25 所示。

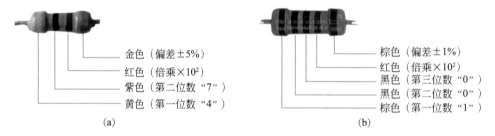

图 4.25　固定电阻的色环识读方法

普通电阻大多用四个色环来表示电阻值,第一色环、第二色环表示有效数字,第三色环表示倍乘数,与前三环距离较大且宽度较宽的第四色环表示允许偏差。例如,阻值为 4.7kΩ、允许偏差为 ±5% 的电阻,用四道色环表示方法如图 4.25(a)所示。精密电阻用五个色环(一般为精度较高的金属膜电阻)来表示电阻值,其前三环表示有效数字,第四环表示倍乘数,与前四环距离较大且宽度较宽的第五环表示允许偏差。例如,阻值为 10kΩ、允许偏差为 ±1% 的电阻,用五道色环表示方法如图 4.25(b)所示。电阻不同颜色的色环在不同位置表示的意义如表 4.3 所示。

表 4.3　固定电阻色环识读

| 颜色 | 第一色环<br>第一位数 | 第二色环<br>第二位数 | 第三色环<br>第三位数 | 第四色环<br>应乘倍数 | 第五色环<br>偏差/% |
|------|-----------|-----------|-----------|-----------|-----------|
| 黑 | 0 | 0 | 0 | $\times 10^0$ | — |
| 棕 | 1 | 1 | 1 | $\times 10^1$ | ±1 |

续表

| 颜色 | 第一色环<br>第一位数 | 第二色环<br>第二位数 | 第三色环<br>第三位数 | 第四色环<br>应乘倍数 | 第五色环<br>偏差/% |
|------|------|------|------|------|------|
| 红 | 2 | 2 | 2 | $\times10^2$ | $\pm2$ |
| 橙 | 3 | 3 | 3 | $\times10^3$ | — |
| 黄 | 4 | 4 | 4 | $\times10^4$ | — |
| 绿 | 5 | 5 | 5 | $\times10^5$ | $\pm0.5$ |
| 蓝 | 6 | 6 | 6 | $\times10^6$ | $\pm0.25$ |
| 紫 | 7 | 7 | 7 | $\times10^7$ | $\pm0.10$ |
| 灰 | 8 | 8 | 8 | $\times10^8$ | $\pm0.05$ |
| 白 | 9 | 9 | 9 | $\times10^9$ | — |
| 金 | — | — | — | $\times10^{-1}$ | $\pm5$ |
| 银 | — | — | — | $\times10^{-2}$ | $\pm10$ |
| 无色 | — | — | — | — | $\pm20$ |

**4. 实验内容和步骤**

根据电阻色环读电阻阻值,并用万用表进行验证,实验结果记录在表 4.4 中。

表 4.4　电阻色环识读实验记录表

| 序号 | 电阻色环排列 | 识读阻值 | 测量阻值 | 误差 |
|------|------|------|------|------|
| 1 | | | | |
| 2 | | | | |
| 3 | | | | |
| 4 | | | | |
| 5 | | | | |
| 6 | | | | |
| 7 | | | | |
| 8 | | | | |

**5. 思考题**

(1) 如何判断电阻色环的首尾顺序?

(2) 如果电阻只有三个色环,是什么原因?

**6. 完成实验报告**

略。

## 技能训练 2——用兆欧表和直流单臂电桥测量电阻

**1. 实验目的**

(1) 了解兆欧表的测量原理。

(2) 掌握使用兆欧表(摇表)测量绝缘电阻(高值电阻)阻值的方法。

（3）理解电桥测量电阻的原理。

（4）掌握使用单臂电桥测量中、低值电阻阻值的方法。

**2. 实验器材**

兆欧表、单臂电桥、三相异步电动机、万用表、导线等。

**3. 实验原理**

1）兆欧表的测量原理

兆欧表的内部电路如图 4.26 所示，当摇动摇柄时发电机发电，两个动圈 $L_1$ 和 $L_2$ 同时有电流流过，在磁场中受到方向相反的电磁力矩 $M_1$ 和 $M_2$ 的作用，使两个动圈转到 $M_1 = M_2$ 的一个平衡位置上。动圈带动表针的偏转角与两个动圈中电流的比值成正比，而电流比值与被测电阻成正比。这样，即可测得被测电阻的阻值。兆欧表一般用于测量电阻值在 $0.1M\Omega$ 以上的电气设备的绝缘电阻。

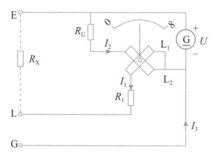

图 4.26　兆欧表内部电路原理图

2）兆欧表的使用方法

兆欧表主要用于测量变压器、电机、电缆及各类电气设备和电气线路的绝缘电阻。

（1）兆欧表的外形结构

兆欧表的外形结构如图 4.27 所示，其刻度盘上的刻度标尺不均匀，单位为 $M\Omega$；刻度从 0（或 1 和 2）开始；未测量时，指针可停在任一位置。测量时顺时针摇动摇柄，转速由慢到快，达到额定转速 120r/min。必须注意，此时两表笔间产生的高电压对人虽无危险，但人体触及会有触电感觉，容易引起其他事故，要注意防范。兆欧表的三个接线柱分别为 L（线路接线柱）、E（接地接线柱）和 G（保护环接线柱）。

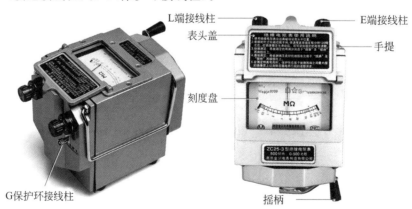

图 4.27　兆欧表的外形结构

（2）兆欧表使用步骤

① 正确选择兆欧表的电压等级与量程。兆欧表电压等级的选择如表 4.5 所示。

表 4.5　兆欧表电压等级的选择

| 设备或电路的<br>额定电压/V | 兆欧表选择的<br>电压等级/V | 设备或电路的<br>额定电压/V | 兆欧表选择的<br>电压等级/V |
| --- | --- | --- | --- |
| 100 以下 | 250 | 3000～10000 | 2500 |
| 100～500 | 500 | 10000 以上 | 2500 或 5000 |
| 500～3000 | 1000 | | |

测量范围选择：兆欧表是没有量程选择开关的，但都有一定的测量范围，规格有 $0\sim\infty$、$1M\Omega\sim\infty$ 和 $2M\Omega\sim\infty$。为避免引起较大的误差，测量低压电器设备（特别是潮湿场所的电气设备）的绝缘电阻，一定要使用以 0 刻度为起点的兆欧表。而测量高压电气设备的绝缘电阻时，则要使用 $2M\Omega$ 为起点的兆欧表。

② 测量前的准备。必须使被测设备（或线路）处于无电状态。测量前必须切断被测设备（或线路）的全部电源，对含电容的设备（或线路）必须对地放电几分钟（将被测点与地短接），以消除设备（或线路）对地的电位差。放电时要做好自身的安全防护。测量前还必须将被测设备（或线路）的表面用干布擦干净，以消除表面接触电阻对测量的影响。

③ 测量前对兆欧表做检验。测量前应将兆欧表水平放置平稳，然后做开路与短路试验。开路试验的方法是将 L 和 E 两表笔分开，摇动发电机摇柄至额定转速（120r/mim），此时，兆欧表的指针稳定在 ∞ 处为正常。短路试验的方法是将 L 和 E 两表笔短接，缓慢摇动发电机摇柄 1/4 到 1/2 圈，此时，兆欧表的指针指到 0 处为正常。

注意：短路试验时，指针指 0 应立即停止摇动摇柄，切忌加速，否则容易损坏兆欧表。若开路试验或短路试验不正常，则表明仪表有误差或有故障，应排除故障后再使用。

④ 接线与测量。必须使用绝缘良好的单支多股铜芯导线接在兆欧表的"线（L）"和"地（E）"两接线柱上做测试线（"屏（G）"端通常不接，一般在测量高压电缆时，为了减少芯线表面的漏电，而将其接在芯线绝缘层上）。测量时，两根测试线不要绞缠在一起，测试线尽量不要与被测物和地碰触，以减少测量误差。

测量时摇动摇柄应从慢到快，最后稳定到 120r/mim，时间约 1min；在摇动摇柄的情况下，指针稳定后进行读数。

⑤ 测量结束后应注意事项。测量结束后，应停止摇动发电机摇柄，并将被测物对地短接充分放电后，方可拆线。对大电容的电气设备（如电容器、电缆等），测量完绝缘电阻后，应先将"线路（L）"端的接线断开，再减速停止摇动手柄，以免被测设备或线路的电容向兆欧表放电而损坏仪表。

应注意测量时环境的温度与湿度是否符合兆欧表正常使用的条件，对测量时的环境温度、湿度做好记录（如有要求，可根据电工手册上的绝缘电阻温度换算系数表对测量结果进行修正）。

3）直流单臂电桥的测量原理

直流单臂电桥简称电桥，也称惠斯登电桥，其测量原理图如图 4.28 所示。电桥有四个臂 AB、BC、AD、DC,其中一个臂连接被测电阻 $R_X$,其余三个臂连接标准电阻或可调标准电阻。测量时,调节电桥其余三个臂的电阻,使检流计 G 指针指示 0,电桥达到平衡,这时有 $R_X = \dfrac{R_2}{R_3} \cdot R_4$。由此可根据 $\dfrac{R_2}{R_3}$(比例臂的倍率)与 $R_4$(比较臂电阻的大小)的乘积来得到被测电阻 $R_X$ 的阻值。

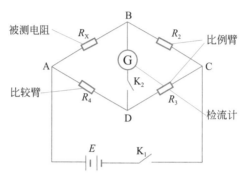

图 4.28　电桥测量原理图

4) 直流单臂电桥的使用

直流单臂电桥的特点是灵敏度高、测量精度高,可以比较精确地测量电阻值在 $1 \sim 10^7\,\Omega$ 范围内的电阻。直流单臂电桥是一种比较测量仪器,不能直接读取数据,当电桥平衡后,被测电阻阻值要从比例臂$\left(\dfrac{R_2}{R_3}\right)$和比较臂(电阻盘读数 $R_4$)的乘积来得到。

(1) 单臂电桥的面板结构

单臂电桥的面板结构如图 4.29 所示。按下检流计按钮 G 即接通检流计,按下电源按钮 B 即接通电源。如需锁住这两个按钮,可在按下按钮后逆时针转动一个小角度即可。

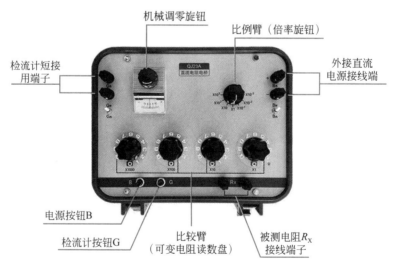

图 4.29　单臂电桥的面板结构

(2) 单臂电桥的使用

① 测量前准备。估测被测电阻的阻值范围,根据表 4.6 中的要求确定电源的电压(仪

表内有 3 节干电池,提供 4.5V 的电源电压;如果被测电阻为 10kΩ 以上,则应外接相应电压的电源)。

表 4.6　单臂电桥倍率、有效量程与电源配置表

| 倍　率 | 有效量程 | 电源/V | 倍　率 | 有效量程 | 电源/V |
|---|---|---|---|---|---|
| ×1000 | 1~9.999MΩ | | ×0.1 | 100~999.9Ω | |
| ×100 | 100~999.9kΩ | 15 | ×0.01 | 10~99.99Ω | 4.5 |
| ×10 | 10~99.99kΩ | | ×0.001 | 1~9.999Ω | |
| ×1 | 1~9.999kΩ | 6 | | | |

**注意**:电压不足会影响电桥的灵敏度,应及时更换电压不足的旧电池。当采用外接电源时,必须注意极性,且电压不能超过规定值。

**校准 0 位**:用检流计机械调零旋钮将检流计指针调至 0 位。检流计若装有锁扣(用来锁住检流计可动部分,防止在仪表搬动过程中振断吊丝),校准 0 位前应先将锁扣打开。

② 接线与测量。

a. 接线。用粗而短的导线将被测电阻 $R_x$ 接在单臂电桥的接线端子上,接线时要注意尽量减小导线的电阻和导线与接线端子连接的接触电阻。

b. 选择比例臂(倍率)。根据被测电阻 $R_x$ 的估测值,选择合适的倍率。选择倍率的原则是:使比较臂的四挡电阻都能被充分利用,从而提高测量的准确度。例如:电阻在 10Ω 以下,选择倍率为"×0.001";电阻在 10~100Ω 范围内,选择倍率为"×0.01";电阻在 100~1000Ω 范围内,选择倍率为"×0.1";电阻在 1~10kΩ 范围内,选择倍率为"×1";电阻在 10~100kΩ 范围内,选择倍率为"×10";电阻在 100~1000kΩ 范围内,选择倍率为"×100";电阻在 1~10MΩ 范围内,选择倍率为"×1000"。

c. 调节电桥的平衡。先按下电桥上的电源按钮 B 并锁住,接通电桥的电源。再按下检流计按钮 G,观察检流计指针的偏转情况。若检流计指针向"＋"方向偏转,应增大比较臂的电阻(先调大电阻,再调小电阻);若检流计指针向"－"方向偏转,应减小比较臂的电阻。这样反复调整,直到检流计的指针指向 0,电桥平衡为止。

d. 断开电源和检流计。测量完毕,应松开检流计按钮 G,再松开电桥上的电源按钮 B。在测量电机、变压器等有电感的设备的电阻时,要特别注意:测量时,先接通电桥电源,后接通检流计;测量后,先断开检流计,后断开电桥电源。从而防止线圈的自感电动势损坏检流计。

e. 读取被测电阻数值。先读取比较臂的电阻值,方法是将 4 个电阻盘上的电阻值相加。如电桥平衡,"R×1000"电阻盘的数值为 6,"R×100"电阻盘的数值为 4,"R×10"电阻盘的数值为 3,"R×1"电阻盘的数值为 5,则比较臂的电阻值为 6×1000＋4×100＋3×10＋5×1＝6435(Ω)。然后根据比例臂倍率和比较臂电阻值,按下式计算被测电阻 $R_x$ 的值:

$$R_x = 比较臂电阻值 × 比例臂倍率$$

**注意**:调节过程中,通过检流计的电流可能很大,因此不能将检流计按钮锁死。只能每调节一次,短时按下按钮一次,观察检流计指针的指向。只有在检流计指针偏转不大时,才可锁住按钮进行反复调节至指针指 0(电桥平衡)。

③ 测量结束后应注意事项。电桥使用完毕,应先检查检流计的按钮,确认其已在断开

位置。然后检查电源按钮,同样要确认其在断开位置;若接有外电源,应将外接电源的连接线拆除。用短接片将检流计的"内接"端子短接,以保护检流计。若检流计有锁扣应将其锁上,以保护检流计。

**4. 实验内容和步骤**

(1)用兆欧表测量电动机三相定子绕组之间以及每相绕组对地的绝缘电阻,并将实验结果记录在表4.7中。

表4.7　兆欧表测量三相异步电动机绝缘电阻

| 项　目 | 测 量 对 象 | | | | | | 兆欧表电压等级/V |
|---|---|---|---|---|---|---|---|
| | 电动机定子绕组相间绝缘电阻 | | | 电动机三相绕组对地绝缘电阻 | | | |
| | $R_{UV}$ | $R_{UW}$ | $R_{VW}$ | $R_{U地}$ | $R_{V地}$ | $R_{W地}$ | |
| 测量数据/MΩ | | | | | | | |

(2)用直流单臂电桥测量三相异步电动机各相绕组的电阻,并将实验结果记录在表4.8中。

表4.8　电桥测量电动机绕组电阻

| 项　目 | | 测 量 对 象 | | | 电桥型号 |
|---|---|---|---|---|---|
| | | 电动机各相绕组的电阻值 | | | |
| | | $R_U$ | $R_V$ | $R_W$ | |
| 测量数据/Ω | 万用表粗测值 | | | | |
| | 单臂电桥测量值 | | | | |

**5. 思考题**

(1)为什么用直流单臂电桥测电阻的精度比万用表高?

(2)请归纳一下用万用表、兆欧表和直流单臂电桥测量电阻的适用对象和测量要求。

**6. 完成实验报告**

略。

## 习　　　题

4-1　有一线圈,其匝数 $N=1000$,绕在由铸钢制成的闭合铁心上,铁心的截面积 $S=20cm^2$,铁心的平均长度 $l=50cm$。如要在铁心中产生磁通 $\Phi=0.002Wb$,试问线圈中应通入多大直流电流?

4-2　有一交流铁心线圈串接一块电流表,其铁心上轭可以移动,如图4.30所示,将线圈接在交流电源上,上轭往右移动,问电流表指针如何摆动? 为什么?

图4.30　题4-2电路图

4-3 变压器铁心起什么作用？不用行吗？

4-4 在变压器一次电压不变的情况下，以下哪些措施能增大变压器的输入功率？

（1）把一次线圈加粗。

（2）增加一次线圈的匝数。

（3）增大铁心截面积。

（4）减小二次侧负载阻抗。

4-5 一台额定电压为 220/110V 的单相变压器，欲获得 440V 的电压，能否把 220V 的交流电源接在变压器的低压侧，而从高压侧获得 440V 的电压？

4-6 变压器负载增大（$I_2$ 增大），为什么一次电流 $I_1$ 也随之增大，这时变压器的铁损和铜损是否也增大？

4-7 一台 220/110V 的单相变压器，$N_1 = 2000$ 匝，$N_2 = 1000$ 匝，变比 $k = \dfrac{N_1}{N_2} = 2$，有人为了省钱，将一次、二次线圈匝数改成 20 匝和 10 匝，可以吗？为什么？

4-8 一台空载运行的变压器，一次加额定电压 220V，测得一次线圈电阻为 $10\Omega$，试问一次电流是否等于 22A？

4-9 一台额定频率为 50Hz 的变压器，能否用于 25Hz 的交流电路中？为什么？

4-10 变压器能否用来变换直流电压？如将变压器接到与它的额定电压相同的直流电源上，会怎样？

4-11 有一交流铁心线圈，电源电压 $U = 220V$，电路中电流 $I = 4A$，功率表读数 $P = 100W$，频率 $f = 50Hz$，线圈漏阻抗压降忽略不计，试求：

（1）铁心线圈的功率因数。

（2）铁心线圈的等效电阻$(R_0 + R)$和等效电抗$(X_0 + X)$。

4-12 有一匝数为 100 匝、电流为 40A 的交流接触器线圈被烧毁，检修时手头只有允许电流为 25A 的较细导线，如铁心窗口面积允许，问重绕的线圈应为多少匝？

4-13 一台 220/36V 的行灯变压器，已知一次线圈匝数 $N_1 = 1100$ 匝，试求二次线圈匝数。若二次侧接一盏 36V、100W 的白炽灯，问一次电流为多少？（忽略空载电流和漏阻抗压降）

4-14 一台 $S_N = 10kV \cdot A$、$U_{1N}/U_{2N} = 3300/220V$ 单相照明变压器，现要在二次侧接 60W、220V 白炽灯，如要求变压器在额定状态下运行，可接多少盏？一次、二次额定电流是多少？

4-15 阻抗为 $8\Omega$ 的扬声器，通过一台变压器，接到信号源电路上，使阻抗完全匹配，设备要求一次线圈匝数 $N_1 = 500$ 匝，二次线圈匝数 $N_1 = 100$ 匝，求变压器一次侧输入阻抗。

4-16 某三相变压器一次线圈每相匝数 $N_1 = 2080$ 匝，二次线圈每相匝数 $N_1 = 80$ 匝。如果一次侧所加线电压 $U_1 = 6000V$，试求在 Y/Y 和 Y/△ 两种接线时，二次侧的线电压和相电压。

# 第 **5** 章

# 异步电动机

电动机的作用是将电能转换为机械能。各种生产机械都广泛应用电动机来驱动。

电动机可分为交流电动机和直流电动机两大类。交流电动机又分为异步电动机和同步电动机。直流电动机按照励磁方式的不同,分为他励、并励、串励和复励四种。

在生产上主要用的是交流电动机,特别是三相异步电动机。它被广泛地用来驱动各种金属切削机床、起重机、锻压机、传送带、铸造机械、功率不大的通风机及水泵等。仅在需要均匀调速的生产机械上,如龙门刨床、轧钢机及某些重型机床的主传动机构,以及在某些电力牵引和起重设备中才采用直流电动机。同步电动机主要应用于功率较大、不需调速、长期工作的各种生产机械,如压缩机、水泵、通风机等。此外,在自动控制系统和计算装置中还用到各种控制电动机。本章主要介绍三相异步电动机的基本结构、工作原理、技术性能、铭牌数据和使用方法。

学习目标:掌握三相异步电动机的基本结构和工作原理;掌握电动机铭牌的识读方法;掌握三相异步电动机的起动、反转、调速及制动的基本原理和基本方法;学习三相异步电动机的应用场合和使用方法。

学习重点:三相异步电动机的基本结构和工作原理;三相异步电动机的起动、反转、调速及制动的基本原理和基本方法。

学习难点:三相异步电动机的工作原理;三相异步电动机的起动、反转、调速及制动的基本原理和方法。

## 5.1 三相异步电动机的结构与转动原理

### 5.1.1 三相异步电动机的结构

三相异步电动机按照转子结构的不同分为笼型和绕线型两种。图 5.1 所示是一台笼型三相异步电动机的组成部件,下面分定子和转子来说明其基本结构。

**1. 定子的结构**

三相异步电动机的定子部分包括机座、定子铁心和定子绕组。机座一般用铸钢制成。定子铁心由 0.5mm 厚、内圆冲有槽孔的环形硅钢片叠成,装于机座之中,如图 5.2 所示。铁心内圆均匀分布的轴向线槽,就是由各叠片的槽孔形成的。定子绕组由带绝缘的导线制成,安装在线槽内。定子绕组同槽壁之间还嵌有青壳纸等绝缘材料。

在制造定子绕组时,一般先用模具把导线绕成线圈,再一个一个地嵌入铁心槽中,然后按一定规律将所有线圈连接成三组对称分布于定子铁心中的绕组(称为三相对称绕组)。

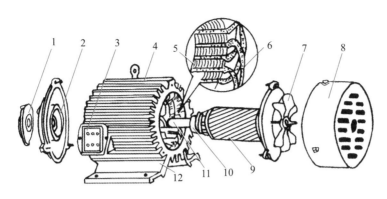

图 5.1　笼型异步电动机的组成部件

1—轴承盖；2—端盖；3—接线盒；4—定子；5—定子铁心；6—定子绕组；

7—风扇；8—罩壳；9—转子；10—轴承；11—转轴；12—机座

定子单相对称绕组的每一相都有两个出线头，它们的始末端分别标以 A、X，B、Y 和 C、Z，如图 5.3 所示。这些出线头分别和机座外侧的接线盒内端子板上的标记为 $U_1$、$U_2$、$V_1$、$V_2$、$W_1$、$W_2$ 的六个端子相连接。实际使用时，可以根据电动机铭牌，将三相绕组接成星形或三角形。

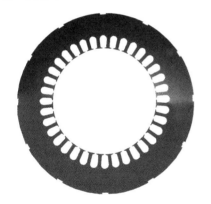

图 5.2　定子铁心冲片

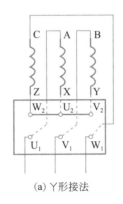

(a) Y 形接法

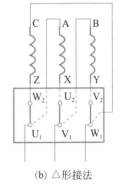

(b) △形接法

图 5.3　三相异步电动机定子绕组的接法

### 2. 转子的结构

三相异步电动机的转子部分包括转轴、转子铁心和转子绕组。转子铁心由 0.5mm 厚、外圆冲有槽孔的硅钢片（图 5.4）叠成，压装在转轴上。转子铁心外圆均匀分布着轴向线槽，转子绕组就装在这些槽中。

三相异步电动机的转子绕组有两种形式。一种是在线槽中嵌入铜条作为导体，两端焊上铜环（叫作端环），自成闭合路径。由铜条与端环构成的绕组，其形状如同鼠笼，通常把它叫作笼型绕组，如图 5.5(a)所示。为了节省铜材和工时，一般将铝熔化后，用铸造方法将转子导体、端环及通风冷却用的风扇一同铸成，如图 5.5(b)所示。具有上述转子绕组的异步电动机叫作笼型电动

图 5.4　转子铁心冲片

机。一般小型异步电动机的定子和转子用装有轴承的端盖组装在一起,轴承支承转子的转轴、端盖固定在机座上(图5.1)。

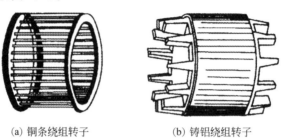

(a) 铜条绕组转子　　　　　　(b) 铸铝绕组转子

图5.5　笼型异步电动机的转子

另一种形式的转子绕组,构造与定子绕组类似,也是先用绝缘导线做成线圈,再一个一个地嵌入转子铁心槽中,然后按一定规律连接起来,成为三相对称绕组,并且接成星形,它的三个出线头接到固定在转轴一端的三个互相绝缘的铜环上,如图5.6所示。这些铜环叫作滑环,它们和轴之间互相绝缘。三个滑环上分别压着炭质电刷,这些电刷又装在固定于端盖的刷架上。转子转动时,滑环同电刷之间保持良好的滑动接触,便于转子绕组同电动机外部的辅助设备(如三相变阻器)连接起来。转子电路接线图如图5.7所示。这种形式的转子绕组叫作绕线型绕组,具有这种转子绕组的异步电动机,叫作绕线转子异步电动机。

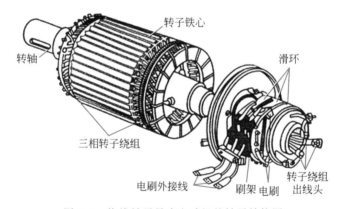

图5.6　绕线转子异步电动机的转子结构图

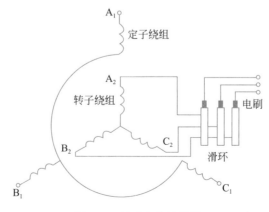

图5.7　转子电路接线图

## 5.1.2 三相异步电动机的转动原理

### 1. 三相异步电动机的旋转磁场

为了说明异步电动机的工作原理,先分析异步电动机的三相绕组通以三相电流所产生的旋转磁场。

为了便于说明问题,把两极电动机定子的三相对称绕组,用图 5.8(a)所示的三个单匝线圈表示。每个线圈嵌在定子铁心槽中的两个圈边(用槽中导体的圆形截面表示),在空间位置上相隔 $180°$(连接圈边的虚线表示线圈的端接线),三个线圈的始末端分别标记为 A、X,B、Y,C、Z。三个始端(或末端)所连圈边在空间位置上互差 $120°$。

设三相绕组接成星形(图 5.8(b)),并从电源流入三相对称电流。电流参考方向规定从始端 A、B、C 进去,从末端 X、Y、Z 出来(在图 5.8(a)中分别用指向纸面即"×"和离开纸面即"·"来表示),电流随时间变化曲线如图 5.9 所示,相序为 A→B→C。随着时间的推移,由三相电流所产生的合成磁场的方向将随电流的变化而变化,具体情况可通过图 5.10 所示几个特定瞬间的合成磁场来说明。

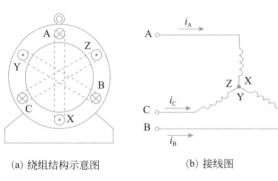

(a) 绕组结构示意图　　　(b) 接线图

图 5.8　两极定子三相对称绕组

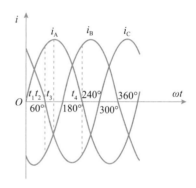

图 5.9　定子绕组中三相电流的波形

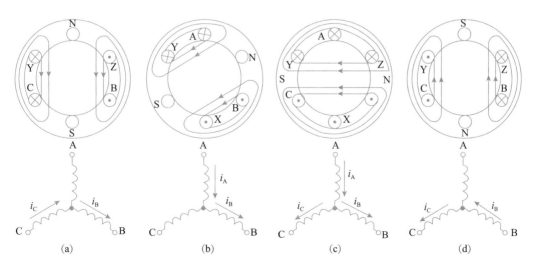

(a)　　　　　(b)　　　　　(c)　　　　　(d)

图 5.10　三相对称电流产生的两极旋转磁场

从图 5.9 可知，$t=t_1=0$ 时，$i_A=0$，$i_C=-i_B=\dfrac{\sqrt{3}}{2}I_m$，定子各相绕组中通过的电流实际方向如图 5.10(a)所示：A 相绕组中没有电流；B 相绕组的电流从 Y 端进去，B 端出来；C 相绕组的电流从 C 端进去，Z 端出来。根据右手螺旋定则，可确定此时合成磁场的分布如图 5.10(a)中的磁力线所示。如果把定子铁心看成电磁铁，此时其上部为 N 极，下部为 S 极，即只有一对磁极。

$t=t_2=\dfrac{T}{6}$ 时，$i_C=0$，$i_A=-i_B=\dfrac{\sqrt{3}}{2}I_m$，因此电流在绕组中的实际方向为 A 进、X 出和 Y 进、B 出，其合成磁场的分布如图 5.10(b)中的磁力线所示，磁场方向与 $t=t_1$ 时相比较，已顺时针方向转过 60°，或者说，磁极已顺时针方向转过 60°。

按照上述方法继续分析，可确定 $t=t_3=\dfrac{T}{4}$ 和 $t=t_4=\dfrac{T}{2}$ 时合成磁场的分布情况，分别如图 5.10(c)和(d)所示。同 $t=t_1=0$ 时的情况相比，磁极按顺时针方向转过的角度分别为 90°和 180°，即为 $\dfrac{1}{4}$ 圈和 $\dfrac{1}{2}$ 圈。以此类推，时间每经过一个周期 $T$，磁极将按顺时针方向转过 360°，即一圈。

三相电流周期性地连续变化，所产生的合成磁场的磁极将按顺时针方向连续旋转，形成一个具有一对磁极(磁极对数 $p=1$)的旋转磁场。按照一分钟相当于 $60f$ 个周期计算，可以推出两极旋转磁场的转速 $n_0$(单位为 r/min)为

$$n_0=60f \tag{5.1}$$

如果定子三相对称绕组包含六组线圈(仍然用六个单匝线圈表示)，它们是 $A_1X_1$、$A_2X_2$、$B_1Y_1$、$B_2Y_2$、$C_1Z_1$、$C_2Z_2$，如图 5.11(a)所示。每个线圈的两个圈边分布在定子铁心内圆上相隔 90°的槽中，$A_1$ 和 $A_2$ 两个圈边的位置则相隔 180°，$B_1$ 和 $B_2$ 以及 $C_1$ 和 $C_2$ 的相对位置也是如此。各线圈的对应边，例如 $A_1$、$B_1$、$C_1$，$A_2$、$B_2$、$C_2$ 等，则依次相隔 60°。每相绕组由两个线圈串联而成，如图 5.11(b)所示。

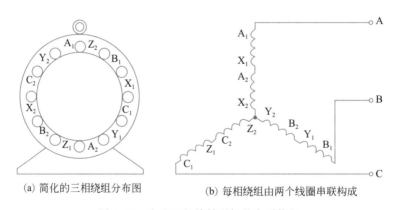

(a) 简化的三相绕组分布图　　　　(b) 每相绕组由两个线圈串联构成

图 5.11　产生四极旋转磁场的定子绕组

当上述绕组按星形联结并从电源流入三相电流，所产生的合成磁场将是一个四极旋转磁场。与分析两极旋转磁场相似，可用图 5.12 中从左至右排列的三个磁场分布图来说明，

它们依次对应于图 5.10 中 $t=t_1=0$、$t=t_3=\dfrac{T}{4}$ 和 $t=t_4=\dfrac{T}{2}$ 时的情况。由图可见,合成磁场具有 4 个磁极(磁极对数 $p=2$),时间每经过 $\dfrac{1}{4}$ 周期,磁场按顺时针方向旋转 $\dfrac{1}{8}$ 圈,或者说,每经过一个周期,磁场旋转半圈。以此类推,电流每分钟交变 $60f$ 周,四极旋转磁场的转速 $n_0$(r/min)为

$$n_0 = \frac{60f}{2} \tag{5.2}$$

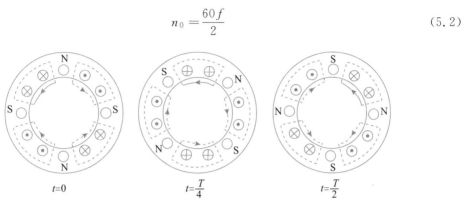

图 5.12   由三相对称电流产生的四极旋转磁场

上述情况表明,按一定规律改变定子绕组的分布和连接,可得到极对数不同的旋转磁场,它的转速同极对数的关系为

$$n_0 = \frac{60f}{p} \tag{5.3}$$

上述两种情况下,旋转磁场都按顺时针方向旋转,这是因为电流的相序为 A→B→C,而绕组在铁心内圆上按 A、B、C 顺序排列正好为顺时针方向。如果绕组的排列顺序不变,但像图 5.13 所示把定子绕组 B、C 两相同电源连接的导线对调一下,使绕组中电流的相序改为 A→C→B,再用上面的方法加以分析,可以发现,旋转磁场的转向将变为逆时针方向。可见,旋转磁场的转向取决于定子绕组中电流的相序:从电流相序在前的绕组转向电流相序在后的绕组。

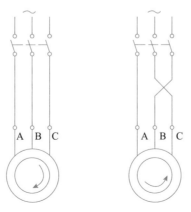

图 5.13   异步电动机改变旋转磁场转向的接线图

### 2. 三相异步电动机的转动原理

三相异步电动机的定子绕组接电源后,在电动机内部所产生的旋转磁场的作用下,转子会转动起来。为了便于学生理解,我们用一对旋转的磁极来模拟极对数 $p=1$ 的旋转磁场,并以笼型电动机为例说明转动原理,如图 5.14 所示。

设磁极按逆时针方向以恒速 $n_0$ 旋转,而转子在最初是静止的。这种情况相当于磁极不动而转子按顺时针方

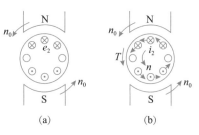

图 5.14　异步电动机的转动原理

向旋转。此时,转子导体要切割磁力线,从而产生感应电动势 $e_2$。根据右手定则,可判定感应电动势 $e_2$ 的方向,在 N 极下面的转子导体中为进去,在 S 极下面的转子导体中为出来,如图 5.14(a)所示。因为笼型转子导体两端都用端环连接,构成闭合电路,在 $e_2$ 的作用下自然会产生电流 $i_2$,如图 5.14(b)所示。于是,转子导体成了载流导体。这样的导体在磁场中要受到电磁力 $F$ 的作用,其作用方向可用左手定则确定,这已标明在图 5.14(b)中为逆时针方向。电磁力 $F$ 作用在转轴上的转矩叫作电磁转矩,用 $T$ 表示。正是在此电磁转矩的作用下使转子转动起来。显然,转子的转动方向与旋转磁场的转向相同。但是,转子的转速总是低于旋转磁场的转速 $n_0$,因为如果二者速度相同,转子导体将不再切割磁力线,也就不再产生感应电动势和感应电流,电磁转矩 $T$ 便将消失,而转子要维持稳定运转,起码要克服一定的风阻和轴摩擦转矩,因此它的速度不能达到 $n_0$。转轴上的反作用转矩越大,$n$ 同 $n_0$ 的差值也越大,转子转速和旋转磁场转速始终相异,所以称为异步电动机,而旋转磁场转速 $n_0$ 就称为异步电动机的同步转速。

异步电动机的转速 $n$ 与它的同步转速 $n_0$ 的差值,通常用相对值表示,称为转差率(或叫滑差率),写作

$$s = \frac{n_0 - n}{n_0} \tag{5.4}$$

一般异步电动机正常运行中的转差率约为 $0.02 \sim 0.08$,而在起动的最初瞬间,旋转磁场已经产生,转子却尚未转动,即 $n=0$。此时的转差率 $s = \frac{n_0 - 0}{n_0} = 1$。

## 5.2　异步电动机的铭牌和技术数据

### 5.2.1　铭牌

电动机外壳上都有铭牌,打印有这台电动机的额定值,以便按所规定的数值使用,现就图 5.15 所示铭牌实例简述其各项内容的含义。

#### 1. 型号说明

Y112M-4

　└─ 磁极数($p=2$)
　└── 机座长度代号(L——长机座、M——中机座、S——短机座)
　└─── 机座中心高(单位: mm)
　└──── 三相异步电动机(YR表示绕线式异步电动机)

三相异步电动机的
铭牌识读与选择

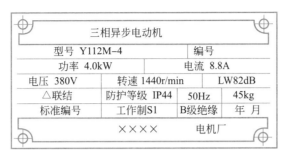

图 5.15 电动机铭牌实例

**2. 额定电压 $U_{1N}$**

电动机在额定运行时的定子绕组线电压(有效值)同定子绕组"接法"有对应关系。图 5.15 所示铭牌表明,$U_{1N}=380V$,定子绕组接成三角形。在 Y 系列电动机中,$U_{1N}$ 均为 380V,容量在 3.0kW 以下的接成星形,4.0kW 以上的均接成三角形。

**3. 额定电流 $I_{1N}$**

电动机在额定电压下满载运行时的定子绕组线电流(有效值),图 5.15 所示铭牌表明,$I_{1N}=8.8A$。

**4. 额定功率 $P_N$**

电动机在额定电压下,电流达到额定值时,轴上输出的机械功率。图 5.15 所示铭牌表明,$P_N=4.0kW$。

**5. 额定频率 $f_N$**

电动机额定运行时的频率,应同电源频率一致。我国工频为 50Hz,图 5.15 所示铭牌也标明 50Hz。

**6. 额定转速 $n_N$**

电动机额定运行时的转速。图 5.15 所示铭牌表明,$n_N=1440r/min$(转每分)。

**7. 绝缘等级**

铭牌上所标的绝缘等级是按电动机绕组所用的绝缘材料在使用时允许的极限温度来分级的,有 Y、A、E、B、F、H、C 几个等级。各级极限温度见表 5.1。所谓极限温度,是指电动机绝缘结构中最热点的最高容许温度。

表 5.1 绝缘材料的耐热分级和极限温度

| 耐热分级 | Y | A | E | B | F | H | C |
|---|---|---|---|---|---|---|---|
| 极限温度/℃ | 90 | 105 | 120 | 130 | 155 | 180 | >180 |

**8. 工作制**

铭牌上的"工作制"又叫作"定额",按规定分为"连续"(代号为S1)、"短时"(代号为S2)和"断续"(代号为S3)等。"连续"工作制含义为该电动机可以按铭牌上的额定功率长时间连续运转,且温升不会超过容许值。其他工作制的含义见电工手册。

**9. 防护等级**

铭牌上的"防护等级"是指电动机外壳防护形式的分级,详见《电机、低压电器外壳防护等级》(GB 1498—1979)。

**10. LW**

铭牌上所标的"LW82分贝(A)"为电动机的总噪声等级,以声级计测得的声功率级标定。

## 5.2.2 异步电动机的技术数据

在选择和使用电动机时,往往要查产品目录或电工手册,了解比铭牌还要多一些的技术数据,如表5.2所示。

表5.2 异步电动机技术数据举例

| 电动机型号 | 额定功率/kW | 额定电压/V | 满载时 | | | | 起动电流/额定电流 | 起动转矩/额定转矩 | 最大转矩/额定转矩 | 重量/kg |
| --- | --- | --- | --- | --- | --- | --- | --- | --- | --- | --- |
| | | | 速度/(r/min) | 电流/A | 效率/% | 功率因数 | | | | |
| Y250M-4 | 55 | 380 | 1480 | 102.5 | 92.6 | 0.88 | 7.0 | 2.0 | 2.2 | 450 |

电动机的额定数据是制造厂对电动机的每个电量或机械量所规定的数值。有些量(如电流、功率等)与所带动的机械负载的大小有关,它的额定值就是允许的满载值,因此,"满载运行"也就是"额定运行"。下面对表5.2中某些额定数据做些说明。

(1)"满载时的效率"是电动机的额定输出机械功率 $P_N$ 对定子额定输入电功率 $P_{1N}$ 的比值,符号用 $\eta_N$,即

$$\eta_N = \frac{P_N}{P_{1N}}100\% \tag{5.5}$$

$$P_{1N} = \sqrt{3}U_{1N}I_{1N}\cos\varphi_N \tag{5.6}$$

式(5.6)中的 $\cos\varphi_N$ 就是"满载时的(定子电路)功率因数"。表5.2所载技术数据当然符合上述关系式,即

$$P_N = \sqrt{3}U_{1N}I_{1N}\cos\varphi_N\eta_N$$
$$= \sqrt{3}\times 380 \times 102.5 \times 0.88 \times \frac{92.6}{100}$$
$$= 55 \times 10^3 (\text{W}) = 55(\text{kW})$$

或

$$I_{1N} = \frac{P_N}{\sqrt{3}U_{1N}\cos\varphi_N\eta_N}$$
$$= \frac{55 \times 1000}{\sqrt{3}\times 380 \times 0.88 \times 0.926} = 102.5(\text{A})$$

对于 $U_N = 380\text{V}$ 的三相异步电动机,上面 $I_{1N}$ 计算公式的分母数值约为500左右,可得 $I_{1N} \approx 2P_N$。即额定电流值约为其额定功率值(单位为 kW)的2倍,叫作"一千瓦,两安培"。在选用电动机时,可按上述口诀估算电流,以便选配开关和导线。

(2)"额定转矩"是电动机在额定运行时轴上的输出转矩。轴上机械功率 $P$ 等于转矩 $T$ 和角速度 $\omega$ 的乘积,因此

$$T = \frac{P}{\omega} = \frac{P}{\frac{2\pi n}{60}} = 9.55\frac{P}{n}(\text{N·m}) \tag{5.7}$$

式中：$P$ 以 W 为单位；$n$ 以 r/min 为单位。通常电动机的 $P_N$ 以 kW 为单位，因此额定转矩 $T_N$ 为

$$T_N = 9550 \frac{P_N}{n_N} (\text{N} \cdot \text{m}) \tag{5.8}$$

表 5.2 列举的电动机的额定转矩为

$$T_N = 9550 \times \frac{55}{1480} = 355 (\text{N} \cdot \text{m})$$

## 5.3　异步电动机电磁转矩的分析

电机学的有关理论证明，电磁转矩 $T$ 由下面的公式决定，即

$$T = C_T \Phi I_2 \cos \varphi_2 \tag{5.9}$$

式中：$C_T$ 为与电机结构有关的常数；$\Phi$ 是旋转磁场（一个极）的磁通量；$I_2$ 是转子（绕组中）电流的有效值；$\varphi_2$ 是转子电流 $\dot{I}_2$ 滞后于转子（绕组中）感应电动势 $\dot{E}_2$ 的相位差。下面对 $\Phi$、$I_2$、$\cos \varphi_2$ 同哪些电量和机械量有关分别做一些说明。

### 5.3.1　旋转磁场磁通量 $\Phi$ 和定子相电压 $U_1$ 的关系

变压器的主磁通最大值 $\Phi_m$ 和一次电压 $U_1$ 的关系，如前所述为 $U_1 \approx E_1 = 4.44 f N_1 \Phi_m$。在异步电动机中，旋转磁场不但在转子绕组中感应电动势 $e_2$，在定子绕组中也要感应电动势 $e_1$，由于旋转磁场穿过定子绕组的磁通量基本上是正弦变化量，其最大值就等于旋转磁场一个极的磁通量 $\Phi$（因为当旋转磁场中心线和绕组中心线重合时，整个磁极的磁通量将全部穿过该绕组，使穿过该绕组的磁通量达到最大值）。因此，异步电动机旋转磁场磁通量 $\Phi$ 同定子一相绕组的感应电动势和端电压的有效值 $E_1$、$U_1$ 的关系式，可套用上述变压器的关系式写作：

$$U_1 \approx E_1 = 4.44 f_1 N_1 \Phi k_1 \tag{5.10}$$

式中：$f_1$ 为定子绕组中的磁通量和感应电动势 $e_1$ 的交变频率，它同电源频率 $f$ 相等，即 $f_1 = f$；$N_1$ 为定子绕组每相的匝数；$k_1$ 是考虑到定子的分布绕组不同于变压器的集中绕组而引进的数值小于 1 的常数，叫作绕组系数。

由式(5.10)可见，在电源频率一定时，和变压器主磁通 $\Phi_m$ 相似，旋转磁场的磁通量 $\Phi$ 决定于定子绕组所加的相电压 $U_1$，而且该磁通量 $\Phi$ 在异步电动机负载运行时，也是由（定子电流和转子电流的）合成磁动势产生的。

### 5.3.2　转子电流 $I_2$ 和转子电路的 $\cos \varphi_2$ 同转差率 $s$ 的关系

在笼型转子或线绕型转子绕组经滑环、电刷直接短路时，根据交流电路欧姆定律，转子每相电流 $I_2$ 同转子每相电动势 $E_2$ 的关系为

$$I_2 = \frac{E_2}{\sqrt{r_2^2 + x_2^2}} \tag{5.11}$$

式中：$r_2$ 为转子每相绕组；$x_2$ 为转子绕组每相的漏磁感抗。如前所述，$E_2$ 由旋转磁场与转

子间的相对速度 $n_0-n$ 产生,转差率 $s=\dfrac{n_0-n}{n_0}$ 越大, $E_2$ 也越大。转子静止 $(s=1)$ 时, $E_2=E_{20}$,此时定子绕组和转子绕组间的电磁关系与变压器相同,定子相电压 $U_1\approx E_1$ 和 $E_{20}$ 有固定的比值。在任意转差率时,则

$$E_2 = sE_{20} \tag{5.12}$$

按照交流电路理论,转子绕组的漏抗 $x_2=2\pi f_2 L_{s2}$ ($L_{s2}$ 为转子绕组的漏磁电感),正比于转子电动势或电流的频率 $f_2$。当转子静止 $(n=0,s=1)$ 时, $f_2=f_1$;当转子和旋转磁场同步 $(n=n_0,s=0)$ 时, $f_2=0$,因此

$$f_2 = sf_1 = sf \tag{5.13}$$
$$x_2 = s2\pi f_1 L_{s2} = sx_{20} \tag{5.14}$$

式(5.14)中, $x_{20}=2\pi f_1 L_{s2}$ 为转子在静止时的漏抗。

将式(5.12)、式(5.14)代入式(5.11)得

$$I_2 = \frac{sE_{20}}{\sqrt{r_2^2+(sx_{20})^2}} \tag{5.15}$$

按照交流电路理论,有

$$\cos\varphi_2 = \frac{r_2}{\sqrt{r_2^2+x_2^2}} = \frac{r_2}{\sqrt{r_2^2+(sx_{20})^2}} \tag{5.16}$$

由以上分析可知,当定子相电压 $U_1$ 及其频率 $f_1$ 一定时,旋转磁场磁通量 $\Phi$ 和转子静止时的电动势 $E_{20}$ 与漏抗 $x_{20}$ 均一定,若不考虑转子电阻 $r_2$ 的变化, $I_2$ 和 $\cos\varphi_2$ 都是转差率 $s$ 的函数,而 $s$ 是表示转速 $n$ 这个机械量的参数。

### 5.3.3  电磁转矩 $T$ 和转差率 $s$ 的关系

将式(5.15)、式(5.16)代入式(5.9),可得

$$T = C_T \Phi E_{20} \frac{sr_2}{r_2^2+(sx_{20})^2} \tag{5.17}$$

式(5.17)的函数关系通常用转矩-转差率曲线($T$-$s$ 曲线)表达。当定子相电压 $U_1$ 一定时,笼型电动机的 $T$-$s$ 曲线如图 5.16 中的实线所示,对应的 $I_2$ 和 $\cos\varphi_2$ 随 $s$ 变化的曲线如图 5.16 中的虚线所示。

从图 5.16 可以看出:在 $s$ 值较小的区间内(例如, $s<0.1$), $sx_{20}\ll r_2$,式(5.17)分母中的 $(sx_{20})^2$ 项可忽略,因此 $I^2$ 基本随 $s$ 成正比变化, $\cos\varphi_2$ 则约等于 1 不变, $T$ 也基本随 $s$ 成正比变化。在 $s$ 较大的区间内, $sx_{20}\gg r_2$,式(5.17)分母中的 $r_2^2$ 项可忽略,因此, $I^2$ 基本不变, $\cos\varphi_2$ 则基本随 $s$ 成反比变化, $T$ 随 $s$ 的变化也是如此。

图 5.16 中 $s=1(n=0)$ 这一点,对应刚合上开关起动电动机时的状态,可以看出此时转子电流 $I_2$ 很大,而定子电

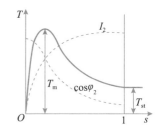

图 5.16  异步电动机的 $T$-$s$ 曲线

流 $I_1$ 由于和 $I_2$ 之间存在着和变压器的磁动势平衡相同的关系,数值也很大,称为电动机的"起动电流",符号用 $I_{st}$,通常约为额定电流 $I_{1N}$ 的 $5.5\sim7$ 倍。还可以看出此时 $I_2$ 产生的电磁转矩因为 $\cos\varphi_2$ 较小,数值并不很大,忽略风阻和轴摩擦转矩,它就是轴上输出的"起动

转矩",符号用 $T_{st}$,通常约为额定输出转矩 $T_N$ 的 $1.0 \sim 2.2$ 倍。

电动机起动后,随着转速 $n$ 升高、$s$ 下降,电磁转矩 $T$ 将随 $\cos\varphi_2$ 的增大而增大,经过它的最大值 $T_m$ 后,$T$ 又随着 $s$、$I_2$ 的减小而减小。对应 $T_m$ 的转差率 $s_m$ 叫作临界转差率,令式(5.17)对 $s$ 的导数 $\dfrac{dT}{ds}=0$,可以求得

$$s_m = \frac{r_2}{x_{20}} \tag{5.18}$$

$$T_m = C_T \Phi E_{20} \frac{1}{2x_{20}} \tag{5.19}$$

对于普通笼型电动机 $s_m$ 约为 $0.08 \sim 0.17$,忽略风阻和轴摩擦转矩,$T_m$ 就是轴上输出的"最大转矩",通常约为额定输出转矩 $T_N$ 的 $1.8 \sim 2.2$ 倍。由于 $\Phi$、$E_{20}$ 均与定子相电压 $U_1$ 成正比,最大转矩 $T_m$ 和起动转矩 $T_{st}$ 都与 $U_1^2$ 成正比,$U_1$ 降低时,$T_m$ 和 $T_{st}$ 显著减小。

表 5.3 列举的电动机技术数据中,起动电流、起动转矩和最大转矩是用同额定电流、额定转矩的比值给出的。

**例 5.1** 已知 Y132S-4 型三相异步电动机的部分技术数据为:功率 $P_N = 5.5\text{kW}$,频率 $f = 50\text{Hz}$,转速 $n_N = 1440\text{r/min}$,电压 $U_{1N} = 380\text{V}$,效率 $\eta_N = 85.5\%$,功率因数 $\cos\varphi_N = 0.84$,$\dfrac{\text{起动电流}}{\text{额定电流}} = 7.0$,$\dfrac{\text{起动转矩}}{\text{额定转矩}} = 2.2$,$\dfrac{\text{最大转矩}}{\text{额定转矩}} = 2.2$。问:

(1) 三相电源线电压为 380V,电动机的定子绕组应如何连接?

(2) 此电动机的额定转差率为多少?

(3) 此电动机的额定电流、起动电流、起动转矩及最大转矩各为多少?

**解:**(1) 电源电压与电动机电压 $U_{1N}$ 相符,功率为 5.5kW,因大于 4kW,按铭牌定子绕组的接法应为 △。

(2) 电源频率为 50Hz,额定转速 $n_N = 1440\text{r/min}$,可见同步转速 $n_0 = 1500\text{r/min}$,所以额定转差率为

$$s_N = \frac{n_0 - n_N}{n_0} = \frac{1500 - 1440}{1500} = 0.04$$

(3) 根据式(5.5)和式(5.6),可知电动机的定子额定输入功率为

$$P_{1N} = \frac{P_N}{\eta_N} = \frac{5.5}{0.855} = 6.43(\text{kW})$$

额定电流为

$$I_{1N} = \frac{P_{1N} \times 1000}{\sqrt{3} U_{1N} \cos\varphi_N} = \frac{6.43 \times 1000}{\sqrt{3} \times 380 \times 0.84} = 11.64(\text{A})$$

因此起动电流为

$$I_{st} = 7 I_{1N} = 7 \times 11.64 = 81.5(\text{A})$$

根据式(5.8)得额定转矩为

$$T_N = 9550 \frac{P_N}{n_N} = 9550 \times \frac{5.5}{1440} = 36.5(\text{N} \cdot \text{m})$$

因此起动转矩为

$$T_{st} = 2.2T_N = 2.2 \times 36.5 = 80.3 (N \cdot m)$$

最大转矩为

$$T_m = 2.2T_N = 2.2 \times 36.5 = 80.3 (N \cdot m)$$

## 5.4 三相异步电动机的起动、调速与制动

### 5.4.1 三相异步电动机的起动

异步电动机在额定电压下直接起动时,如前所述,起动电流 $I_{st} = (5.5 \sim 7)I_{1N}$。由于起动时间很短(几秒至几十秒),对电动机本身的正常工作没有什么不良影响。

三相异步
电动机的起动

可是,过大的起动电流会使供电线路的电压突然降低,如果车间供电变压器的容量不够大,供电电压降低过多,可能使其他正在运行的电动机停车,或使某些自动控制电器产生误动作,造成生产事故。如果电动机要频繁起动,也可能温升过高使绝缘加速老化,寿命缩短甚至烧毁。

三相异步电动机
的调速与制动

一般情况下,几十千瓦以下的小型异步电动机,在其容量小于动力供电变压器容量的 20% 时,可允许直接起动。否则,就要在起动时采取降压措施,减小起动电流。

笼型电动机的起动有直接起动和降压起动两种。

**1. 直接起动**

直接起动也称为全压起动,它是利用开关或接触器将电动机直接接到具有额定电压的电源上。这种起动方法虽然简单,但如上所述,由于起动电流较大,将使线路电压下降,影响负载正常工作。一台电动机能否直接起动,取决于电源变压器容量及起动频繁的程度。

直接起动一般只用于小容量电动机(如 7.5kW 以下电动机)。对较大容量的电动机,电源容量又较大,若满足经验公式(5.20)则能直接起动,否则应采用降压起动方法起动。

$$\frac{\text{直接起动的电流(A)}}{\text{电动机的额定电流(A)}} \leqslant \frac{3}{4} + \frac{\text{电源变压器容量(kV·A)}}{4 \times \text{电动机的额定功率(kW)}} \tag{5.20}$$

**2. 降压起动**

降压起动的目的是减小起动电流对电网的不良影响,但由于电磁转矩与 $U_1^2$ 成正比,因此降压起动时起动转矩将大大减小,一般只适用于电动机轻载或空载情况。下面介绍常用的降压启动方法。

1) 定子串电阻(或电抗)起动

接通电源开关 $S_1$ 起动电动机时,在它的定子电路中串接电阻器或电抗器,如图 5.17 所示,以限制起动电流,待电动机转速升高后,再将电阻或电抗器短接(合上 $S_1$),从而使电动机在额定电压下工作。由于起动时定子绕组电压低于额定电压,起动转矩与直接起动相比要低。

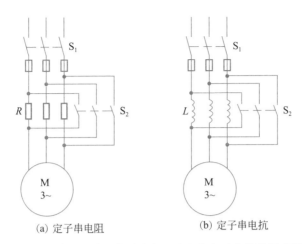

(a) 定子串电阻　　　　　　(b) 定子串电抗

图 5.17　笼型电动机定子串电阻或电抗起动的接线原理图

2) 星形-三角形联结起动

星形-三角形联结起动方法所用线路如图 5.18 所示。操作顺序是:$S_2$ 刀闸先置于中间位置(不与任何一端接通),接通电源开关 $S_1$,再把 $S_2$ 合向"起动"位置(相当于把定子绕组接成星形),等电动机转速升高后,把 $S_2$ 合向"运行"位置(相当于把定子绕组接成三角形)进入正常运行。显然,这种起动方法只适用于正常运行时为三角形联结的电动机。

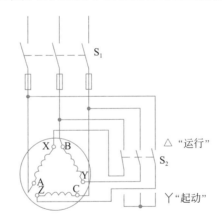

图 5.18　笼型电动机丫-△起动的接线原理图

由于起动时将定子绕组接成星形,同接成三角形进行直接起动相比,相电压降低为 $\dfrac{1}{\sqrt{3}}$,相电流也按同样比例减小,而线电流和起动转矩则降为直接起动时的 $\dfrac{1}{3}$。由于起动转矩大幅度减小,所以不能用于重载起动。

3) 自耦降压起动

自耦降压起动是用三相自耦变压器将电动机在起动过程中的端电压降低,其接线图如图 5.19 所示。

电动机起动前,将自耦变压器的切换开关 $S_2$ 置于中间位置(不与任何一端接通)。起动电机时,先合上电源开关 $S_1$,再把开关 $S_2$ 合向"起动"位置。当转速接近额定值时,将 $S_2$ 合向"运行"位置,切除自耦变压器,电机进入正常运行。

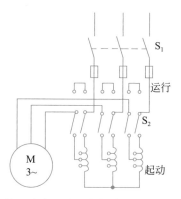

图 5.19　笼型异步电动机自耦降压起动的接线原理图

为了满足不同要求,自耦变压器一般备有三个抽头,分别输出电源电压的 40%、60% 和 80%(或 55%、64% 和 73%),以供选择。

采用自耦降压起动,也同时能使起动电流和起动转矩减小。自耦降压起动适用于容量较大的或正常运行时接成星形而不能采用星-三角降压起动的笼型异步电动机。

**例 5.2**　对例 5.1 的电机采用 Y-△ 换接起动,(1)求起动电流和起动转矩;(2)当负载转矩为额定转矩 $T_N$ 的 80% 和 50% 时,电动机是否能起动?

解:(1)采用 Y-△ 换接起动时

$$I_{st\triangle} = 7I_N = 7 \times 11.64 = 81.5(A)$$

$$I_{stY} = \frac{1}{3}I_{st\triangle} = \frac{1}{3} \times 81.5 = 27.2(A)$$

$$T_{stY} = \frac{1}{3}T_{st\triangle} = \frac{1}{3} \times 80.3 = 26.8(N \cdot m)$$

(2)在 80% 额定负载时

$$\frac{T_{stY}}{T_N 80\%} = \frac{26.8}{36.5 \times 80\%} = \frac{26.8}{29.2} < 1 \text{ 不能起动}$$

在 50% 额定负载时

$$\frac{T_{stY}}{T_N 80\%} = \frac{26.8}{36.5 \times 50\%} = \frac{26.8}{18.3} > 1 \text{ 可以起动}$$

### 5.4.2　三相异步电动机的调速

调速就是在同一负载下,通过改变电动机的某些运行条件以得到不同的转速,从而满足生产过程的要求。例如,各种切削机床的主轴运动随着工件与刀具的材料、工件直径、加工工艺的要求及走刀量的大小等的不同,要求有不同的转速,以获得最高的生产率和保证加工质量。

由于普通笼型异步电动机在工频(50Hz)电源供电时的转速为

$$n = (1-s)n_0 = (1-s)\frac{60f}{p} \tag{5.21}$$

此式表明,改变电动机的转速有三种方法,即改变电源频率 $f$、极对数 $p$ 及转差率 $s$。前两者是笼型异步电动机的调速方法,后者是绕线转子异步电动机的调速方法。下面分别进行介绍。

**1. 变极调速**

由旋转磁场转速的计算公式(5.3)可知,如果极对数 $p$ 增加一倍,则旋转磁场 $n_0$ 便减小一半,转子转速 $n$ 也减小约一半。因此,改变 $p$ 可以使转速成倍变化,即实现有级调速。如何改变极对数呢? 可以通过改变定子绕组的接线方式来改变极对数。

以极数比为 2:4 的双速电动机为例,图 5.20 中画出了它的 A 相绕组改变接线方式的情况。把 A 相绕组分成两半:线圈 $A_1 X_1$ 和 $A_2 X_2$。图 5.20(a)中两个线圈串联,产生 4 极磁场,极对数 $p=2$,同步转速 $n_0=1500 \text{r/min}$;图 5.20(b)中两个线圈并联,产生 2 极磁场,极对数 $p=1$,同步转速 $n_0=3000 \text{r/min}$。在换极时,一个线圈中的电流方向不变,而另一个线圈中的电流必须改变方向。

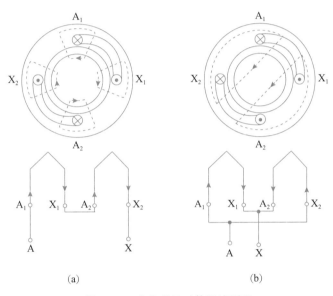

图 5.20 改变磁极对数调速原理

另外,还有极数比为 4:6:8 或 2:4:8 的三速电动机。多速电动机在机床上用得较多,可以使机床齿轮变速箱结构简化。

**2. 变频调速**

实现无级变频调速需要有频率连续可调的变频设备,一般采用晶闸管交-直-交电压源型或电流源型变频器。电压源型变频器在直流回路中并联大电容,使之具有电压源的特性;电流源型变频器在直流回路中串联大电感,使之具有电流源的特性。此外,还有将 50Hz 工频交流电直接变成频率($f$)可调但低于工频的三相交流电的交-交型变频器。

变频调速是交流电动机的发展方向,其调速性能已经可以达到直流电动机的性能,是一种高效、节能的调速方式。

**3. 变转差率调速**

变转差率调速只适用于绕线转子异步电动机,是通过在转子电路中串接调速电阻(和起动电阻一起接入)来实现的,此时转子电流减小,则定子电流、转矩、转速也随之减小,转差率升高,所以叫变转差率调速。改变调速电阻的大小可以实现平滑调速。这种调速方法的优点是设备简单、投资少,但能量损耗大。这种调速方法广泛应用于起重设备中。

### 5.4.3　三相异步电动机的制动

当电动机的定子绕组断电后,因为转动部分有惯性,电动机还会继续转动一段时间才能停止。为了缩短辅助工时,提高生产机械的生产率,并为了安全起见,往往要求电动机能够迅速停车和反转。这就需要对电动机进行制动。所谓制动,就是要使电动机产生一个与转子的旋转方向相反的电磁转矩,即制动转矩。异步电动机的电气制动方法有以下几种。

**1. 能耗制动**

能耗制动就是在切断三相电源的同时,接通直流电源,使直流电流通入定子绕组,如图 5.21 所示。直流电流的磁场是固定不动的,而转子由于惯性继续按原方向转动。根据右手定则和左手定则不难确定这时的转子电流与固定磁场相互作用产生的转矩的方向,它与电动机转动的方向相反,因而起到制动的作用。制动转矩的大小与直流电流的大小有关。直流电流的大小一般为电动机额定电流的 $0.5\sim1$ 倍。

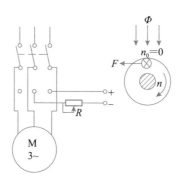

图 5.21　能耗制动

因为这种方法是通过消耗转子的动能(转换为电能)来进行制动的,所以称为能耗制动。能耗制动的优点是制动平稳,消耗电能少,但需要直流电源。目前在一些金属切削机床中常采用。

**2. 反接制动**

在电动机停车时,改变电动机三相电源中任意两相的相序,使电动机的旋转磁场反向旋转,而转子由于惯性仍按原方向转动。这时的转矩方向与电动机的转动方向相反,如图 5.22 所示,从而起到制动的作用。当转速接近零时,利用某种控制电器将电源自动切断,否则电动机将会反转。

由于在反接制动时旋转磁场与转子的相对转速 $(n_0+n)$ 很大,因而电流较大。为了限制电流,对功率较大的电动机进行制动时必须在定子电路(笼型)或转子电路(绕线型)中接入电阻。

反接制动比较简单,效果较好,但能量消耗较大,对有些中型车床和铣床的主轴的制动采用这种方法。

**3. 发电反馈制动**

当转子的转速 $n$ 超过旋转磁场的转速 $n_0$ 时,这时的转矩也是制动的,如图 5.23 所示。

当起重机快速下放重物时,就会发生这种情况。这时重物拖动转子,使其转速 $n>n_0$,重物受到制动而等速下降。实际上这时电动机已转入发电机运行,将重物的位能转换为电能而反馈到电网里,所以称为发电反馈制动。

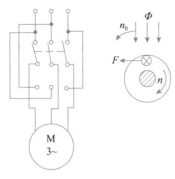

图 5.22　反接制动

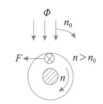

图 5.23　发电反馈制动

另外,当将多速电动机从高速调到低速的过程中,也自然发生这种制动。因为刚将极对数 $p$ 加倍时,磁场转速立即减半,但由于惯性,转子转速只能逐渐下降,因此就出现 $n > n_0$ 的情况。

## 5.5　三相异步电动机的选择

在生产上,三相异步电动机的应用非常广泛,正确地选择它的功率、种类、形式,以及正确地选择它的保护电器和控制电器是极为重要的。本节先讨论电动机的选择问题。

1. 功率的选择

要为某一生产机械选配一台电动机,首先要考虑电动机的功率需要多大。合理选择电动机的功率具有重大的经济意义。如果电动机的功率选大了,虽然能保证正常运行,但是不经济。这是因为功率选大了不仅使设备投资增加,电动机未被充分利用,而且由于电动机经常不是在满载下运行,其效率和功率因数也都不高。如果电动机的功率选小了,就不能保证电动机和生产机械的正常运行,不能充分发挥生产机械的效能,并使电动机由于过载而过早地损坏。所以所选电动机的功率是由生产机械所需的功率确定的。

1) 连续运行电动机功率的选择

对连续运行的电动机,先算出生产机械的功率,所选电动机的额定功率等于或稍大于生产机械的功率即可。例如,车床的切削功率(kW)为

$$P_1 = \frac{Fv}{1000 \times 60}$$

式中:$F$ 为切削力,N,它与切削速度、走刀量、吃刀量、工件及刀具的材料有关,可从切削用量手册中查取或经计算得出;$v$ 为切削速度,m/min。电动机的功率(kW)为

$$P = \frac{P_1}{\eta_1} = \frac{Fv}{1000 \times 60 \times \eta_1} \tag{5.22}$$

式中:$\eta_1$ 为传动机构的效率。

而后根据式(5.22)计算出的功率 $P$,在产品目录上选择一台合适的电动机,其额定功率应为 $P_N \geqslant P$。

又如拖动水泵的电动机的功率(kW)为

$$P = \frac{\rho QH}{102\eta_1\eta_2} \tag{5.23}$$

式中：$\rho$ 为液体的密度，$kg/m^3$；$Q$ 为流量，$m^3/s$；$H$ 为扬程，即液体被压送的高度，m；$\eta_1$ 为传动机构效率；$\eta_2$ 为泵的效率。

2）短时运行电动机功率的选择

闸门电动机、机床中的夹紧电动机、尾座和横梁移动电动机以及刀架快速移动电动机等都是短时运行电动机的例子。如果没有合适的专为短时运行设计的电动机，可选用连续运行的电动机，由于发热惯性，在短时运行时可以容许过载。工作时间越短，则过载可以越大。但电动机的过载是受到限制的。因此，通常是根据过载系数 $\lambda$ 来选择短时运行电动机的功率。电动机的额定功率可以是生产机械所要求的功率的 $\frac{1}{\lambda}$。

例如，刀架快速移动对电动机所要求的功率(kW)为

$$P_1 = \frac{G\mu v}{102 \times 60 \times \eta_1} \tag{5.24}$$

式中：$G$ 为被移动元件的重量，kg；$\mu$ 为摩擦系数，通常约为 $0.1\sim0.2$；$v$ 为移动速度，$m/min$；$\eta_1$ 为传动机构的效率，通常约为 $0.1\sim0.2$。

实际上所选电动机的功率(kW)可以是上述功率的 $\frac{1}{\lambda}$，即

$$P_1 = \frac{G\mu v}{102 \times 60 \times \eta_1\lambda} \tag{5.25}$$

**2. 种类和形式的选择**

1）种类的选择

选择电动机的种类是从交流或直流、机械特性、调速与起动性能、维护及价格等方面来考虑的。

因为通常生产场所用的都是三相交流电源，如果没有特殊要求，一般都应采用交流电动机。在交流电动机中，三相笼型异步电动机结构简单，坚固耐用，工作可靠，价格低廉，维护方便。其主要缺点是调速困难，功率因数较低，起动性能较差。因此，要求机械特性较硬而无特殊调速要求的一般生产机械的拖动应尽可能采用笼型电动机。在功率不大的水泵和通风机、运输机、传送带上，在机床的辅助运动机构(如刀架快速移动、横梁升降和夹紧等)上，一般采用笼型电动机。一些小型机床上也采用它作为主轴电动机。

绕线转子异步电动机的基本性能与笼型异步电动机相同。其特点是起动性能较好，并可在一定的范围内平滑调速。但是它的价格较笼型异步电动机贵，维护也不方便。因此，对某些起重机、卷扬机、锻压机及重型机床的横梁移动等不能采用笼型电动机的场合，才采用绕线转子异步电动机。

2）结构形式的选择

生产机械的种类繁多，它们的工作环境也不尽相同。如果电动机在潮湿或含有酸性气体的环境中工作，则绕组的绝缘很快受到侵蚀。如果在灰尘很多的环境中工作，则电动机很容易脏污，致使散热条件恶化。因此，有必要生产各种结构形式的电动机，以保证在不同的工作环境中能安全可靠地运行。

按照上述要求,电动机常制成下列几种结构形式。

（1）开启式

在构造上无特殊防护装置,用于干燥无灰尘、通风非常良好的场所。

（2）防护式

在机壳或端盖下面有通风罩,以防止铁屑等杂物掉入。也有将外壳做成挡板状,以防止在一定角度内有雨水溅入其中。

（3）封闭式

封闭式电动机的外壳严密封闭。电动机靠自身风扇或外部风扇冷却,并在外壳带有散热片。在灰尘多、潮湿或含有酸性气体的场所,可采用这种电动机。

（4）防爆式

整个电动机严密封闭,用于有爆炸性气体的场所,例如矿井中。

**3. 电压和转速的选择**

1）电压的选择

电动机电压等级的选择,要根据电动机类型、功率以及使用地点的电源电压来决定。Y系列笼型电动机的额定电压只有 380V 一个等级。只有大功率异步电动机才采用 3000V 和 6000V。

2）转速的选择

电动机的额定转速是根据生产机械的要求而选定的。但是,通常转速不低于 500r/min。因为当功率一定时,电动机的转速越低,则其尺寸越大,价格越贵,而且效率也越低。因此不如购买一台高速电动机,再另配减速器更合算。

异步电动机通常采用 4 极的,即同步转速 $n_0 = 1500r/min$ 的。

## 本章小结

1. 异步电动机主要由定子和转子两部分组成。按照转子的不同结构分为笼型和线绕型两种。笼型电动机结构简单,价格便宜,运行、维护方便,使用广泛。线绕型电动机转子电路可接入外加电阻,结构相对比较复杂,但可以改善起动特性和实现调速。

2. 异步电动机的定子三相对称绕组通入三相对称电流,便产生旋转磁场,其转向取决于三相绕组中电流的相序:从电流相序在前的绕组转向电流相序在后的绕组。旋转磁场的转速与电源频率 $f$ 成正比,与磁极对数 $p$ 成反比,即 $n_0 = \dfrac{60f}{p}$。

3. 异步电动机转子的旋转靠的是转子导体中的感应电流在磁场中所受的电磁力,转子的旋转方向与旋转磁场的转向相同,转子的转速 $n$ 总低于旋转磁场的转速 $n_0$;电磁转矩的大小与旋转磁场每极磁通量 $\Phi$、转子电流 $I_2$ 及转子电流同转子电动势的相位差 $\varphi_2$ 有关,即 $T = C_T \Phi I_2 \cos \varphi_2$。

与变压器的电磁关系相似,旋转磁场磁通量 $\Phi$ 取决于定子相电压 $U_1$,转子在静止时每相感应电动势 $E_{20}$ 和 $U_1$ 有固定的比值。转子在旋转时的感应电动势 $E_2$ 及其频率 $f_2$ 与转子同旋转磁场的转速差（用转差率 $s = \dfrac{n_0 - n}{n_0}$ 表示）有关,即 $E_2 = sE_{20}$,$f_2 = sf$,因此,转子

漏电抗 $x_2 = s x_{20}$（$x_{20}$ 为转子静止时漏电抗）、$I_2 = \dfrac{s E_{20}}{\sqrt{r_2^2 + (s x_{20})^2}}$ 和 $\cos\varphi_2 = \dfrac{r_2}{\sqrt{r_2^2 + (s x_{20})^2}}$ 均和 $s$ 有关，故 $T$ 也与 $s$ 有关。

4. $T$ 同 $s$ 的关系式为

$$T = C_{\mathrm{T}} \Phi E_{20} \frac{s r_2}{r_2^2 + (s x_{20})^2}$$

把此函数关系画成图像,便得异步电动机的 $T\text{-}s$ 曲线。

5. 异步电动机在额定电压下直接起动时起动电流很大,Y 系列笼型异步电动机的起动电流一般为额定电流的 5.5～7 倍。若电机容量较大或者起动次数频繁,就必须采取适当办法减小起动电流。

6. 异步电动机的铭牌和技术数据定量表明了该电动机的性能,对于正确选择和使用电动机十分重要,故对各项数据的含义做了较详细的说明。

7. 异步电动机的调速有:变极调速,属有级调速;变频调速,属无级调速;绕线型异步电动机采用变转差率调速,即在转子回路串入可变电阻。异步电动机的能耗制动是在三相绕组脱离交流电源的瞬间,把直流电接入其中两相绕组,形成恒定磁场而产生制动转矩;反接制动是改变电流相序,形成反向旋转磁场而产生制动转矩;发电反馈制动是借助外界因素,使电动机转速大于旋转磁场转速,致使由电动状态变为发电状态而产生制动转矩。

8. 本章结合异步电动机讲述了电动机容量选择的常识。

## 实验项目——三相异步电动机定子绕组首尾端的判别

**1. 实验目的**

(1) 了解用串联灯泡法判别电动机三相绕组首尾端的方法。

(2) 掌握用万用表判别电动机三相绕组首尾端的方法。

**2. 实验器材**

三相异步电动机、36V 交流电源、灯泡、电池、万用表、导线等。

**3. 实验原理**

三相异步电动机三相定子绕组首尾端和接线盒接线端子的连接方式如图 5.4 所示,当采用星形联结时,三相绕组的尾端 $U_2$、$V_2$ 和 $W_2$ 并在一起,三相电源从三相绕组的首端 $U_1$、$V_1$ 和 $W_1$ 接入;当采用△联结时,三相绕组首尾端相连,三相电源从 3 个连接点接入。在生产中如果电动机接线座损坏,或是在维修后定子绕组的 6 个端头编号丢失时,不可盲目接线,以免出现绕组首尾反接导致电动机运行不正常,甚至烧损绕组,必须分清三相绕组的首尾端才能接线。判别三相绕组首尾端的方法有两种:串联灯泡法和万用表法。

1) 串联灯泡法

串联灯泡法判别的接线方式如图 5.24 所示。

判别步骤如下。

(1) 用万用表的电子挡,分别找出每相绕组的两个线头(端子)。

（2）给三相绕组的线头做假设编号 $U_1$、$U_2$，$V_1$、$V_2$ 和 $W_1$、$W_2$，并把 $U_2$、$V_1$ 连接起来，构成两相绕组串联，如图 5.24 所示。

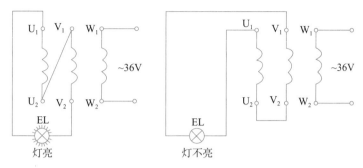

图 5.24　串联灯泡法判别三相绕组首尾端

（3）在 $U_1$、$V_2$ 线头上接一只灯泡。

（4）在 $W_1$、$W_2$ 两个线头上接通 36V 交流电源，如果灯泡发光或用万用表测量 $U_1$、$V_2$ 两个线头上有电压，说明线头 $U_1$、$U_2$ 和 $V_1$、$V_2$ 的编号是正确的；如果不发光或万用表测量不出电压，则把 $U_1$、$U_2$ 或 $V_1$、$V_2$ 任意两个线头的编号对调一下即可。

（5）同样，按上述方法对 $W_1$、$W_2$ 两个线头进行判别。

2）万用表法

（1）用万用表的电子挡，分别找出每相绕组的两个线头（端子）。

（2）给三相绕组的线头做假设编号 $U_1$、$U_2$，$V_1$、$V_2$ 和 $W_1$、$W_2$。

（3）按图 5.25 所示接线。当开关闭合时，U 相绕组中有电流流过，在 V、W 相绕组中产生感应电动势。由于 W 相构成了闭合回路，有感应电流流过。在合上开关瞬间，注意万用表（微安挡）指针的摆动方向。如果指针向正方向偏转，则接电池正极的线头与万用表负极所接的线头同为首端或末端；如果指针向负方向偏转，则电池正极所接的线头与万用表正极所接的线头同为首端或末端。

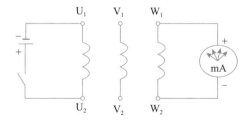

图 5.25　万用表法判别三相绕组首尾端

（4）同样，将电池和开关接另一相两个线头进行测试，就可以正确判别各相的首末端。

**4. 实验内容和步骤**

（1）用万用表电阻挡判别电动机定子每相绕组的两个线头。万用表选择电阻挡 R×10，用两表笔分别测量电动机的 6 个线头，电阻值趋近于零的两个线头为同相绕组的两个线头，用同样的方法找出其他各相绕组的两个线头。

**注意**：两手不能同时触及表笔的金属部分，以免造成误判。

（2）给三相绕组的 6 个线头做假设编号 $U_1$、$U_2$，$V_1$、$V_2$ 和 $W_1$、$W_2$，同相绕组的两个线头为一对。

（3）万用表选择 $50\mu$A 挡,按图 5.25 所示电路接线。

**注意**:挡位不能选错,否则有可能损坏万用表,有可能造成表针摆动不明显或不摆动,造成误判断或判断不出首尾端。

（4）电池电路接通瞬间,注视万用表(微安挡)指针摆动的方向。合上开关瞬间,若指针向右摆动(右摆),则接电池正极的线头与万用表负极所接的线头同为首端或尾端。如指针向左摆动(左摆),则接电池正极的线头与万用表正极所接的线头同为首端或尾端。

**注意**:要在开关闭合的瞬间观察万用表指针摆动的方向,而不是在开关断开的瞬间。

（5）万用表连接的这一相(W 相)绕组不变,电池和开关换接另一相绕组的两个线头,进行测试,就可正确判别各相的首尾端。

（6）用剩磁法验证判别结果。万用表选择 $50\mu$A 挡,将已判别出的 3 个首端和 3 个尾端分别并联在一起,再分别与万用表的两表笔相连,如图 5.26 所示。快速转动电动机转轴,如指针基本不动,则判别结果正确;如指针明显左右摆动,则判别结果错误,需重新判别。

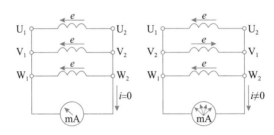

图 5.26　剩磁法验证判别结果

**5.思考题**

（1）三相异步电动机三相定子绕组首尾端接错会有什么影响?

（2）剩磁法验证三相绕组首尾端判别结果的原理是什么?

**6.完成实验报告**

略。

习　题

5-1　如何使三相异步电动机反转?

5-2　三相异步电动机在一定负载转矩下运行,如电源电压降低,电动机的电磁转矩、电流和转速有何变化?

5-3　将一台笼型异步电动机的定子绕组接三相对称电源,并用其他原动机拖动转子旋转,比较下列两种情况下转子电流的大小和电磁转矩所起的作用。

（1）转子转向与旋转磁场转向相反。

（2）转子转向与旋转磁场转向相同,且前者转速为后者转速的 1.5 倍。

5-4　某实验室有一台三相异步电动机,其铭牌数据如下:型号 Y180L-6、50Hz、15kW、380V、31.4A、970r/min,又知其满载功率因数为 0.88。该实验室的电源线电压为 380V。问:

（1）电动机的定子绕组应采取何种接法?

（2）电动机满载运行时的输入电功率、效率和转差率。

（3）电动机的额定转矩。

（4）若电源线电压为 220V，此电动机是否能满载运行？

5-5  一台 50Hz 的异步电动机运行于 60Hz 的电源上，设负载转矩不变，试分析同步转速、额定电流时的电机转速、最大转矩、产生最大转矩时的转差率、起动转矩等该如何变化？

5-6  增大异步电动机的气隙对励磁电流、最大转矩和起动转矩有何影响？

5-7  三相异步电动机在正常运行时，如转子被突然卡住而不能转动，有何危险？为什么？

5-8  三相异步电动机在电源电压一定时，若负载转矩增大，电动机的转子电流和定子电流如何变化？

5-9  异步电动机在满载和空载起动时，其起动电流和起动转矩是否一样大小？为什么？

5-10  额定电压为 380V 的异步电动机，当采用能耗制动时，若将定子绕组直接接到 380V 的直流电源上是否可以？为什么？

5-11  绕线式异步电动机在反接制动时，是否需要在定子电路中串联限流电阻？为限制反接制动时的电流，应采取什么措施？

5-12  三相异步电动机在断了一根电源线后，为何不能起动？而在运行中断了一根电源线能继续运转，为什么？

5-13  由电动机产品目录查得一台 Y160L-6 型三相异步电动机的数据如表 5.3 所示。

表 5.3  Y160L-6 型三相异步电动机的数据

| 额定功率/kW | 额定电压/V | 满载时 | | | 起动电流额定电流 | 起动转矩额定转矩 | 最大转矩额定转矩 |
|---|---|---|---|---|---|---|---|
| | | 转速/(r/min) | 效率/% | 功率因数 $\cos\varphi$ | | | |
| 11 | 380 | 970 | 87 | 0.78 | 6.5 | 2.0 | 2.0 |

求同步转速、额定转差率、额定电流、额定转矩、额定输入功率、最大转矩、起动转矩和起动电流。

5-14  接上题，试求：

（1）用Y-△换接起动时的起动电流和起动转矩。

（2）当负载转矩为额定转矩的 50% 和 70% 时，电动机能否起动？

5-15  接 5-14 题，如采用自耦补偿器起动，而使电动机起动转矩为额定转矩的 80%，试求：

（1）自耦变压器的变比 $K_a$。

（2）电动机起动电流和电源供给的起动电流。

5-16  一台△联结的三相笼型异步电动机，若在额定电压下起动，流过每相绕组的起动电流 $I_{st}=20.84A$，起动转矩 $T_{st}=26.39N \cdot m$，试求下面两种情况下的起动电流和起动转矩。

（1）Y-△换接起动。

（2）用变比 $K_a=2$ 时的自耦补偿器起动。

5-17  一台三相笼型异步电动机，$P_N=10kW$，$U_N=380V$，$n_N=1460r/min$，$\eta_N=86.8\%$，$\cos\varphi=0.88$，Y联结，$T_{st}/T_N=1.5$，$I_{st}/I_N=6.5$，试求：

（1）额定电流。

（2）电网供给的起动电流。

# 第 6 章

# 继电-接触器控制

现代生产机械的运动部件大多是由电动机来带动的。因此,在生产过程中要对电动机的起动、停车、正反转及调速等进行自动控制,并对可能出现的事故设置保护措施。实现这种控制和保护的较为简易的方法是采用由继电器、接触器、按钮等低压电器组成的继电-接触器控制系统。本章主要介绍常用低压控制电器和保护电器的结构及其作用,以及异步电动机的一些典型继电-接触器控制电路。

学习目标:掌握常用低压电器和保护电器的结构、原理及其作用;掌握三相异步电动机的点动运行控制线路、单向连续运转控制线路、多地控制线路、正反转控制线路、行程控制线路和丫-△换接起动控制线路。

学习重点:常用低压电器和保护电器的结构、原理及其作用;三相异步电动机的一些典型继电-接触器控制系统。

学习难点:三相异步电动机的一些典型继电-接触器控制系统。

## 6.1 常用低压电器

低压电器是指工作在直流 1200V、交流 1000V 以下的各种电器。常用低压控制电器按动作性质可分为手动和自动两类,如刀开关、按钮等属于手动电器,它们需要人去直接操作;而各种继电器、接触器、行程开关等属于自动电器,它们是在控制信号或物理量(电磁量、机械量等)的作用下动作的。

常用低压保护电器有熔断器、热继电器等。

### 6.1.1 刀开关

刀开关又称闸刀开关,是结构最简单的一种手动电器,它由闸刀(动触点)和刀座(静触点)组成,其外形和表示符号分别如图 6.1 所示。闸刀下面装有熔丝,起保护作用。主要用于不频繁接通和分断电路,或用来将电路与电源隔离,有时也用来控制小容量电动机不频繁的直接起动与停车。

安装刀开关时,电源线和刀座连接,位置在上,负载线与可动刀片和熔丝一侧连接,位置在下。这样安装,向下拉为断开电源,裸露在外面的刀片不带电,不会出现因刀片自身下落造成的误接通。

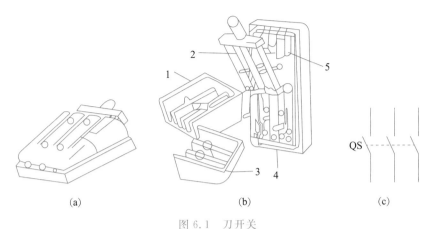

图 6.1 刀开关

1—上胶木盖;2—闸刀刀片(动触点);3—下胶木盖;4—出线座;5—刀座(静触点)

## 6.1.2 熔断器

熔断器(俗称保险丝),是电路中最常用的短路保护器。熔断器中的熔体(熔片或熔丝)用电阻率较高的易熔合金制成,如铅锡合金等;或用截面很小的良好导体如铜、银等制成。熔断器通常串接在被保护的电路中,在电流小于或等于熔体额定电流的情况下,熔体不应熔断。当电路发生短路故障时,短路电流使熔体迅速熔断,起到了保护电路及电气设备的作用。

常用的熔断器有插入式熔断器、螺旋式熔断器、管式熔断器和填料式熔断器,其结构、形式和图形符号分别如图 6.2 所示。

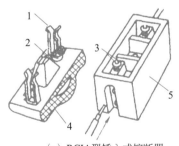

(a) RCIA型插入式熔断器

1—动触头;2—熔丝;3—静触头;
4—瓷盖;5—瓷座

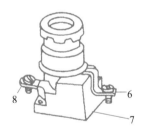

(b) RLI型螺旋式熔断器

1—瓷帽;2—金属管;3—色片;4—熔断管;
5—瓷套;6—上接线板;7—底座;8—下接线板

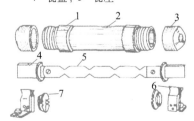

(c) RM10封闭管式熔断器

1—黄铜圈;2—纤维管;3—黄铜帽;
4—刀形接触片;5—熔片;6—刀座;7—垫圈

(d) 有填料封闭管式熔断器

(e) 熔断器符号

图 6.2 熔断器

一般来说,选择熔体时,其额定电流必须等于或稍大于电路的最大持续负载电流,这样才能对电路起短路保护作用,不会在短时过载情况下熔断。对于不同的负载选择熔体的方法如下。

(1) 电灯支线的熔体

$$熔体额定电流 \geqslant 支线上所有电灯的工作电流$$

(2) 一台电动机的熔体

为了防止电动机起动时电流较大而将熔体烧断,熔体不能按电动机的额定电流来选择,应按下式计算:

$$熔体额定电流 \geqslant \frac{电动机起动电流}{2.5}$$

如果电动机频繁起动,则为

$$熔体额定电流 \geqslant \frac{电动机起动电流}{1.6 \sim 2}$$

(3) 几台电动机合用的总熔体

$$熔体额定电流 \geqslant \frac{最大容量电动机的起动电流 + 其余电动机的额定电流之和}{2.5}$$

## 6.1.3 按钮和行程开关

### 1. 按钮

按钮通常用于接通和断开小电流的控制回路,例如接触器、继电器的吸引线圈电路。按钮根据结构不同分为常开按钮、常闭按钮和带有动断及动合触点的复合按钮。图6.3是复合按钮的结构示意图和图形符号。当用手按下按钮时,原来闭合的触点(常闭或动断触点)断开,原来断开的触点(常开或动合触点)闭合。当手松开后,由于弹簧力的作用,触点复位。

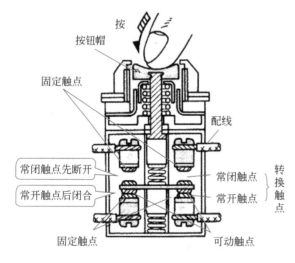

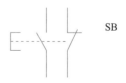

(a) 结构示意图　　　　　　　　　　　　(b) 图形符号

图 6.3　按钮

**2. 行程开关**

行程开关又叫限位开关,它是利用机械部件的位移来切换电路的自动电器。其结构和图形符号如图 6.4 所示。

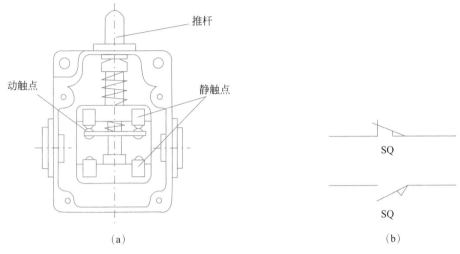

图 6.4  行程开关

行程开关有一对动断触点和一对动合触点,这些触点按需接在相关控制电路中并固定在预定的位置。当生产机械运动部件的撞块移动到预定位置,触动到行程开关的推杆,动断触点断开,动合触点闭合,从而断开和接通有关控制电路,达到控制生产机械的目的。当生产机械离开预定位置时,行程开关在复位弹簧的作用下恢复原状。

## 6.1.4  交流接触器

交流接触器是用电磁铁来操作的自动电器,应用比较广泛,常用来接通或断开电动机或其他电气设备的主电路。交流接触器的结构示意图和图形符号如图 6.5 所示。

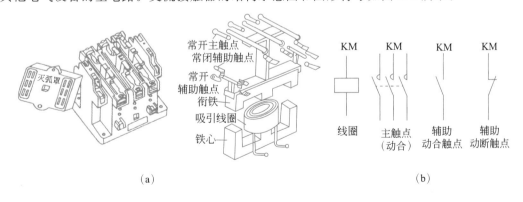

图 6.5  交流接触器

交流接触器主要由电磁铁和触点两部分组成,电磁铁的铁心由硅钢片叠成,分为固定的静铁心和可动的动铁心(衔铁)两部分。吸引线圈套装在静铁心上,可动触点用绝缘体固定在动铁心上。

当吸引线圈加额定电压通电时,铁心磁化,所产生的电磁力将动铁心吸合,使动触点与静触点闭合,将电路接通。当吸引线圈断电时,电磁力消失,动铁心在弹簧的作用下返回原位,使动触点与静触点分开,将电路断开。总之,接触器触点的闭合或断开受控于吸引线圈的通电或断电。交流接触器铁心中的磁通是交变的,为了消除工作时所产生的震动和噪声,在铁心的部分端面上套有短路环。

接触器的主触点通常有三对,它的接触面积大,并装有灭弧装置和相间绝缘隔板,以免短路,可接在控制系统的主回路中。辅助触点通过电流较小,常接在控制回路中。辅助触点在吸引线圈未通电时是断开的,称为动合(常开)触点;如果在线圈未通电时是闭合的,称为动断(常闭)触点。

### 6.1.5 继电器

继电器是根据一定的信号使其触头闭合或断开,从而实现对电气线路的控制或保护作用的一种自动电器。它的触点电流容量小,主要用来传递信号,不能接在主电路中,这是它和接触器的主要区别。

继电器在自动化控制系统中应用广泛,其种类繁多,这里仅介绍几种简单且常用的继电器。

#### 1. 热继电器

热继电器是利用电流热效应使触点动作的保护电器,主要用于电动机的断相、欠电压和过载保护。热继电器的结构、工作原理和电路符号如图 6.6 所示。

热继电器的加热元件(电阻丝)绕在具有不同热膨胀系数的双金属片上,串接于电动机的主电路中,而动断触点则串联于电动机的控制电路中。电动机正常工作时动断触点保持闭合,而当出现过载时,电流超过额定电流,经过一定时间后,加热元件的发热量增大,足以使双金属片发生较大的弯曲变形,推动导板,通过动作机构使动断触点断开,控制电路断开,接触器线圈断电,其主触点断开主电路,电动机停转,从而达到过载保护的目的。

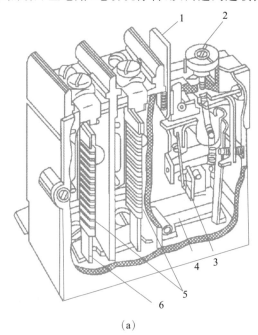

(a)

1—复位按钮;2—调整电流装置;3—动断触点;4—动作机构;5—加热元件;6—主双金属片

图 6.6 热继电器

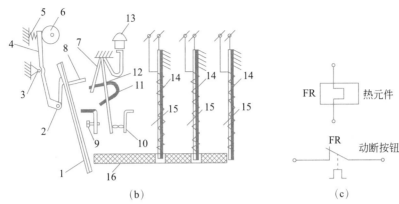

1—补偿双金属片；2—铰链；3—支座；4—连杆；5—弹簧；
6—电流调节凸轮；7—簧片；8—推杆；9—复位调节螺钉；
10—静触点；11—弓簧；12—动触点；13—手动复位按钮；
14—加热元件；15—主双金属片；16—导板

图 6.6(续)

热继电器的主要技术数据是整定电流。所谓整定电流,是指长期通过发热元件而不动作的最大电流。电流超过整定电流 20% 时,热继电器应当在 20min 内动作;当过载电流超过整定电流 50% 时,应当在 2min 内动作。超过的电流数值越大,发生动作的时间越短。由于热惯性,热继电器不能作为短路保护,而且电动机起动或短时过载时,热继电器不会动作,从而保证电动机的正常运行。

**2. 时间继电器**

时间继电器是按照所整定的时间间隔的长短来切换电路的自动电器。按工作原理分类有电磁式、电动式、电子式和空气阻尼式等。下面介绍通电延时型空气阻尼式时间继电器。

空气阻尼式(又称气囊式)时间继电器是利用空气阻尼的原理工作的。它主要由电磁系统、工作触点、气室和传动机构 4 部分构成,结构如图 6.7 所示。

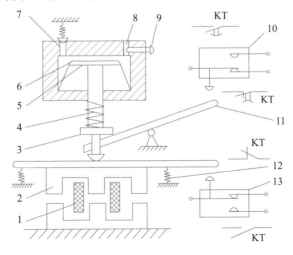

图 6.7 通电延时型空气阻尼式时间继电器

1—线圈;2—衔铁;3—活塞杆;4—释放弹簧;5—伞形活塞;6—橡皮膜;7—排气孔;
8—进气孔;9—调节螺钉;10、13—微动开关;11—杠杆;12—复位弹簧

当吸引线圈 1 通电时,将衔铁 2 吸下,使铁心与活塞杆之间有一段距离,活塞杆在释放弹簧 4 的作用下向下移动。因伞形活塞 5 的表面固定有一层橡皮膜 6,活塞下移时,在膜的上面造成空气稀薄的空间,而下方的压力加大,限制了活塞杆下移的速度,只能慢慢下移,当移动到一定位置时,杠杆 11 使微动开关 10 动作。可见,延时时间为从线圈通电开始到使微动开关 10 动作的一段时间。通过调节螺钉 9 改变进气孔 8 的大小,就可以改变延时时间的长短。

线圈断电后,在复位弹簧 12 的作用下使橡皮膜 6 上升,空气经排气孔 7 被迅速排出,不产生延时作用,使触点瞬时复位。

这类延时继电器称为通电延时型,它有两个延时触点:一个是延时断开的动断(常闭)触点;另一个是延时闭合的动合(常开)触点。还有两个瞬时动作触点:通电时微动开关 13 的动断触点瞬时断开,动合触点立即闭合。

由于空气阻尼式时间继电器延时范围较大(有 0.4～60s 和 0.4～180s 两种),所以在机床电气控制线路中得到了广泛的应用。

只要将空气阻尼式通电延时继电器的铁心倒装,即将动铁心置于静铁心下面,便可得到断电延时的时间继电器。时间继电器在电气控制线路中的符号如图 6.8 所示。

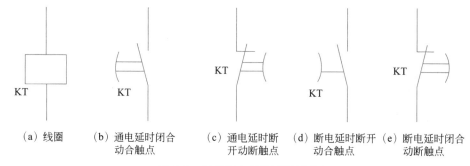

(a) 线圈　　(b) 通电延时闭合　(c) 通电延时断　(d) 断电延时断开　(e) 断电延时闭合
　　　　　　　 动合触点　　　 开动断触点　　 动合触点　　　 动断触点

图 6.8　时间继电器的图形符号

## 6.1.6　自动空气开关

自动空气开关也叫自动空气断路器,是常用的一种低压保护电器,可以实现短路、过载和失压保护。它的结构形式很多,图 6.9 所示的是一般原理图。主触点 1 通常是由手动的操作机构来闭合的。开关的脱扣机构是一套搭钩连杆装置 2。当主触点闭合后就被搭钩 2 锁住。如果电路中发生故障,脱扣机构就在有关脱扣器的作用下将搭钩脱开,于是主触点在释放弹簧的作用下迅速分断。脱扣器有过电流脱扣器 3、分励脱扣器 4、热脱扣器 5 和欠电压脱扣器 6 等,它们都是电磁铁。在正常情况下,过电流脱扣器和分励脱扣器的衔铁是释放着的;一旦发生严重过载或短路故障时,与主电路串联的线圈(图中只画出一相)就将产生较强的电磁吸力把衔铁往下吸而顶开搭钩,使主触点断开。欠压脱扣器的工作恰恰相反,在电压正常时,吸住衔铁,主触点才得以闭合;一旦电压严重下降或断电时,衔铁就被释放而使主触点断开。当电源电压恢复正常时,必须重新合闸后才能工作,实现了失压保护。热脱扣器的工作原理与热继电器相同,对电路起过载保护作用。

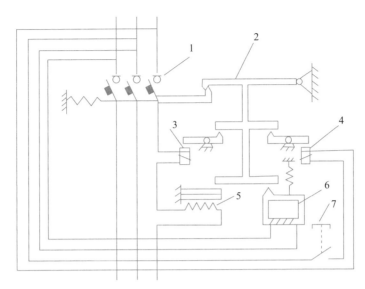

图 6.9　自动空气开关的原理图

1—主触点；2—搭钩(连杆)；3—过电流脱扣器；4—分励脱扣器；5—热脱扣器；6—欠电压脱扣器；7—按钮

## 6.2　三相异步电动机的基本控制电路

三相异步电动机的控制电路分为主电路和控制回路两部分，主电路是由三相电源、刀开关、熔断器、接触器主触点和电动机等被控设备组成，电流数值较大的电路；而由按钮、接触器线圈和辅助触点等组成，电流数值较小的电路则叫作控制回路。主电路和控制回路可以采用同一电源。有些场合为了提高控制回路的工作可靠性和安全性，控制回路也可以单独采用电压较低的(22V 或 127V)电源。

三相异步电动机点动
与单向运行控制电路

各种生产机械的生产过程是不同的，其继电-接触器控制线路也各不相同，但各种线路都是由较简单的基本环节构成，即由主电路和控制电路组成。本节将介绍几个基本控制线路的组成和工作原理。

### 6.2.1　点动控制线路

点动控制就是按下按钮时电动机就转动，松开按钮电动机就停转，生产机械在进行试车和调整时常要求点动控制，如摇臂钻床立柱的夹紧与放松、龙门刨床横梁的上下移动等。

点动控制线路如图 6.10 所示，电路由电源开关 Q、熔断器 FU、交流接触器 KM、按钮 SB 和电动机 M 组成。当合上 Q 后，按下 SB，交流接触器 KM 线圈得电，KM 主触点闭合，电动机 M 通电运行。当松开 SB，KM 线圈失电，KM 主触点断开，电动机 M 断电停车。

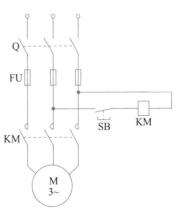

图 6.10　点动控制线路

### 6.2.2 连续运转控制线路

**1. 单向连续运转控制线路(起停控制线路)**

在实际生产中,大多数生产机械需要连续运转,如水泵、机床等。只要在上述点动控制线路中的按钮 SB 两端并联交流接触器 KM 的一对动合辅助触点便可实现电动机的连续运转,如图 6.11 所示。

当合上开关 Q 后,按下起动按钮 $SB_{st}$,使接触器线圈 KM 得电,KM 主触点闭合,同时 KM 动合辅助触点也闭合,因为它和起动按钮 $SB_{st}$ 并联,因此当松开 $SB_{st}$ 后,线圈仍能保持通电,于是电动机便实现连续运行。KM 动合辅助触点的这种作用叫作"自锁"。当按下 $SB_{stp}$ 后,KM 线圈失电,KM 主触点和辅助触点同时断开,电动机便停止运转。

该电路中熔断器 FU 起短路保护作用,热继电器 FR 起过载保护作用,交流接触器 KM 还兼有失电压、欠电压保护作用,去掉自锁触点,可实现点动。

**2. 多地控制线路**

有的生产机械可能有几个操作台,各台都能独立操作生产机构,故称为多地控制。这时只要把各个起动按钮的动合触点并联,各个停止按钮的动断触点串联,便可实现多地控制,如图 6.12 所示。

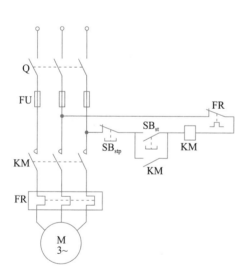

图 6.11 单向连续运转控制线路

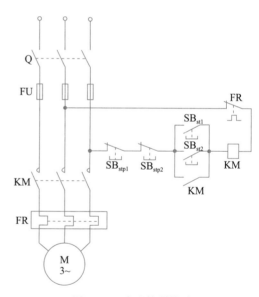

图 6.12 多地控制线路

### 6.2.3 电动机的正、反转控制线路

有些生产机械往往要求运动部件向正、反两个方向运动,如起重机的升降、机床工作台的进退、加热炉门的启闭等。这就要求控制电路的两根电源线能对调,以实现电动机的正、反转。我们可利用两个接触器和三个按钮组成的控制线路来实现这一控制要求,如图 6.13 所示。主电路中 $KM_F$ 是正转交流接触器的主触点,$KM_R$ 是反转交流接触器的主触点。

正反转控制电路

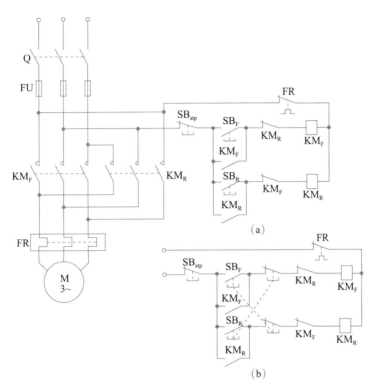

图 6.13　电动机正、反转控制线路

**1. 接触器互锁的正、反转控制线路**

从主电路中可以看出，$KM_F$ 和 $KM_R$ 的主触点是不允许同时闭合的，否则将发生 $L_1$ 和 $L_3$ 相短路。因此要求在 $KM_F$ 和 $KM_R$ 各自的控制回路中分别串接入对方的辅助动断触点，以达到两个接触器不会同时动作的控制要求，这种保护称为互锁或联锁，这两个动断触点就称为互锁触点，这种控制线路称为接触器互锁的正、反转控制线路，如图 6.13(a)所示。

按下正转起动按钮 $SB_F$ 时，正转接触器 $KM_F$ 线圈得电并自锁，$KM_F$ 辅助动断触点断开，保证反转接触器 $KM_R$ 线圈不得电，电动机实现正转起动运行；此时按下反转起动按钮 $SB_R$，反转接触器 $KM_R$ 不能动作。如果要改变电动机的转向，必须先按下停止按钮 $SB_{stp}$，使正转控制回路断开，$KM_F$ 线圈失电，辅助动合触点（自锁触点）和辅助动断触点（互锁触点）复位。然后按下 $SB_R$，$KM_R$ 线圈得电并自锁，$KM_R$ 辅助动断触点断开，保证 $KM_F$ 线圈不得电，电动机才反转起动运行。

**2. 复合按钮和接触器复合联锁的正、反转控制线路**

接触器互锁的正、反转控制线路在电动机正转时如果要求反转，必须先按停止按钮停车后再按反转起动按钮，电动机才能实现反转，操作不太方便。采用图 6.13(b)所示的复合按钮和接触器复合联锁的正、反转控制线路，可以不经过停车，直接从正转切换成反转，操作更为方便。

这种复合联锁的正、反转控制线路分别在正、反转接触器的控制回路中串接了对方起动按钮的一对动断触点，和接触器辅助动断触点一起构成了复合联锁的控制线路。图中连接按钮的虚线表示同一按钮互相联动的触点。当电动机正转运行时，按下反转起动按钮 $SB_R$，此时串接在正转接触器控制回路中的 $SB_R$ 的动断触点断开,使 $KM_F$ 线圈失电,$KM_F$ 主触点和辅助触点复位;与此同时,$SB_R$ 的动合触点闭合,反转接触器 $KM_R$ 线圈得电并自锁,$KM_R$ 辅助动断触点断开实现互锁,电动机反转运行。同理,按下正转起动按钮 $SB_F$ 可实现电动机的直接正转。

### 6.2.4 电动机的开关自动控制线路

在现代工农业生产和生活中,通过把各种不同的物理量转换为开关命令,实现行程控制、时限控制、顺序控制和速度控制等自动控制。

**1. 行程控制**

生产中,为了工艺和安全的需要,常常要控制某些机械的行程和限位。例如,龙门刨床的工作台要求在一定范围内自动往返;提升机及吊车运行到终点时,要求能自动地停下来,以免过卷事故发生。因此就需要采用行程开关,实现行程控制。

1) 限位控制

限位控制线路如图 6.14 所示。

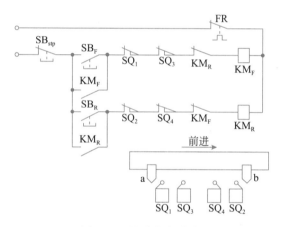

行程转控制电路

图 6.14　限位控制线路

图中工作台由电动机带动,电动机的正、反转分别控制工作台的前进和后退。电路中设置了 4 个行程开关 $SQ_1$、$SQ_2$、$SQ_3$ 和 $SQ_4$,分别安装在工作台需要限位的地方。行程开关 $SQ_1$ 和 $SQ_2$ 分别装在工作台的预定位置(原端和终端),用来自动换接电动机的正、反转,以实现工作台的自动往复行程。$SQ_3$ 和 $SQ_4$ 分别装在它们的极限位置,用作终端保护,以防止 $SQ_1$、$SQ_2$ 失灵,工作台越过限定位置而造成事故。主电路与电动机的正、反转控制相同,控制回路与正、反转控制线路相比多了行程开关的 4 个触点:在正转(前进)接触器 $KM_F$ 线圈回路中串接了 $SQ_1$、$SQ_3$ 两个动断触点,在反转(后退)接触器 $KM_R$ 线圈回路中串接了 $SQ_2$、$SQ_4$ 两个动断触点。运行时由装在工作台上的撞块压下行程开关的推杆,起到限位作用。其动作过程如下。

按下正转起动按钮 $SB_F$,正转接触器 $KM_F$ 线圈得电,$KM_F$ 辅助动合触点闭合实现自锁,$KM_F$ 辅助动断触点断开实现互锁,$KM_F$ 主触点闭合电动机正转,工作台前进。当工作台前进到预定位置(原端),a 撞块压下行程开关 $SQ_1$ 推杆,将串接在正转控制回路中的 $SQ_1$ 动断触点断开,$KM_F$ 线圈失电,$KM_F$ 主触点和辅助触点复位,电动机停车(工作台停止前进)。

如果要使工作台后退,可按下反转(后退)起动按钮 $SB_R$,反转接触器 $KM_R$ 线圈得电,$KM_R$ 辅助动合触点闭合实现自锁,$KM_R$ 辅助动断触点断开实现互锁,$KM_R$ 主触点闭合电动机反转,工作台后退。当工作台后退到预定位置(终端),b 撞块压下行程开关 $SQ_2$ 推杆,将串接在正转控制回路中的 $SQ_2$ 动断触点断开,$KM_R$ 线圈失电,$KM_R$ 主触点和辅助触点复位,电动机停车(工作台停止后退)。

行程开关 $SQ_3$ 和 $SQ_4$ 起极限保护作用。如果工作台上的 a 撞块压下 $SQ_1$ 推杆后,由于某种原因,$KM_F$ 线圈没有失电,电动机继续正转,工作台继续前进,到达极限位置时 a 撞块压下 $SQ_3$,将串接在正转控制回路中的 $SQ_3$ 动断触点断开,使 $KM_F$ 线圈失电,迫使电动机停转,以免发生超程故障。

2) 自动往复行程控制

自动往复行程控制是在图 6.14 限位控制线路的基础上,将行程开关 $SQ_1$ 的动合触点并接在反转起动按钮 $SB_R$ 的两端,将行程开关 $SQ_2$ 的动合触点并接在正转起动按钮 $SB_F$ 的两端,如图 6.15 所示。

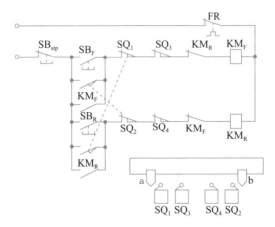

图 6.15　自动往复行程控制线路

当电动机正转,工作台前进到预定位置,a 撞块压下行程开关 $SQ_1$ 推杆,使 $SQ_1$ 动断触点断开,正转接触器 $KM_F$ 线圈失电,电动机停车。与此同时,并联在反转起动按钮 $SB_R$ 两端的 $SQ_1$ 动合触点闭合,反转接触器 $KM_R$ 线圈得电(注意,此时串接在反转控制回路的 $KM_F$ 互锁触点已复位),电动机反转,工作台自动后退。当撞块离开行程开关预定位置时,其触点复位,准备下次动作。工作台后退到 b 撞块压下行程开关 $SQ_2$ 推杆时,电动机停车后又正转,工作台自动前进。

如果要工作台停止运行,按下停止按钮 $SB_{stp}$ 即可。

行程开关 $SQ_3$ 和 $SQ_4$ 仍然起极限保护作用。

2. 时限控制

某些生产机械的控制电路需要按一定的时间间隔来接通或断开某些控制电路,如三相异步电动机的Y-△换接起动。这就需要采用时间继电器来实现延时控制。三相异步电动机Y-△换接起动控制线电路如图 6.16 所示。

合上电源开关 Q,引入三相电流,按下起动按钮 $SB_{st}$,使 $KM_1$、$KM_2$、KT 线圈通电,同时 $SB_{st}$ 的动断触点断开,保证 $KM_3$ 线圈失电。$KM_1$、$KM_2$ 主触点闭合,电动机便在Y联结

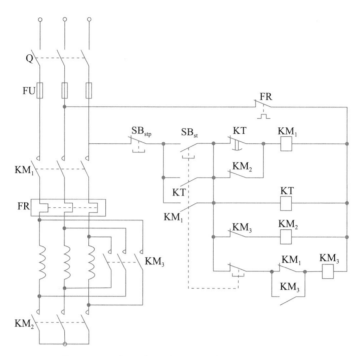

丫降压起动
控制电路

图 6.16  三相异步电动机丫-△换接起动控制线路

情况下起动。经过一定的延时间隔,KT 时间继电器延时断开的动断触点断开,$KM_1$ 线圈失电;$KM_1$ 主触点断开,电动机脱离电源;$KM_1$ 动断辅助触点复位(重新闭合),$KM_3$ 线圈通电。其结果:$KM_3$ 动断辅助触点断开,$KM_2$ 线圈失电,$KM_2$ 主触点断开,解除电动机丫联结;$KM_3$ 主触点闭合,电动机变成△联结(实现了丫-△变换);$KM_2$ 动断辅助触点复位(重新闭合),$KM_1$ 线圈又得电,其主触点重新闭合,电动机便在△联结的情况下运行。

此控制线路是在接触器 $KM_1$ 断电的情况下进行丫-△变换的,以避免 $KM_3$ 已闭合时 $KM_2$ 尚未断开而造成电源短路,同时让 $KM_2$ 在电动机脱离电源时断开,不产生电弧,从而延长触点的使用寿命。

## 本章小结

1. 继电-接触器控制电路是最基本的自动控制电路,能实现远距离操作、自锁、互锁、联锁及行程、时限等自动控制,还具有过载、短路、失压和限位等多种保护。

2. 常用的低压控制和保护电器有:闸刀开关、熔断器、按钮、接触器、中间继电器、热继电器、行程开关、时间继电器等。本章分别讲述了它们的结构、动作原理、性能、用途和使用注意事项。

3. 本章讲述了异步电动机的一些典型继电-接触器控制电路,主要有直接起动控制线路、正/反转控制线路、行程控制线路、时限控制线路、多地控制线路等。

(1) 继电-接触器控制电路通常用国家标准规定的文字和图形符号画出它的原理图,分成主回路和控制回路两部分。属于同一电器但分散在不同回路中的线圈、触头等部件要标注同一文字符号,以表明其关系。

（2）分析控制电路时,要了解生产机械对电路的要求。分析主回路和控制回路宜分别从接触器的主触点和线圈出发,找出各回路所包含的电器部件和它们相互之间的联系,从而掌握它们的动作顺序和电路所实现的控制作用。

（3）选择接触器、继电器等控制电器时要注意：它们的额定电压和电流是指触点而言,应满足主回路或所通断回路的电压和电流条件,它们的吸引线圈的额定电压和电流种类则要满足控制回路电源的条件。

4. 在学习上述内容时,要注意培养读图能力和接线能力。

## 实验项目——三相异步电动机连续运行与点动控制线路

**1. 实验目的**

（1）掌握连续运行与点动控制线路的工作原理和接线方法。

（2）能够用分阶电阻测试法检查、分析、排除简单的电路故障。

**2. 实验器材**

电工实训操作柜、三相异步电动机、漏电保护器、熔断器、交流接触器、热继电器、中间继电器、按钮、导线等。

**3. 实验原理**

1）三相异步电动机连续与点动运行控制线路控制原理

实验电路原理图如图 6.17 所示。

原理分析：三相异步电动机连续运行与点动控制线路由一个交流接触器、一个中间继电器和三个按钮组成。

三相异步电动机
电压型漏电保护
控制装置

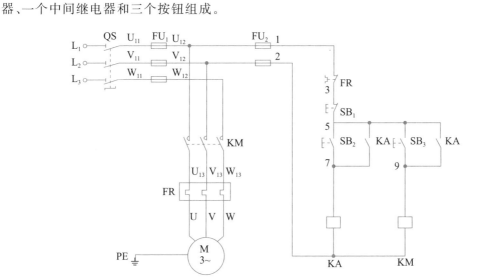

图 6.17　连续运行与点动控制原理图

连续运行控制过程如下。

按下按钮 SB₂→KA 线圈得电→KA 常开触点均闭合,对 KA 自锁→KM 线圈得电→电动机 M 转动。

按下按钮 SB$_1$→KA 线圈失电→KA 常开触点打开→KM 线圈失电→电动机 M 停止转动。

点动控制过程如下。

按下按钮 SB$_3$→KM 线圈得电→KM 主触头闭合→电动机 M 转动。

松开按钮 SB$_3$→KM 线圈失电→KM 主触头断开→电动机 M 停止转动。

2)电阻分阶测量法检查、分析和排除电路故障

(1)检查线路时,先断开电源,或拆下熔断器。

(2)万用表选择电阻挡(R×100),按下 SB$_2$ 按钮不松开,检查连续运行控制回路。按下 SB$_3$,检查点动控制回路。

(3)然后根据图 6.17 中控制回路上标好的各点编号,逐段分阶测量 1-3、1-5、1-7、1-9、1-2 各点之间的电阻值,并填入表 6.1 中。

表 6.1　控制回路中各点之间电阻的理论值

| 测量点 | 1-3 | 1-5 | 1-7 | 1-2 |
| --- | --- | --- | --- | --- |
| 理论值 | 0 | 0 | 0 | 500Ω |
| 测量值 | | | | |

(4)当测量到某标号时,若电阻值与理论值不同,说明表笔刚跨过的触头或连接线处有问题。例如,测得 1-5 之间电阻值为∞,说明 3 和 5 之间可能开路。

4. 实验内容和步骤

(1)认真识读图 6.17 所示电动机连续运行与点动控制线路,明确线路构成和工作原理后,选配工具和所需低压电器,并用万用表检查低压电器是否完好。

(2)按图布线,以接触器为中心,由里向外,由低至高,先控制电路,后主电路的顺序进行。

(3)布线过程应满足以下工艺要求。

① 布线应横平竖直,分布均匀,变换走向时应垂直转向。

② 布线时严禁损伤线芯和导线绝缘。

③ 导线与接线端子或接线桩连接时,不得压绝缘层、不反圈及不露铜过长。

④ 一个电器元件接线端子上的连接导线不得多于两根,每节接线端子板上的连接导线一般只允许连接一根。

(4)按图检查布线,用电阻分阶测量法检查线路的通断情况。

(5)安装电动机。

(6)用兆欧表检查线路的绝缘电阻阻值,不应小于 1MΩ。

(7)经指导老师检查无误后方可在老师监护下通电试车。

5. 思考题

(1)熔断器和热继电器在控制电路中分别起什么保护作用?

(2)有没有其他控制线路也可以同时实现连续运行和点动的控制要求?

6. 完成实验报告

略。

## 习　题

6-1　按钮与开关的作用有何差别？

6-2　熔断器有何用途？如何选择？

6-3　交流接触器有何用途？主要有哪几部分组成？各起什么作用？

6-4　简述热继电器的主要结构和动作原理。

6-5　自动空气开关有何用途？当电路出现短路或过载时，它是如何动作的？

6-6　行程开关与按钮有何相同之处与不同之处？

6-7　简述空气阻尼式时间继电器的延时动作原理。

6-8　在电动机主电路中既然装有熔断器，为什么还要装热继电器？它们各起什么作用？

6-9　图 6.18 中哪些能实现点动控制？哪些不能？为什么？

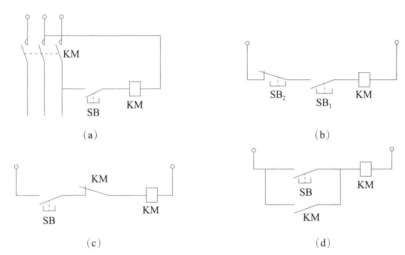

图 6.18　题 6-9 题

6-10　判断图 6.19 所示各控制电路是否正确，为什么？

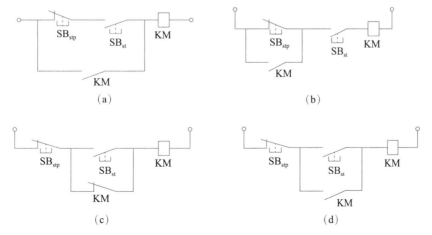

图 6.19　题 6-10 图

6-11 图 6.20 所示电路是否有自锁作用? 为什么?

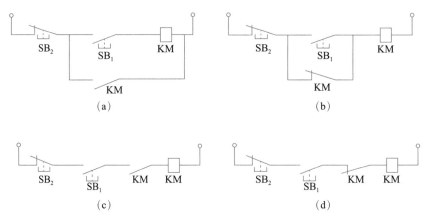

图 6.20 题 6-11 图

6-12 指出图 6.21 所示正、反转控制电路的错误之处,并予以改正。

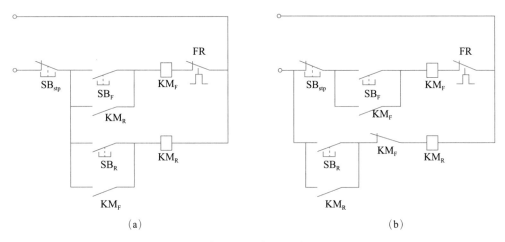

图 6.21 题 6-12 图

6-13 试画出既能连续工作,又能点动工作的三相异步电动机的控制电路。

# 第 **7** 章

# 电子电路中常用的元件

半导体器件是现代电子技术的重要组成部分,是构成各种电子电路的核心。它具有重量轻、体积小、耗电少、寿命长、工作可靠等突出优点。随着集成电路应用的飞速发展,电子产品更加微型化、集成化,半导体器件的应用领域更加广泛。

半导体二极管和晶体三极管是最常用的半导体器件。它们的基本结构、工作原理、特性和参数是学习电子技术和分析电子电路必不可少的基础,而 PN 结又是构成各种半导体器件的共同基础。因此,本章首先从讨论半导体的导电特性和 PN 结的基本原理开始,然后介绍二极管和晶体管,为学习后续相关知识打下基础。

学习目标:掌握半导体的导电特性、PN 结的形成和单向导电性。

掌握二极管的结构、伏安特性曲线、主要参数和应用电路的分析方法。

掌握晶体管的结构、电流放大作用、输入/输出特性曲线和主要参数。

学习重点:PN 结的形成和单向导电性;二极管的伏安特性曲线、主要参数和应用电路的分析方法;晶体管的结构、电流放大作用、输入/输出特性曲线和主要参数。

学习难点:理解 PN 结的单向导电性,根据二极管的伏安特性曲线分析二极管的特性;掌握二极管电路的分析方法;掌握晶体管的电流放大作用;熟悉晶体管的输入/输出特性曲线。

## 7.1 半导体的导电特性

所谓半导体,就是导电能力介于导体和绝缘体之间的物质,如硅、锗、硒以及大多数金属氧化物和硫化物都是半导体。很多半导体的导电性能在不同条件下有很大差别。

(1) 有些半导体对温度的反应特别灵敏,环境温度升高时,它的导电能力要增强很多。利用这种特性就做成了各种热敏元件。

(2) 有些半导体(如硫化镉)受到光照时,它的导电能力变得很强;当无光照时,又变得像绝缘体那样不导电。利用这种特性就做成了各种光电元件。

(3) 当在纯净的半导体中掺入微量的某种杂质后,半导体的导电能力大大增强。利用这种特性就做成了各种不同用途的半导体器件,如二极管、晶体管、场效应管和晶闸管等。

### 7.1.1 本征半导体

常用的半导体,例如硅、锗的单晶体,属于四价元素,即其原子的最外层轨道上有四个价电子。硅和锗的单晶体原子排列非常整齐,且每个原子的四个价电子各为相邻的四个原子所共有,如图 7.1 所示。原子间的这种结合叫作共价键结构。在环境温度较高或受光的照射时,共价键中的束缚电子,有的吸收一定能量而冲破键的束缚,成为自由电子,这个过程叫作激发。被冲破的键失去一个电子,就在键中出现一个电子的空位,通常把它叫作空穴,如图 7.2 所示。空穴既然是共价键失去电子的结果,自然呈正电性。一个共价键中出现的空穴,很容易被附近另一个共价键中的电子移过来填充,从而又在移出电子的键中出现空穴,如此连续进行,表现为空穴的移动,即相当于正电荷的移动。如有外电场作用,由激发产生的自由电子将逆着电场方向运动,而空穴则顺着电场方向连续移动,前者形成电子电流,后者形成空穴电流,二者方向相反,所带电荷符号也相反,但电流效应相同。可见,半导体中的电流是电子流和空穴流的总和。电子和空穴统称为半导体中的载流子。

图 7.1  硅原子间的共价键结构

图 7.2  由激发产生的自由电子和空穴

在半导体中,自由电子如果同空穴相遇,可能放出吸收的能量而填充到空穴中,这个过程叫作复合。

在结构完整和高度纯净的半导体中,电子和空穴总是成对出现,这样的半导体叫作本征半导体。在室温条件下,本征半导体的载流子数量很少,其导电性能远比导体差。

### 7.1.2  杂质半导体

为了提高半导体的导电能力,在本征半导体中掺入微量的杂质(某种元素),形成杂质半导体,这将使半导体(杂质半导体)的导电能力大大增强。

如果在纯净的硅中掺入微量三价元素硼(或铝、铟等),在原子(B)同周围四个硅原子(Si)组成的共价键结构中,因硼原子只有三个价电子而出现空穴(图 7.3),从而使空穴的数目相应增加,自由电子的数目仍然极少。这种半导体主要靠空穴导电,叫作空穴型半导体,又称 P 型半导体,换句话说,P 型半导体中的多数载流子为空穴,少数载流子为电子。应当指出,因掺入三价元素而引起空穴数目的增加并不使半导体带电,即半导体对外仍呈电中性。

如果在硅的单晶体中掺入微量的五价元素磷(或锑),则在磷原子(P)同周围四个硅原子组成的共价键结构中,因磷原子有五个价电子而多出一个电子(图 7.4),从而使自由电子的数目相应增加,空穴仍然极少。这种半导体主要靠电子导电,或者说,它的多数载流子为电子,少数载流子为空穴,故叫作电子型半导体,又叫作 N 型半导体。同样,自由电子数目的增加并不改变半导体的电中性。

上述两种掺杂半导体的多数载流子浓度,基本上取决于掺杂浓度,而少数载流子浓度则随着温度的升高而增大。

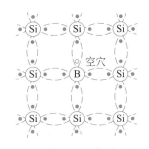
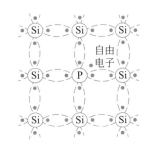

图 7.3　掺入硼元素形成空穴　　　　图 7.4　掺入磷元素提供自由电子

# 7.2　PN 结及其单向导电性

P 型或 N 型半导体的导电能力虽然大大增强,但并不能直接用来制造半导体器件。通常是在一块晶片上,采取一定的掺杂工艺措施,在两边分别形成 P 型半导体和 N 型半导体,它们的交界面就形成 PN 结。这 PN 结是构成各种半导体器件的基础。下面介绍一下 PN 结的形成和特性。

PN 结的形成
与单向导电性

## 7.2.1　PN 结的形成

图 7.5(a)所示的是一块晶片,两边分别形成 P 型和 N 型半导体。图中⊖代表得到一个电子的三价介质(例如硼)离子,带负电;⊕代表失去一个电子的五价介质(例如磷)离子,带正电。由于 P 区有大量空穴(浓度大),而 N 区的空穴极少(浓度小),因此空穴要从浓度大的 P 区向浓度小的 N 区扩散。首先是交界面附近的空穴扩散到 N 区,在交界面附近的 P 区留下一些带负电的三价杂质离子,形成负空间电荷区。同样,N 区的自由电子要向 P 区扩散,在交界面附近的 N 区留下带正电的五价杂质离子,形成正空间电荷区。这样,在 P 型半导体和 N 型半导体交界面的两侧就形成了一个空间电荷区,这个空间电荷区就是 PN 结。

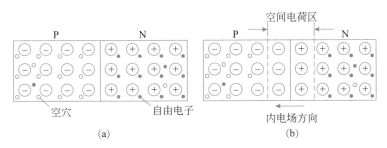

图 7.5　PN 结的形成

形成空间电荷区的正、负离子虽然带电,但是它们不能移动,不参与导电,而在这区域内,载流子极少,所以空间电荷区的电阻率很高。此外,这个区域内多数载流子已扩散到对方并复合掉了,或者说消耗尽了,所以空间电荷区有时称为耗尽层。正、负空间电荷在交界面两侧形成一个电场,称为内电场,其方向从带正电的 N 区指向带负电的 P 区,如图 7.5(b)

所示。由 P 区向 N 区扩散的空穴在空间电荷区将受到内电场的阻力,而由 N 区向 P 区扩散的自由电子也将受到内电场的阻力,即内电场对多数载流子(P 区的空穴和 N 区的自由电子)的扩散运动起阻挡作用,所以空间电荷区又称为阻挡层。

空间电荷区的内电场对多数载流子的扩散运动起阻挡作用,这是一个方面。但另一方面,内电场可推动少数载流子(P 区的自由电子和 N 区的空穴)越过空间电荷区,进入对方。少数载流子在内电场作用下有规则地运动称为漂移运动。扩散和漂移是互相联系,又互相矛盾的。在开始形成空间电荷区时,多数载流子的扩散运动占优势。但在扩散运动进行过程中,空间电荷区逐渐加宽,内电场逐步加强。于是在一定条件下(例如温度一定),多数载流子的扩散运动逐渐减弱,而少数载流子的漂移运动则逐渐增强。最后,扩散运动和漂移运动达到动态平衡。如图 7.6 所示,P 区的空穴(多数载流子)向右扩散的数量与 N 区的空穴(少数载流子)向左漂移的数量相等;对自由电子来讲也是这样。达到平衡后,空间电荷区的宽度基本上稳定下来,PN 结就处于相对稳定的状态。

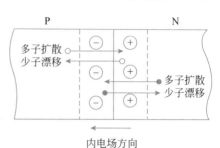

图 7.6　扩散运动与漂移运动达到动态平衡

## 7.2.2　PN 结的单向导电性

上面讨论的是 PN 结在没有外加电压时的情况,这时半导体中的扩散和漂移处于动态平衡。下面讨论在 PN 结上加外部电压的情况。

如果在 PN 结上加正向电压,即外电源的正极端接 P 区,负极端接 N 区,如图 7.7 所示。由图可见,外电场与内电场的方向相反,因此扩散与漂移运动的平衡被破坏。外电场驱使 P 区的空穴进入空间电荷区抵消一部分负空间电荷,同时 N 区的自由电子进入空间电荷区抵消一部分正空间电荷。于是,整个空间电荷区变窄,内电场被削弱,多数载流子的扩散运动增强,形成较大的扩散电流(正向电流)。在一定范围内,外电场越强,正向电流(由 P 区流向 N 区的电流)越大,这时 PN 结呈现的电阻很低。正向电流包括空穴电流和电子电流两部分。空穴和电子虽然带有不同极性的电荷,但由于它们的运动方向相反,所以电流方向一致。外电源不断地向半导体提供电荷,使电流得以维持。

如果给 PN 结加反向电压,即外电源的正极端接 N 区,负极端接 P 区,如图 7.8 所示,则外电场与内电场方向一致,也破坏了扩散与漂移运动的平衡。一方面,外电场驱使空间电荷区两侧的空穴和自由电子移走,使得空间电荷增加,空间电荷区变宽,内电场增强,使多数载流子的扩散运动难以进行。另一方面,内电场的增强也加强了少数载流子的漂移运动,在外电场的作用下,N 区中的空穴越过 PN 结进入 P 区,P 区中的自由电子越过 PN 结进入 N 区,在电路中形成了反向电流(由 N 区流向 P 区的电流)。由于少数载流子数量很少,因此反向电流不大,即 PN 结呈现的反向电阻很高。又因为少数载流子是由于价电子获得热能(热激发)挣脱共价键的束缚而产生的,环境温度越高,少数载流子的数量越多。所以,温度对反向电流的影响很大。

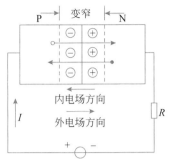

图 7.7　PN 结加正向电压

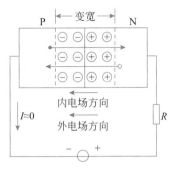

图 7.8　PN 结加反向电压

由以上分析可知,PN 结具有单向导电性,即在 PN 结上加正向电压时,PN 结电阻很低,正向电流较大(PN 结处于导通状态);加反向电压时,PN 结电阻很高,反向电流很小(PN 结处于截止状态)。

## 7.3　半导体二极管

### 7.3.1　基本结构

把 PN 结封装在管壳内,并引出两个金属电极,就构成一个半导体二极管。按结构分,二极管有点接触型、面接触型和平面型三类。点接触型二极管(一般为锗管)如图 7.9(a)所示。它的 PN 结结面积很小(结电容小),因此不能通过较大电流,但其高频性能好,所以一般适用于高频和小功率的工作,也用作数字电路中的开关元件。面接触型二极管(一般为硅管)如图 7.9(b)所示。它的 PN 结结面积大(结电容大),故可通过较大电流(可达上千安培),但其工作频率较低,一般用作整流。平面型二极管的结构如图 7.9(c)所示,它是集成电路中常见的一种形式。二极管的表示符号如图 7.10 所示。

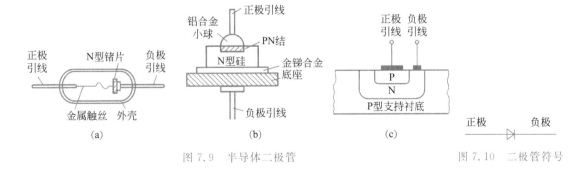

图 7.9　半导体二极管　　　　　　　　　　　　　　图 7.10　二极管符号

### 7.3.2　伏安特性

二极管既然是一个 PN 结,它当然具有单向导电性,其伏安特性曲线如图 7.11 所示。由图可见,当外加正向电压很低时,由于外电场还不能克服 PN 结内电场对多数载流子(除少量能量较大者外)扩散运动的阻力,故正向电流很小,几乎为零。当正向电压超过一定数值后,内电场被大大削弱,电流增长很快。这个一定数值的正向电压称为死区电压$U_{th}$,其大小与材料及环境温度有关。通常,硅管的死区电压约为0.5V,锗管约为0.2V。当外加正向电压大于$U_{th}$后,PN结的内电场大为削弱,二极管的电流随外加电压增加而显著增大,试验证明电流与外加电压呈指数关系。实际电路中,二极管导通时的正向压降硅管约为0.6~0.8V,锗管约为0.1~0.3V,因此工程上定义这一电压范围为导通电压,用$U_{D(ON)}$表示,认为$u_D > U_{D(ON)}$时,二极管导通,$i_D$有明显的数值,而$u_D < U_{D(ON)}$时,$i_D$很小,二极管截止,

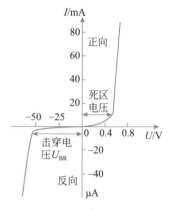

图7.11　二极管的伏安特性曲线

工程上,一般取硅管$U_{D(ON)} = 0.7V$,锗管$U_{D(ON)} = 0.2V$。

在二极管上加反向电压时,由于少数载流子的漂移运动,形成很小的反向电流。反向电流有两个特点,一是它随温度的上升增长很快;二是在反向电压不超过某一范围时,反向电流的大小基本恒定,而与反向电压的高低无关,因此通常称它为反向饱和电流。而当外加反向电压过高时,反向电流将突然增大,二极管失去单向导电性,这种现象称为击穿。二极管被击穿后,一般不能恢复原来的性能,便失效了。击穿发生在空间电荷区。发生击穿的原因,一种是处于强电场中的载流子获得足够大的能量碰撞晶格而将价电子碰撞出来,产生电子空穴对,新产生的载流子在电场作用下获得足够能量后又通过碰撞产生电子空穴对,如此形成连锁反应,反向电流越来越大,最后使得二极管反向击穿;另一种是强电场直接将共价键的价电子拉出来,产生电子空穴对,形成较大的反向电流。产生击穿时加在二极管上的反向电压称为反向击穿电压$U_{BR}$。

### 7.3.3　主要参数

二极管的特性除用伏安特性曲线表示外,还可用一些数据来说明,这些数据就是二极管的参数。二极管的主要参数有下面几个。

**1. 最大整流电流$I_{OM}$**

最大整流电流是指二极管长时间使用时,允许流过二极管的最大正向平均电流。点接触型二极管的最大整流电流在几十毫安以下。面接触型二极管的最大整流电流较大,如2CP10型硅二极管的最大整流电流为100mA。当电流超过允许值时,将由于PN结过热而使管子损坏。

**2. 反向工作峰值电压$U_{RM}$**

反向工作峰值电压是保证二极管不被击穿而给出的反向峰值电压,一般是反向击穿电压的一半或三分之二。如2CP10硅二极管的反向工作峰值电压为25V,而反向击穿电压约为50V。点接触型二极管的反向工作峰值电压一般是数十伏,面接触型二极管可达数百伏。

**3. 反向峰值电流$I_{RM}$**

反向峰值电流是指在二极管上加反向工作峰值电压时的反向电流值。反向电流越大,说明二极管的单向导电性越差。反向电流受温度的影响大。硅管的反向电流比较小,一般在几微安以下。锗管的反向电流较大,为硅管的几十到几百倍。

二极管的应用范围很广,主要是利用它的单向导电性。二极管可用于整流、检波、元件保护以及在脉冲与数字电路中作为开关元件。

**4. 最高工作频率 $f_M$**

最高工作频率是指保证二极管单向导电作用的最高工作频率。当工作频率超过 $f_M$ 时,二极管的单向导电性能就会变差,甚至失去单向导电特性。PN 结具有电容效应,其作用可用 PN 结电容来等效,它并联于二极管的两端。由于 PN 结电容很小,对低频工作影响很小,当工作频率升高时,其影响就会增大。所以 $f_M$ 主要取决于 PN 结电容的大小,其值越大,$f_M$ 就越小。点接触型锗管由于其 PN 结面积比较小,因此 PN 结电容很小,通常小于 1pF,其最高工作频率可达数百 MHz,而面接触型硅整流二极管,其最高工作频率只有 3kHz。

# 7.4 二极管电路的分析方法

## 7.4.1 理想二极管

二极管电路分析

在实际使用中,希望二极管具有正向偏置时导通,电压降为零;反向偏置时截止,电流为零;反向击穿电压为无穷大的理想特性,其伏安特性可用图 7.12(a)所示的两段直线表示。具有这样特性的二极管称为理想二极管,常用图 7.12(b)所示电路符号表示。

在分析电路时,理想二极管可用一理想开关 S 来等效,如图 7.12(c)所示。正偏时 S 闭合,反偏时 S 断开,这一特性称为理想二极管的开关特性。在实际电路中,当二极管的正向压降远小于和它串联的电压,反向电流远小于和它并联的电流时,可认为二极管是理想的。

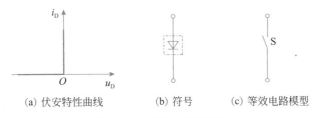

(a) 伏安特性曲线　　　(b) 符号　　　(c) 等效电路模型

图 7.12　理想二极管模型

## 7.4.2 二极管特性的折线近似

将图 7.11 所示的二极管伏安特性曲线用两段直线来逼近,称为特性曲线折线近似,如图 7.13(a)所示。两段直线在 $U_{D(ON)}$ 处转折,$U_{D(ON)}$ 为导通电压。二极管两端电压小于 $U_{D(ON)}$ 时电流为零,大于 $U_{D(ON)}$ 后,直线的斜率为 $1/r_D$,$r_D = \Delta U / \Delta I$,称为二极管的导通电阻,它表示在大信号作用下,二极管呈现的电阻。由于二极管正向特性曲线陡直,所以导通电阻很小,约为几十欧。根据图 7.13(a)可得到图 7.13(b)所示的等效电路。

由于二极管的导通电阻 $r_D$ 很小,通常可以将其略去,则二极管的特性曲线和等效电路可进一步简化为图 7.14 所示,称为二极管恒压降模型。通常,图 7.13 和图 7.14 中的导通电压 $U_{D(ON)}$ 对于硅管取 0.7V,锗管取 0.2V。

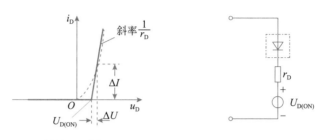

(a) 特性曲线的折线近似          (b) 等效电路模型

图 7.13    二极管特性折线近似模型

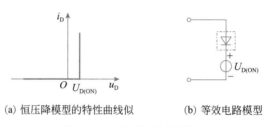

(a) 恒压降模型的特性曲线似          (b) 等效电路模型

图 7.14    二极管恒压降模型

**例 7.1**    二极管电路如图 7.15 所示,二极管为硅管,$R = 2k\Omega$,使用二极管的理想模型和恒压降模型求出 $V_{DD} = 2V$ 和 $V_{DD} = 10V$ 时回路电流 $I_O$ 和输出电压 $U_O$ 的值。

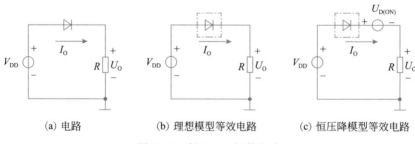

(a) 电路          (b) 理想模型等效电路          (c) 恒压降模型等效电路

图 7.15    例 7.1 二极管电路

**解**:将二极管用图 7.12 所示的理想模型和图 7.14 所示的恒压降模型代入,可分别作出图 7.15(a)所示电路的等效电路,如图 7.15(b)、(c)所示,由图可分别求出 $I_O$ 和 $U_O$。

(1) $V_{DD} = 2V$

由图 7.15(b)可得

$$U_O = V_{DD} = 2V, \quad I_O = V_{DD}/R = 2/2 = 1(mA)$$

由图 7.15(c)可得

$$U_O = V_{DD} - U_{D(ON)} = 2 - 0.7 = 1.3(V), \quad I_O = U_O/R = 1.3/2 = 0.65(mA)$$

(2) $V_{DD} = 10V$

由图 7.15(b)可得

$$U_O = V_{DD} = 10V, \quad I_O = V_{DD}/R = 10/2 = 5(mA)$$

由图 7.15(c)可得

$$U_O = V_{DD} - U_{D(ON)} = 10 - 0.7 = 9.3(V), \quad I_O = U_O/R = 9.3/2 = 4.65(mA)$$

上例说明,$V_{DD}$ 越大,$U_{D(ON)}$ 的影响就越小。如果电源电压远大于二极管的管压降,可采用理想二极管模型,将 $U_{D(ON)}$ 略去进行直流电路的计算,所得的结果与实际值偏差不大,如果电源电压较低时,采用恒压降模型较为合理。

例 7.2　较复杂的硅二极管电路如图 7.16(a)所示,试求电路中电流 $I_1$、$I_2$ 和 $I_O$,以及输出电压 $U_O$ 的值。

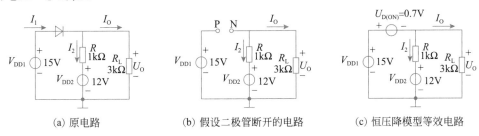

(a) 原电路　　　　　　(b) 假设二极管断开的电路　　　　　(c) 恒压降模型等效电路

图 7.16　例 7.2 硅二极管电路

解：假设二极管断开,接二极管正极的一端标 P,接二极管负极的一端标 N,如图 7.16(b)所示。分析可知 P、N 两点的电位分别为

$$V_P = V_{DD1} = 15V$$

$$V_N = \frac{V_{DD2} \times R_L}{R + R_L} = \frac{12 \times 3}{1 + 3} = 9(V)$$

因为 $V_P > V_N$,所以接上二极管后,二极管承受正向偏置电压而导通,把二极管看成恒压降模型,硅管的导通电压 $U_{D(ON)} = 0.7V$,二极管等效电路如图 7.16(c)所示。可以求得

$$U_O = V_{DD1} - U_{D(ON)} = 15 - 0.7 = 14.3(V)$$

由此不难求得

$$I_O = \frac{U_O}{R_L} = \frac{14.3}{3} = 4.8(mA)$$

$$I_2 = \frac{U_O - V_{DD2}}{R} = \frac{14.3 - 12}{1} = 2.3(mA)$$

$$I_1 = I_O + I_2 = 4.8 + 2.3 = 7.1(mA)$$

例 7.3　二极管构成的门电路如图 7.17 所示,设 $D_1$、$D_2$ 均为理想二极管,当输入电压 $U_A$、$U_B$ 为低电压 0V 和高电压 5V 的不同组合时,求输出电压 $U_O$ 的值。

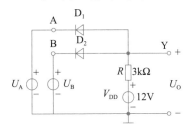

图 7.17　例 7.3 二极管与门电路

解：在数字电子电路中,常利用二极管的开关特性构成各种逻辑运算电路,图 7.17 所示电路称为二极管与门电路,其功能是当 A、B 端均为高电压输入时,Y 端才有高电压,否则输出为低电压,现具体分析图 7.17 所示电路的功能。

先假设二极管 $D_1$、$D_2$ 均断开。

令 $U_A = U_B = 0V$，由图 7.17 可见，此时 $D_1$、$D_2$ 均为正向偏置而导通，所以输出电压 $U_O \approx U_A = U_B = 0V$，为低电压输出。

当 $U_A = 0V$、$U_B = 5V$ 时，虽然刚接通 $U_A$、$U_B$ 时，$D_1$、$D_2$ 均为正向偏置而有可能导通，但由于 $D_1$ 的正向偏置电压比 $D_2$ 的高，$D_1$ 抢先导通后，将使 Y 点电位下降为 0V，迫使 $D_2$ 反偏而截止。所以这时 $D_1$ 导通、$D_2$ 截止，输出电压 $U_O = 0V$。

当 $U_A = 5V$、$U_B = 0V$ 时，$D_1$ 截止、$D_2$ 导通，输出电压 $U_O = 0V$。

只有当 $U_A = U_B = 5V$ 时，$D_1$、$D_2$ 均为正偏而导通，输出高电压，即 $U_O = 5V$。

可见，$U_A$、$U_B$ 均为高电压 5V 时，Y 端输出为高电压 5V，只要有一个输入为低电压 0V 时，则输出为低电压 0V，实现了与门电路的功能。

例 7.4　由硅二极管构成的电路如图 7.18(a) 所示，试画出在图示输入信号 $u_I$ 的作用下，输出电压 $u_O$ 的波形。

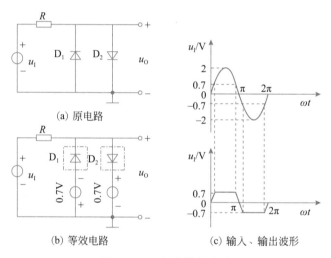

(a) 原电路

(b) 等效电路

(c) 输入、输出波形

图 7.18　二极管限幅电路

解：考虑到输入电压的幅度只有 2V，而二极管又采用硅管，因此不能略去二极管的导通电压(0.7V)，但可略去导通电阻，恒压降模型的等效电路如图 7.18(b) 所示。

由图可知，在 $u_I$ 的正半周，$u_I$ 小于 0.7V 时，二极管 $D_1$、$D_2$ 均截止，输出电压 $u_O$ 等于输入电压 $u_I$；$u_I$ 大于 0.7V 时，$D_2$ 导通，$D_1$ 仍截止，输出电压 $u_O$ 恒等于 $D_2$ 的导通电压 0.7V。

在 $u_I$ 的负半周，$D_2$ 始终截止，$u_I$ 大于 $-0.7V$ 时，$D_1$ 也仍截止，输出电压 $u_O$ 等于输入电压 $u_I$；$u_I$ 小于 $-0.7V$ 时，$D_1$ 导通，输出电压 $u_O$ 恒等于 $D_1$ 的导通电压 $-0.7V$。

由此可得图 7.18(c) 所示输出电压波形。这是利用二极管恒定的导通电压对输入信号进行限幅的电路。

# 7.5　特殊二极管

二极管种类很多，除了前面讨论的普通二极管以外，常用的还有稳压二极管、发光二极管、光电二极管等，现简单介绍如下。

### 7.5.1　稳压二极管

稳压二极管是一种特殊的面接触型硅二极管,又叫齐纳二极管,其外形和内部结构与整流用半导体二极管相似,二者的伏安特性也相似,都有正向导通区、反向截止区和反向击穿区。但对于稳压二极管来说,这几部分之间的转折更为显著,而且反向击穿特性曲线更为陡直,击穿电压一般比整流二极管低很多,如图 7.19 所示。

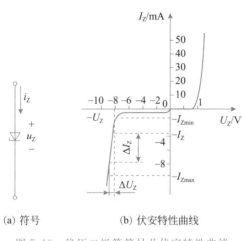

(a) 符号　　　　　(b) 伏安特性曲线

图 7.19　稳压二极管符号及伏安特性曲线

前面介绍二极管时曾经指出,整流二极管是不允许反向击穿的,而对于稳压二极管,则正好要利用其反向特性曲线很陡,在反向击穿情况下,管子电流变化范围很大而电压基本不变这一特性,也就是说,稳压管正常工作于反向击穿区。PN 结的反向击穿有两种:一种是雪崩击穿,一种是齐纳击穿。稳压二极管采取一定的制作工艺,保证在加上要求的反向电压时出现齐纳击穿,使用时串联适当的限流电阻,保证电流不超过允许值,避免结温过高对PN 结造成永久性破坏。

稳压二极管的主要参数有如下几个。

**1. 稳定电压 $U_Z$**

稳定电压是指流过规定电流时稳压二极管两端的反向电压值,其值决定于稳压二极管的反向击穿电压值。

**2. 稳定电流 $I_Z$**

稳定电流是稳压二极管稳压工作时的参考电流值,通常为工作电压等于 $U_Z$ 时所对应的电流值。当工作电流低于 $I_Z$ 时,稳压效果变差,若低于 $I_{Zmin}$ 时,由图 7.19(b)可知稳压管将失去稳压作用。

**3. 最大耗散功率 $P_{ZM}$ 和最大工作电流 $I_{ZM}$**

$P_{ZM}$ 和 $I_{ZM}$ 是为了保证管子不被热击穿而规定的极限参数,由管子允许的最高结温决定,$P_{ZM} = I_{ZM} U_Z$。

**4. 动态电阻 $r_Z$**

动态电阻是稳压范围内电压变化量与相应的电流变化量之比,即 $r_Z = \Delta U_Z / \Delta I_Z$,如图 7.19(b)所示。$r_Z$ 值很小,约几欧到几十欧。$r_Z$ 值越小,即反向击穿特性越陡,稳压性能就越好。

**5. 电压温度系数 $C_T$**

电压温度系数是指温度每增加1℃时,稳定电压的相对变化量,即

$$C_T = \frac{\Delta U_Z}{U_Z \Delta T} \times 100\% \tag{7.1}$$

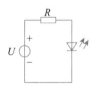

图7.20 例7.5 稳压二极管稳压电路

**例7.5** 利用稳压二极管组成的简单稳压电路如图7.20所示,$R$ 为限流电阻,试分析输出电压 $U_O$ 稳定的原理。

**解**:由图7.20可知,当稳压二极管正常稳压工作时,有

$$U_O = U_I - I_R R = U_Z$$

$$I_R = I_Z + I_O$$

若 $U_I$ 增大,$U_O$ 将会随着上升,加于稳压二极管两端的反向电压增加,使电流 $I_Z$ 大大增加,由上式可知,$I_R$ 也随之显著增加,从而使限流电阻上的压降 $I_R R$ 增大,其结果是,$U_I$ 的增加量绝大部分都降落在限流电阻 $R$ 上,从而使输出电压 $U_O$ 基本维持恒定。反之,$U_I$ 下降时 $I_R$ 减小,$R$ 上压降减小,从而维持 $U_O$ 基本恒定。

若负载电阻 $R_L$ 增大(即负载电流 $I_O$ 减小),输出电压 $U_O$ 将会随之增大,则流过稳压管的电流 $I_Z$ 大大增加,致使 $I_R R$ 增大,迫使输出电压 $U_O$ 下降。同理,若 $R_L$ 减小,使 $U_O$ 下降,则 $I_Z$ 显著减小致使 $I_R R$ 减小,迫使 $U_O$ 上升,从而维持了输出电压的稳定。

## 7.5.2 发光二极管与光电二极管

**1. 发光二极管**

发光二极管简称LED,是一种通以正向电流就会发光的二极管,它用某些自由电子和空穴复合时就会产生光辐射的半导体制成,采用不同材料可发出红、橙、黄、绿、蓝颜色的光,其电路符号如图7.21所示。发光二极管的伏安特性与普通二极管相似,不过它的正向导通电压大于1V,同时发光的亮度随着通过的正向电流增大而增强,工作电流为几毫安到几十毫安,典型工作电流为10mA左右。发光二极管的

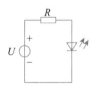

图7.21 发光二极管电路

反向击穿电压一般大于5V,但为使器件稳定可靠工作,应使其工作在5V以下。

发光二极管应用电路如图7.21所示,图中 $R$ 为限流电阻,以使发光二极管正向工作电流在额定电流内。电源电压 $U$ 可以是直流也可以是交流或脉冲信号。只要流过发光二极管的正向电流在正常范围内,就可以正常发光。发光二极管可单个使用,也可制成七段数字显示器以及矩阵式器件。

**2. 光电二极管**

图7.22 光电二极管电路符号

光电二极管的结构与普通二极管类似,使用时光电二极管PN结工作在反向偏置状态,在光的照射下,反向电流随光照强度的增加而上升(这时的反向电流叫光电流),所以,光电二极管是一种将光信号转为电信号的半导体器件,其电路符号如图7.22所示。另外,光电流还与入射光的波长有关。光电二极管在无光照射时,其伏安特性和普通二极管一样,此时的反

向电流叫暗电流,一般在几微安,甚至更小。

# 7.6 晶 体 管

晶体管又称半导体三极管,是最重要的一种半导体器件。它的放大作用和开关作用促使电子技术飞跃发展,它被广泛应用于电信号的放大、振荡、脉冲技术和数字技术中。常见晶体管的外形如图 7.23 所示。下面简单介绍晶体管的内部结构和载流子的运动规律。

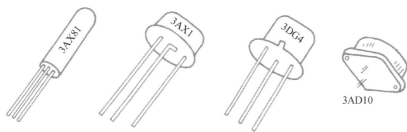

图 7.23　几种常见晶体管的外形图

晶体管的电流分配
和电流放大作用

## 7.6.1　基本结构

通过一定的工艺将两个 PN 结结合在一起就构成了晶体管,最常见的晶体管结构有平面型和合金型两类,如图 7.24 所示。硅管主要是平面型,锗管都是合金型。

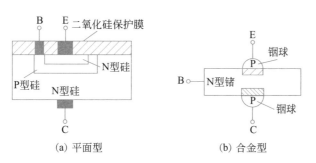

(a) 平面型　　　　　　(b) 合金型

图 7.24　晶体管的结构

不论平面型或合金型,晶体管都分成 NPN 或 PNP 三层,因此又把晶体管分为 NPN 型和 PNP 型两类,其结构示意图和表示符号如图 7.25 所示。

每一类晶体管都由基区、发射区和集电区组成,分别引出基极 B、发射极 E 和集电极 C。每一类晶体管都有两个 PN 结,基区和发射区之间的结称为发射结,基区和集电区之间的结称为集电结。电路符号中的箭头表示发射极电流的方向。晶体管结构的主要特点是:发射区掺杂浓度最高,基区很薄,而且掺杂浓度最低,集电区掺杂浓度比发射区低,但其面积较大,这些结构特点是保证晶体管具有电流放大作用的内部条件。

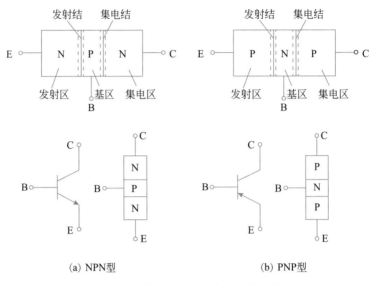

(a) NPN型  (b) PNP型

图 7.25　晶体管的结构示意图和表示符号

## 7.6.2　电流分配和放大原理

为了了解晶体管的放大原理和其中电流的分配,我们先做一个实验,实验电路如图 7.26 所示。把晶体管接成两个电路:基极电路和集电极电路。发射极是公共端,这种接法称为晶体管的共发射极接法。如果用的是 NPN 型硅管,电源 $E_B$ 和 $E_C$ 的极性必须按照图中的接法,使发射结上加正向电压(正向偏置),由于 $E_C$ 大于 $E_B$,集电结加的是反向电压(反向偏置),晶体管才能起到电流放大作用。

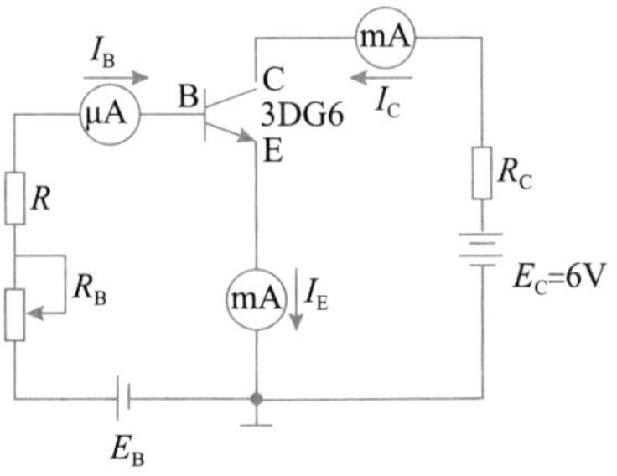

改变可变电阻 $R_B$,则基极电流 $I_B$、集电极电流 $I_C$ 和发射极电流 $I_E$ 都会发生变化。电流方向如图 7.26 所示。测量结果列于表 7.1 中。

图 7.26　晶体管电流放大的实验电路

表 7.1　晶体管电流测量数据　　　　　　　　单位:mA

| $I_B$ | 0 | 0.02 | 0.04 | 0.06 | 0.08 | 0.10 |
|---|---|---|---|---|---|---|
| $I_C$ | <0.001 | 0.70 | 1.50 | 2.30 | 3.10 | 3.95 |
| $I_E$ | <0.001 | 0.72 | 1.54 | 2.36 | 3.18 | 4.05 |

由此实验及测量结果可得出如下结论。

(1) 观察表格中的每一列实验数据,可得

$$I_E = I_C + I_B$$

这是符合基尔霍夫电流定律的。

(2) $I_C$ 和 $I_E$ 比 $I_B$ 大得多。从第三列和第四列可知,$I_C$ 与 $I_B$ 的比值分别为

$$\frac{I_C}{I_B} = \frac{1.50}{0.04} = 37.5, \quad \frac{I_C}{I_B} = \frac{2.30}{0.06} = 38.3$$

这就是晶体管的电流放大作用。电流放大作用还体现在基极电流的少量变化 $\Delta I_B$ 可以引起集电极电流较大的变化 $\Delta I_C$。通过比较第三列和第四列的数据,可得出

$$\frac{\Delta I_C}{\Delta I_B} = \frac{2.30 - 1.50}{0.06 - 0.04} = 40$$

即当调节可变电阻 $R_B$ 使 $I_B$ 有微小变化时,将会引起 $I_C$ 很大的变化。可见,晶体管的"电流放大作用"的本质是基极电流对集电极电流有小量控制大量的作用。

(3) 当 $I_B = 0$(将基极电流开路时),$I_C = I_{CEO}$,表中 $I_{CEO} < 0.001\mathrm{mA} = 1\mu\mathrm{A}$。

(4) 要使晶体管起电流放大作用,发射结必须正向偏置,而集电结必须反向偏置。

下面用载流子在晶体管内部的运动规律来解释上述结论。

**1. 发射区向基区扩散电子**

由于发射结处于正向偏置,多数载流子的扩散运动加强,发射区的自由电子(多数载流子)不断扩散到基区,并不断从电源补充进电子,形成发射极电流 $I_E$。基区的多数载流子(空穴)也要向发射区扩散,但由于基区的空穴浓度比发射区的自由电子的浓度小得多,因此空穴电流很小,可以忽略不计(在图 7.27 中未画出)。

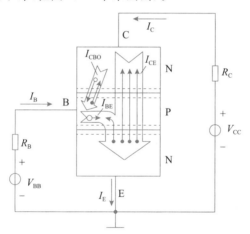

图 7.27　晶体管中载流子的运动和各极电流

**2. 电子在基区扩散和复合**

从发射区扩散到基区的自由电子起初都聚集在发射结附近,靠近集电结的自由电子很少,形成了浓度上的差别,因而自由电子将向集电结方向继续扩散。在扩散过程中,自由电子不断与空穴(P 型基区中的多数载流子)相遇而复合。由于基区接电源 $V_{BB}$ 的正极,基区中受激发的价电子不断被电源拉走,这相当于不断补充基区中被复合掉的空穴,形成电流 $I_{BE}$(图 7.27),它基本上等于基极电流 $I_B$。

在中途被复合掉的电子越多,扩散到集电结的电子就越少,这不利于晶体管的放大作用。为此,基区就要做得很薄,基区掺杂浓度要很小(这是放大的内部条件),这样才可以大大减少电子与基区空穴复合的机会,使绝大部分自由电子都能扩散到集电结边缘。

**3. 集电区收集从发射区扩散过来的电子**

由于集电结反向偏置,集电结内电场增强,它对多数载流子的扩散运动起阻挡作用,阻

挡集电区(N 型)的自由电子向基区扩散,但可将从发射区扩散到基区并到达集电区边缘的自由电子拉入集电区,从而形成电流 $I_{CE}$,它基本上等于集电极电流 $I_C$。

除此以外,由于集电结反向偏置,在内电场的作用下,集电区的少数载流子(空穴)和基区的少数载流子(电子)将发生漂移运动,形成电流 $I_{CBO}$。这个电流数值很小,它构成集电极电流 $I_C$ 和基极电流 $I_B$ 的一小部分,它受温度影响很大,但与外加电压的大小关系不大。

上述晶体管中的载流子运动和电流分配的示意图如图 7.27 所示。

如上所述,从发射区扩散到基区的电子中只有很少一部分在基区复合,绝大部分到达集电区。也就是构成发射极电流 $I_E$ 的两部分中,$I_{BE}$ 部分是很小的,而 $I_{CE}$ 部分所占的百分比是大的。这个比值用 $\bar{\beta}$ 表示,即

$$\bar{\beta} = \frac{I_{CE}}{I_{BE}} = \frac{I_C - I_{CBO}}{I_B + I_{CBO}} \approx \frac{I_C}{I_B} \tag{7.2}$$

$\bar{\beta}$ 表征晶体管的电流放大能力,称为直流电流放大系数。当晶体管制成后,$\bar{\beta}$ 就确定了,其值远大于 1。

综上所述,可归纳为以下两点。

(1) 晶体管在发射结正偏、集电结反偏的条件下具有电流放大作用。

(2) 晶体管的电流放大作用的实质是 $I_B$ 对 $I_C$ 的控制作用。习惯上称晶体管为"放大"元件,但严格地讲,它只是一种控制元件,因为它并不能放大能量,只是用一个小的能量来控制电源向负载提供更大的能量。

### 7.6.3 特性曲线

晶体管的特性曲线是用来表示该晶体管各极电压和电流之间相互关系的,它反映出晶体管的性能,是分析放大电路的重要依据。最常用的是共发射极接法时的输入特性曲线和输出特性曲线。这些特性曲线可用晶体管特性图示仪直观地显示出来,也可以通过如图 7.28 所示的实验电路进行测绘。实验电路中,用的是 NPN 型硅管 3DG6。

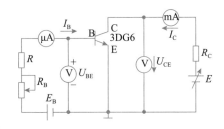

图 7.28 测量晶体管特性的实验电路

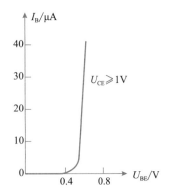

图 7.29 3DG6 晶体管的输入特性曲线

**1. 输入特性曲线**

输入特性曲线是指当集射极电压 $U_{CE}$ 为常数时,输入电路(基极电路)中基极电流 $I_B$ 与基射极电压 $U_{BE}$ 之间的关系曲线 $I_B = f(U_{BE})$,如图 7.29 所示。

对硅管来说,当 $U_{CE} \geq 1V$ 时,集电结已反向偏置,并且内电场已足够大,而基区又很薄,可以把从发射区扩散到基区的电子中的绝大部分拉入集电区。如果此时再增大 $U_{CE}$,只要 $U_{BE}$ 保持不变(从发射区发射到基区的电子数就一定),$I_B$ 也就不再明显地减小。也就是说,$U_{CE} > 1V$ 后的输入特性曲线基本上是重合的。所以,通常只画出 $U_{CE} \geq 1V$ 的一条输入特性曲线。

由图 7.29 可见,和二极管的伏安特性一样,晶体管输入特

性也有一段死区。只有在发射结外加电压大于死区电压时,晶体管才会出现 $I_B$。硅管的死区电压约为 0.5V,锗管的死区电压不超过 0.2V。在正常工作情况下,NPN 型硅管的发射结电压 $U_{BE}=0.6\sim0.7V$,PNP 型锗管的发射结电压 $U_{BE}=0.2\sim0.3V$。

**2. 输出特性曲线**

输出特性曲线是指当基极电流 $I_B$ 为常数时,输出电路(集电极电路)中集电极电流 $I_C$ 与集射极电压 $U_{CE}$ 之间的关系曲线 $I_C=f(U_{CE})$。在不同的 $I_B$ 下,可得出不同的曲线,所以晶体管的输出特性曲线是一组曲线,如图 7.30 所示。

当 $I_B$ 一定时,从发射区扩散到基区的电子数大致是一定的。在 $U_{CE}$ 超过一定数值(约 1V)以后,这些电子的绝大部分被拉入集电区而形成 $I_C$,以致当 $U_{CE}$ 继续增高时,$I_C$ 也不再有明显的增加,具有恒流特性。

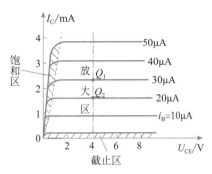

图 7.30　3DG6 晶体管的输出特性曲线

当 $I_B$ 增大时,相应的 $I_C$ 也增大,曲线上移,而且 $I_C$ 比 $I_B$ 增加得多得多,这就是晶体管的电流放大作用。

通常把晶体管的输出特性曲线分为三个工作区,如图 7.30 所示。

1) 放大区

输出特性曲线的近于水平部分是放大区。在放大区,$I_C=\bar{\beta}I_B$。放大区也称为线性区,因为 $I_C$ 和 $I_B$ 成正比的关系。如前所述,晶体管工作于放大状态时,发射结处于正向偏置,集电结处于反向偏置,即对 NPN 型管而言,应使 $U_{BE}>0$,$U_{BC}<0$。

2) 截止区

$I_B=0$ 的曲线以下的区域称为截止区。$I_B=0$ 时,$I_C=I_{CEO}$(在表 7.1 中,$I_{CEO}<0.001mA$)。对 NPN 型硅管而言,当 $U_{BE}<0.5V$ 时,即已开始截止,但是为了截止可靠,常使 $U_{BE}\leq0$。截止时集电结也处于反向偏置。

3) 饱和区

当 $U_{CE}<U_{BE}$ 时,集电结处于正向偏置,晶体管工作于饱和状态。在饱和区,$I_B$ 的变化对 $I_C$ 的影响较小,两者不成正比,放大区的 $\bar{\beta}$ 不能适用于饱和区。饱和时,发射结也处于正向偏置。

### 7.6.4　主要参数

晶体管的特性除用特性曲线表示外,还可用一些数据来说明,这些数据就是晶体管的参数。晶体管的参数也是设计电路、选用晶体管的依据。主要参数有下面几个。

**1. 电流放大系数 $\bar{\beta}$、$\beta$**

当晶体管接成共发射极电路时,在静态(无输入信号)时集电极电流 $I_C$(输出电流)与基极电流 $I_B$(输入电流)的比值称为共发射极静态电流(直流)放大系数:

$$\bar{\beta}=\frac{I_C}{I_B} \tag{7.3}$$

当晶体管工作在动态(有输入信号)时,基极电流的变化量为 $\Delta i_B$,它引起集电极电流的

变化量为 $\Delta i_C$。$\Delta i_C$ 与 $\Delta i_B$ 的比值,称为动态电流(交流)放大系数:

$$\beta = \frac{\Delta i_C}{\Delta i_B} \qquad (7.4)$$

由上述可见,$\bar{\beta}$ 和 $\beta$ 的含义是不同的,但在输出特性曲线近于平行等距并且 $I_{CEO}$ 较小的情况下,两者数值较为接近,在工程上可以混用而不加以区分。一般 $\beta$ 为 20~200。

例 7.6　图 7.30 所示晶体管输出特性曲线中,求 $U_{CE}=4\text{V}$、$I_C=2.45\text{mA}$ 时的 $\bar{\beta}$ 和 $\beta$ 值。

解:根据设定的工作参数,在图 7.30 中找到工作点 $Q_1$,根据公式(7.3),有

$$\bar{\beta} = \frac{I_C}{I_B} = \frac{2.45 \times 10^{-3}}{30 \times 10^{-6}} \approx 82$$

沿过 $Q_1$ 点的垂直线,取 $\Delta i_B = 30 - 20 = 10(\mu\text{A})$,则 $\Delta i_C = 2.45 - 1.65 = 0.8(\text{mA})$,根据公式(7.4)可得

$$\beta = \frac{\Delta i_C}{\Delta i_B} = \frac{0.8 \times 10^{-3}}{10 \times 10^{-6}} = 80$$

**2. 极间反向电流**

1)集基极反向饱和电流 $I_{CBO}$

前面已讲过,$I_{CBO}$ 是当发射极开路时,由于集电结处于反向偏置,集电区和基区中的少数载流子的漂移运动所形成的电流。$I_{CBO}$ 受温度的影响大。在室温下,小功率锗管的 $I_{CBO}$ 约为几微安到几十微安,小功率硅管 $I_{CBO}$ 在 $1\mu\text{A}$ 以下。$I_{CBO}$ 越小越好。硅管在温度稳定性方面胜过锗管。

2)穿透电流 $I_{CEO}$

$I_{CEO}$ 是当 $I_B = 0$ 时(将基极开路),集电结处于反向偏置和发射结处于正向偏置时的集电极电流。因为它好像是从集电极直接穿透晶体管而到达发射极的,所以称为穿透电流。

$I_{CEO}$ 与 $I_{CBO}$ 有如下关系:

$$I_{CEO} = (1 + \beta) I_{CBO} \qquad (7.5)$$

**3. 极限参数**

极限参数是指晶体管工作时允许加在各极上的最高工作电压、流经它的最大工作电流以及集电极上允许耗散的最大功率。使用晶体管时,如果超过这些极限值,将会使管子性能变劣,甚至损坏。

1)集电极最大允许电流 $I_{CM}$

集电极电流 $i_C$ 过大时,$\beta$ 将明显下降,$I_{CM}$ 是指 $\beta$ 明显下降时所对应的最大允许集电极电流。使用中若 $i_C > I_{CM}$,晶体管不一定会损坏,但 $\beta$ 明显下降。

2)集电极最大允许功率损耗 $P_{CM}$

晶体管工作时,$u_{CE}$ 的大部分降在集电结上,因此集电极功率损耗(简称功耗)$P_C = u_{CE} i_C$,近似为集电结功耗,它将使集电结温度升高而使晶体管发热。$P_{CM}$ 就是由允许的最高集电结温度决定的最大集电极功耗,工作时的 $P_C$ 必须小于 $P_{CM}$。

3)反向击穿电压 $U_{(BR)CEO}$、$U_{(BR)CBO}$、$U_{(BR)EBO}$

$U_{(BR)CEO}$ 为基极开路时集电结不致击穿,允许施加在集电极和发射极之间的最高电压。
$U_{(BR)CBO}$ 为发射极开路时集电结不致击穿,允许施加在集电极和基极之间的最高反向电压。
$U_{(BR)EBO}$ 为集电极开路时发射结不致击穿,允许施加在发射极和基极之间的最高反向电压。

$U_{(BR)CBO} > U_{(BR)CEO} > U_{(BR)EBO}$。

根据三个极限参数 $I_{CM}$、$P_{CM}$ 和 $U_{(BR)CEO}$ 可以确定晶体管的安全工作区,如图 7.31 所示。该图中 $I_{CM} = 25\text{mA}$、$P_{CM} = 250\text{mW}$、$U_{(BR)CEO} = 50\text{V}$。晶体管工作时必须保证能工作在安全区内,且有一定的余量。

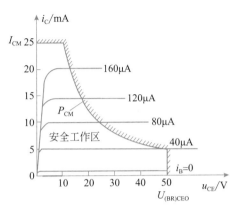

图 7.31  晶体管的安全工作区

## 本 章 小 结

1. 半导体的导电性受外界条件的影响(特别是温度和光照)。利用这些特点可以制造许多元器件,但是也给半导体器件工作的稳定带来影响。

2. PN 结具有单向导电性,加正向电压导通可以通过很大的正向电流。加反向电压截止仅有很小的反向电流通过。

3. 晶体管有 E、B、C 三个电极,有三种工作状态。工作在放大状态时,集电结反偏,发射结正偏,集电极电流随基极电流成比例变化。工作在截止状态时,集电结和发射结均反偏,集电极与发射极之间基本上无电流通过。工作在饱和状态时,集电结和发射结均正偏,集电极与发射极之间通过较大的电流,两极之间仅有很小的电压降。在后两种情况下,集电极电流均不受基极电流控制。

4. 由于二极管、晶体管等半导体元件是非线性元件,所以它们的伏安特性常用特性曲线图表示。在使用这些器件时要参考它们的主要参数。

## 技能训练——二极管的识别与检测

1. 实验目的

(1)熟悉二极管的外形及引脚识别方法。

(2)掌握用万用表判别二极管好坏的方法。

2. 实验器材

万用表,不同规格、类型的半导体二极管若干。

3. 实验内容

1) 二极管的识别

常见二极管可以根据其封装外形和标志来识别,如图 7.32 所示。玻璃封装和塑料封装的二极管上有标志的一端为负极,金属封装的二极管外壳一般有标示正、负极,发光二极管长引脚为正极,短引脚为负极。常见二极管的实物图片如图 7.33 所示。

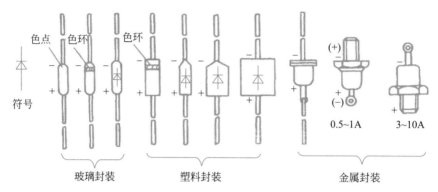

图 7.32　二极管封装类型及极性

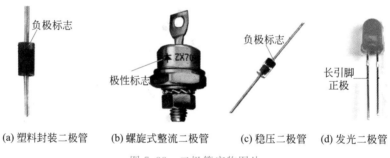

(a) 塑料封装二极管　(b) 螺旋式整流二极管　(c) 稳压二极管　(d) 发光二极管

图 7.33　二极管实物图片

2) 二极管的测试

用万用表判别普通二极管极性及质量好坏,记录测得的正向、反向电阻的电阻值及万用表的挡位。

将万用表的转换开关置于欧姆挡的 R×100 挡或 R×1k 挡,调零后用表笔分别正接、反接于二极管的两端引脚,如图 7.34 所示。这样可分别测得大、小两个电阻值。其中,较小的是二极管的正向阻值,如图 7.34(a)所示;较大的是二极管的反向阻值,如图 7.34(b)所示。

**注意**:测得正向电阻时,与黑表笔相连的是二极管的正极(万用表置于欧姆挡时,黑表笔连接表内电源正极,红表笔连接表内电源负极)。

二极管的材料及二极管的质量好坏也可以根据其正、反向阻值的大小判断出来。一般硅材料二极管的正向电阻为几千欧,而锗材料二极管的正向阻值为几百欧。判断二极管的好坏,关键是看它有无单向导电性能,正向电阻越小,反向电阻越大的二极管的质量越好。如果一个二极管正、反向电阻值相差不大,则必为劣质管。如果正、反向电阻值都是无穷大或都是零,则二极管内部已断路或已被击穿短路。

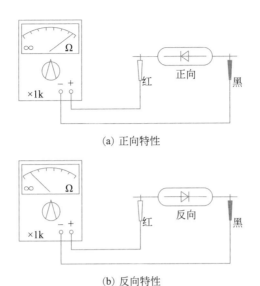

(a) 正向特性

(b) 反向特性

图 7.34　二极管的测试

按照上述二极管的识别和测试方法,用万用表识别二极管的极性和质量的好坏,将测量情况记录于表 7.2 中。

表 7.2　二极管的测试

| 二极管的型号 | 正向电阻 | | 反向电阻 | | 质量好坏 |
|---|---|---|---|---|---|
| | R×100 挡 | R×1k 挡 | R×100 挡 | R×1k 挡 | |
| | | | | | |
| | | | | | |
| | | | | | |

**注意**:在用万用表测试二极管时,手不要接触到二极管的引脚,以免影响测量结果的准确性。

## 习　　题

7-1　N 型半导体中的自由电子多于空穴,而 P 型半导体中的空穴多于自由电子,是否 N 型半导体带负电,而 P 型半导体带正电?

7-2　什么是二极管的死区电压? 为什么会出现死区电压? 硅管和锗管的死区电压值约为多少?

7-3　晶体管的发射极和集电极是否可以调换使用? 为什么?

7-4　将一个 PNP 型晶体管接成共发射极电路,要使它具有电流放大作用,$E_C$ 和 $E_B$ 的正、负极应如何连接? 为什么? 画出电路图。

7-5　在图 7.35 所示电路中,二极管是导通的还是截止的?

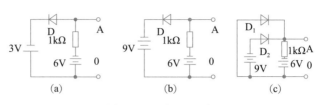

图 7.35　题 7-5 电路

7-6　在图 7.36(a)所示电路中,$u_i$ 是输入电压,其波形如图 7.36(b)所示,试画出与 $u_i$ 对应的输出电压的波形图。设二极管为理想二极管(导通时正向电阻为零,截止时反向电阻为无穷大)。

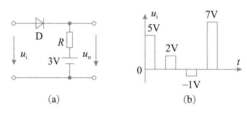

图 7.36　题 7-6 电路

7-7　在图 7.37 所示电路中,已知 $E=5\mathrm{V}$,输入电压 $u_i=10\sin\omega t\ \mathrm{V}$,试画出输出电压 $u_o$ 的波形。

7-8　在图 7.38 所示电路中,试求下列几种情况下输出端的电位,并说明二极管是导通还是截止。

(1) $U_A=U_B=0$

(2) $U_A=+3\mathrm{V},U_B=0$

(3) $U_A=U_B=+3\mathrm{V}$

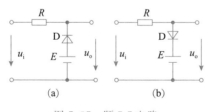

图 7.37　题 7-7 电路

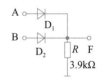

图 7.38　题 7-8 电路

7-9　有两个稳压二极管 $D_{Z1}$ 和 $D_{Z2}$,其稳定电压分别为 5.5V 和 8.5V,正向压降都是 0.5V。如果要得到 0.5V、3V、6V、9V 和 14V 几种稳压值,这两个稳压二极管(还有限流电阻)应如何连接? 分别画出电路图。

7-10　电路中接有一晶体管,不知其型号,测得它的三个引脚的电位分别为 10.5V、6V、6.7V,试判别该晶体管的三个电极,并说明它属于哪种类型?

7-11　图 7.39 所示是两个晶体管的输出特性曲线,试判断哪个晶体管的放大能力强?

7-12　晶体管是由两个 PN 结组成的,是否可以用两个二极管连接组成一个晶体管使用? 为什么?

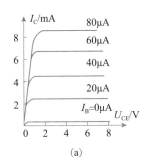 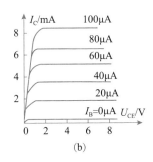

图 7.39  题 7-11 电路

7-13  某三极管的极限参数 $I_{CM}=20\text{mA}$、$P_{CM}=100\text{mW}$、$U_{(BR)CEO}=20\text{V}$。当工作电压 $U_{CE}=10\text{V}$ 时，工作电流 $I_C$ 不得超过 _____ mA；若工作电压 $U_{CE}=1\text{V}$ 时，$I_C$ 不得超过 _____ mA；当工作电流 $I_C=2\text{mA}$ 时，$U_C$ 不得超过 _____ V。

# 第 **8** 章

# 基本放大电路

晶体管的主要用途之一是利用其放大作用组成各种类型的放大电路。在生产和科学实验中,往往要求用微弱的信号去控制较大功率的负载。例如,在自动控制机床上,需要将反映加工要求的控制信号放大,得到一定输出功率以推动执行元件(电磁铁、电动机、液压机构等)。又例如,在电动单元组合仪表中,首先将温度、压力,流量等非电量通过传感器变换为微弱的电信号,经过放大以后(使用的放大器放大倍数从几百到几万倍),从显示仪表上读出非电量的大小,或者用来推动执行元件以实现自动调节。日常使用的收音机和扩音器,也是将天线或话筒收到的微弱信号放大到足以推动扬声器的程度。可见放大电路的应用十分广泛,是电子设备中最普遍的一种基本单元。

本章介绍由分立元件组成的各种常用的基本放大电路,将讨论它们的电路结构、工作原理、分析方法以及特点和应用。

**学习目标:**掌握基本放大电路的结构、工作原理和特性;掌握用图解法和解析法对放大电路进行静态分析和动态分析。

**学习重点:**掌握共发射极放大电路和射极输出器的结构、工作原理和分析方法。

**学习难点:**用图解法分析放大电路的静态工作点;用微变等效电路分析法分析放大电路的动态参数。

## 8.1 基本放大电路的组成

图 8.1 是共发射极接法的基本交流放大电路。输入端接交流信号源(通常可用一个电动势 $u_S$ 与电阻 $R_S$ 串联的电压源等效表示),输入电压为 $u_i$,输出端接负载电阻 $R_L$,输出电压为 $u_o$。电路中各个元件分别起如下作用。

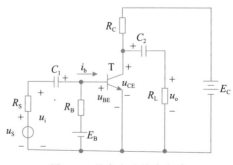

图 8.1 基本交流放大电路

**1. 晶体管 T**

晶体管是放大电路中的放大元件,利用它的电流放大作用,在集电极电路获得放大了的电流,该电流受输入信号的控制。如果从能量观点来看,输入信号的能量是较小的,而输出的能量是较大的,这不是说放大电路把输入的能量放大了。能量是守恒的,不能放大,输出的较大能量是来自直流电源 $E_C$。也就是说,能量较小的输入信号通过晶体管的控制作用,去控制电源 $E_C$ 所供给的能量,从而在输出端获得一个能量较大的信号。这就是放大作用的实质,而晶体管也可以说是一个控制元件。

**2. 集电极电源 $E_C$**

电源 $E_C$ 除了为输出信号提供能量外,它还保证集电结处于反向偏置,从而使晶体管工作于放大状态。$E_C$ 一般为几伏到几十伏。

**3. 集电极负载电阻 $R_C$**

集电极负载电阻简称集电极电阻,它主要是将集电极电流的变化变换成电压的变化,以实现电压放大。$R_C$ 的阻值一般为几千欧到几十千欧。

**4. 基极电源 $E_B$ 和基极电阻 $R_B$**

它们的作用是使发射结处于正向偏置,并提供大小适当的基极电流 $I_B$,以使放大电路获得合适的静态工作点。$R_B$ 的阻值一般为几十千欧到几百千欧。

**5. 耦合电容 $C_1$ 和 $C_2$**

它们一方面起到隔直作用,$C_1$ 用来隔断放大电路与信号源之间的直流通路,$C_2$ 用来隔断放大电路与负载之间的直流通路,使三者之间无直流联系,互不影响;另一方面又起到交流耦合作用,保证交流信号畅通无阻地经过放大电路,沟通信号源、放大电路和负载三者之间的交流通路。通常要求耦合电容上的交流压降小到可以忽略不计,即对交流信号可视作短路,因此电容值要取得较大,对交流信号频率其容抗近似为零。$C_1$ 和 $C_2$ 的电容值一般为几微法到几十微法,用的是极性电容器,连接时要注意其极性。

在图 8.1 所示的电路中,用了两个直流电源 $E_C$ 和 $E_B$。实际上 $E_B$ 可以省去,再把 $R_B$ 改接一下,只由 $E_C$ 供电,如图 8.2 所示。这样发射结仍是正向偏置,仍可以产生合适的基极电流 $I_B$($R_B$ 的阻值要相应调整一下)。

在放大电路中,通常把公共端接"地",设其电位为零,作为电路中其他各点电位的参考点。同时为了简化电路的画法,习惯上常不画电源 $E_C$ 的符号,而只在连接其正极的一端标出它对"地"的电压值 $V_{CC}$ 和极性("+"或"−"),如图 8.3 所示。如忽略电源 $E_C$ 的内阻,则 $V_{CC}=E_C$。

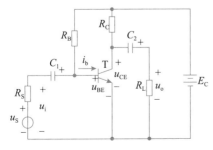

图 8.2　省去 $E_B$ 的交流放大电路

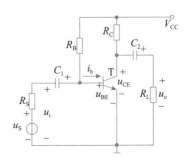

图 8.3　交流放大电路的一般画法

## 8.2 放大电路的静态分析

放大电路可分静态和动态两种情况来分析。静态是当放大电路没有输入信号时的工作状态;动态是放大电路有输入信号时的工作状态。静态分析是要确定放大电路的静态工作点(直流值)$I_B$、$I_C$、$U_{BE}$ 和 $U_{CE}$,放大电路的性能与其静态工作点的关系很大。动态分析是要确定放大电路的电压放大倍数 $A_u$、输入电阻 $r_i$ 和输出电阻 $r_o$ 等。

放大电路的静态分析

本节先讨论放大电路静态分析的基本方法。

由于放大电路中的电压和电流的名称较多,符号一般由主要符号和下标符号组成,且区分大小写,所以把常用的表示符号列成表 8.1,方便区别。

表 8.1  放大电路中电压和电流的符号

| 名　　称 | 静态值 | 交流分量 | | 总电量 | | 直流电源 | |
|---|---|---|---|---|---|---|---|
| | | 瞬时值 | 有效值 | 瞬时值 | 平均值 | 电动势 | 电压 |
| 基极电流 | $I_B$ | $i_b$ | $I_b$ | $i_B$ | $I_B$ | | |
| 集电极电流 | $I_C$ | $i_c$ | $I_c$ | $i_C$ | $I_C$ | | |
| 发射极电流 | $I_E$ | $i_e$ | $I_e$ | $i_E$ | $I_E$ | | |
| 集射极电压 | $U_{CE}$ | $u_{ce}$ | $U_{ce}$ | $u_{CE}$ | $U_{CE}$ | | |
| 基射极电压 | $U_{BE}$ | $u_{be}$ | $U_{be}$ | $u_{BE}$ | $U_{BE}$ | | |
| 集电极电源 | | | | | | $E_C$ | $V_{CC}$ |
| 基极电源 | | | | | | $E_B$ | $V_{BB}$ |
| 发射极电源 | | | | | | $E_E$ | $V_{EE}$ |

## 8.3 用放大电路的直流通路确定静态值

静态值既然是直流值,就可用交流放大电路的直流通路来分析计算。直流通路是在直流电源作用下直流电流流经的通路。对于直流通路来说,电容视为开路,交流信号源视为短路。图 8.4 是图 8.3 的放大电路的直流通路。

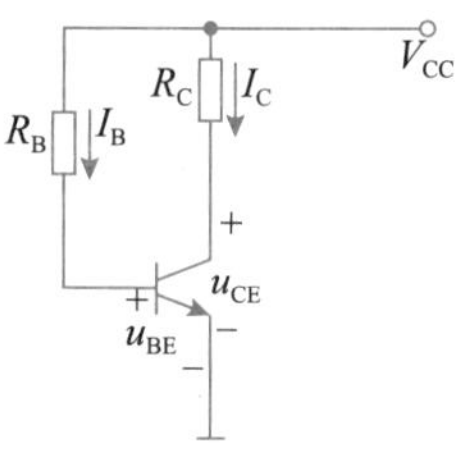

由图 8.4 可得出静态时的基极电流:

$$I_B = \frac{V_{CC} - U_{BE}}{R_B} \approx \frac{V_{CC}}{R_B} \tag{8.1}$$

图 8.4  直流通路

由于 $U_{BE}$(硅管约为 0.6V)比 $V_{CC}$ 小得多,因此可忽略不计。

由 $I_B$ 可得出静态时的集电极电流:

$$I_C = \beta I_B \tag{8.2}$$

静态时的集射极电压:

$$U_{CE} = V_{CC} - I_C R_C \tag{8.3}$$

**例 8.1** 图 8.3 中,已知 $V_{CC} = 12V$,$R_C = 4k\Omega$,$R_B = 300k\Omega$,$\beta = 37.5$,试求放大电路的静态值。

**解**:根据图 8.4 的直流通路可得出:

$$I_B \approx \frac{V_{CC}}{R_B} = \frac{12}{300} = 0.04(mA) = 40(\mu A)$$

$$I_C = \beta I_B = 37.5 \times 0.04 = 1.5(mA)$$

$$U_{CE} = V_{CC} - I_C R_C = 12 - 1.5 \times 4 = 12 - 6 = 6(V)$$

## 8.4 用图解法确定静态值

在晶体管的特性曲线上用作图的方法求得电路中静态值的方法,称为图解法。

晶体管电路如图 8.5(a)所示,晶体管的输入、输出特性曲线分别如图 8.5(b)、(c)所示。先对输入回路进行图解分析。由输入回路(基极电路)可列出方程:

$$u_{BE} = V_{BB} - i_B R_B \tag{8.4}$$

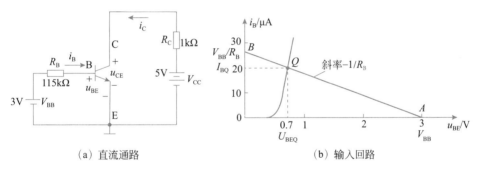

(a) 直流通路                    (b) 输入回路

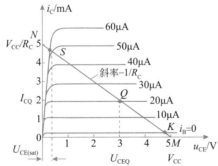

(c) 输出回路

图 8.5 晶体管直流电路图解法

这是一个直线方程。根据这个方程可以在图 8.5(b)中作出一条斜率为 $-1/R_B$ 的直线 $AB$。令 $i_B = 0$,则 $u_{BE} = V_{BB} = 3V$,得 $A$ 点;令 $u_{BE} = 0$,则 $i_B = V_{BB}/R_B = 3/115 = 26(\mu A)$,得 $B$ 点。该直线与输入特性曲线相交于 $Q$ 点,这就是我们要求的输入回路的静态工作点。$Q$ 点对应的横坐标 $U_{BEQ} = 0.7V$、纵坐标 $I_{BQ} = 20\mu A$。

对于输出回路,由图 8.5(a)中的输出回路(集电极电路)可列出方程:

$$u_{CE} = V_{CC} - i_C R_C \qquad (8.5)$$

同样也是一个直线方程。根据这个方程可以在图 8.5(c)中作出斜率为 $-1/R_C$ 的直线 $MN$,该直线称为输出回路的直流负载线。令 $i_C = 0$,则 $u_{CE} = V_{CC} = 5V$,得 $M$ 点;令 $u_{CE} = 0$,则 $i_C = V_{CC}/R_C = 5/1 = 5(mA)$,得 $N$ 点。该直线与 $i_B = 20\mu A$ 的输出特性曲线相交于 $Q$ 点,这是输出回路的静态工作点。由 $Q$ 点对应的坐标可得 $U_{CEQ} = 3V$、$I_{CQ} = 2mA$。

**例 8.2** 将图 8.5(a)所示晶体管电路中的基极电阻 $R_B$ 调整为 $38k\Omega$,晶体管的输出特性仍如图 8.5(c)所示。试求 $V_{BB}$ 分别为 0V 和 3V 时,输出电路中的 $i_C$ 及 $u_{CE}$ 的大小。

**解**:先根据 $R_C$ 及 $V_{CC}$ 值,在输出特性曲线中作出直流负载线 $MN$,如图 8.5(c)所示。

当 $V_{BB} = 0V$ 时,晶体管发射结为零偏置,故 $i_B = 0$,从输出特性曲线上找到 $i_B = 0$ 的曲线与直流负载线 $MN$ 相交于 $K$ 点,则得 $i_C \approx 0$,$u_{CE} \approx 5V$。此时三极管处于截止状态。

当 $V_{BB} = 3V$ 时,由图 8.5(a)可求得

$$i_B = \frac{V_{BB} - u_{BE(ON)}}{R_B} = \frac{3 - 0.7}{38} = 0.06(mA) = 60(\mu A)$$

在输出特性曲线中找到 $i_B = 60\mu A$ 的曲线与直流负载线的交点为 $S$,此时晶体管工作在饱和区。由图可知,当 $i_B > 50\mu A$ 以后,$i_C$ 基本上不随 $i_B$ 的增加而增加。此时晶体管的 $i_C \approx 4.7mA$,$u_{CE} = U_{CE(sat)} \approx 0.3V$,或近似估算为 $i_C \approx V_{CC}/R_C = 5mA$,$u_{CE} = U_{CE(sat)} \approx 0$。

## 8.5 放大电路的动态分析

放大电路的动态分析

当放大电路有输入信号时,晶体管的各个电流和电压都含有直流分量和交流分量。直流分量一般即为静态值,由上节所述的静态分析来确定。动态分析是在静态值确定后分析信号的传输情况,考虑的只是电流和电压的交流分量(信号分量)。微变等效电路法和图解法是动态分析的两种基本方法。

### 8.5.1 微变等效电路法

所谓放大电路的微变等效电路,就是把非线性元件晶体管所组成的放大电路等效为一个线性电路,也就是把晶体管线性化,等效为一个线性模型。这样,就可像处理线性电路那样来处理晶体管放大电路。线性化的条件就是晶体管在小信号(微变量)情况下工作。这才能在静态工作点附近的小范围内用直线近似地代替晶体管的特性曲线。

**1. 晶体管的微变等效电路**

如何把晶体管线性化,用一个等效电路(也称为线性模型)来代替,这是首先要讨论的。下面从共发射极接法晶体管的输入特性和输出特性两方面来讨论。

图 8.6(a)是晶体管的输入特性曲线,是非线性的。但当输入信号很小时,在静态工作点附近的工作段可认为是直线。当 $U_{CE}$ 为常数时,$\Delta U_{BE}$ 与 $\Delta I_B$ 之比

$$r_{be} = \frac{\Delta U_{BE}}{\Delta I_B} = \frac{u_{be}}{i_b} \qquad (8.6)$$

称为晶体管的输入电阻,它表示晶体管的输入特性。在小信号的情况下,$r_{be}$ 是一常数,由

它确定 $u_{be}$ 和 $i_b$ 之间的关系。因此,晶体管的输入电路可用 $r_{be}$ 等效替代,如图 8.7 所示。

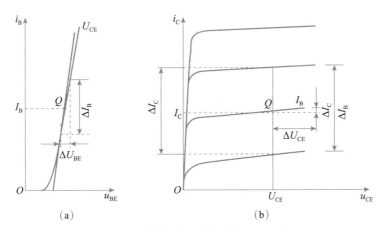

图 8.6   从晶体管的特性曲线求 $r_{be}$、$\beta$ 和 $r_{ce}$

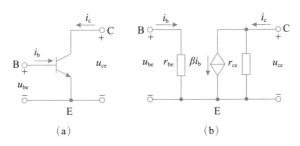

图 8.7   晶体管及其微变等效电路

低频小功率晶体管的输入电阻常用下式估算:

$$r_{be} = 300 + (1+\beta)\frac{26(\text{mA})}{I_E(\text{mA})} \tag{8.7}$$

式中:$r_{be}$ 一般为几百欧到几千欧;$I_E$ 是发射极电流的静态值。它是对交流信号而言的一个动态电阻,在手册中常用 $h_{ie}$ 表示。

图 8.6(b) 是晶体管的输出特性曲线,在线性工作区是一组近似等距离的平行直线。当 $U_{CE}$ 为常数时,$\Delta I_C$ 与 $\Delta I_B$ 之比:

$$\beta = \frac{\Delta I_C}{\Delta I_B} = \frac{i_c}{i_b} \tag{8.8}$$

即为晶体管的电流放大系数。在小信号的条件下,$\beta$ 是一常数,由它确定 $i_c$ 受 $i_b$ 控制的关系。因此,晶体管的输出电路可用一等效恒流源 $i_c = \beta i_b$ 代替,以表示晶体管的电流控制作用。当 $i_b = 0$ 时,$\beta i_b$ 就不存在,所以它不是一个独立电源,而是受输入电流 $i_b$ 控制的受控电流源。$\beta$ 值一般为 $20 \sim 200$,在手册中常用 $h_{fe}$ 表示。

此外,在图 8.6(b) 中还可看到,晶体管的输出特性曲线不完全与横轴平行,当 $I_B$ 为常数时,$\Delta U_{CE}$ 与 $\Delta I_C$ 之比:

$$r_{ce} = \frac{\Delta U_{CE}}{\Delta I_C} = \frac{u_{ce}}{i_c} \tag{8.9}$$

称为晶体管的输出电阻。在小信号的条件下,$r_{ce}$ 也就是电源的内阻,因此在等效电路中与

恒流源 $\beta i_b$ 并联。由于 $r_{ce}$ 的阻值很高,约为几十千欧到几百千欧,所以在微变等效电路中把它忽略不计。图 8.7(b)就是我们得出的晶体管微变等效电路(线性模型)。

**2. 放大电路的微变等效电路**

由晶体管的微变等效电路和放大电路的交流通路可得出放大电路的微变等效电路。如上所述,静态值可由直流通路确定,而交流分量则由相应的交流通路来分析计算。图 8.8(a)是图 8.3 所示交流放大电路的交流通路。对交流分量而言,电容 $C_1$ 和 $C_2$ 可视作短路;同时,一般直流电源的内阻很小,可以忽略不计,对交流而言,直流电源也可以认为是短路的。据此就可画出交流通路。再把交流通路中的晶体管用它的微变等效电路(线性模型)代替,即为放大电路的微变等效电路,如图 8.8(b)所示。电路中的电压和电流都是交流分量,箭头表示参考方向。

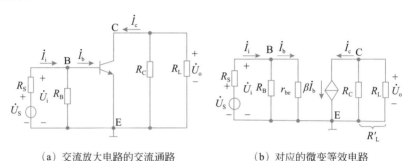

(a) 交流放大电路的交流通路　　　(b) 对应的微变等效电路

图 8.8　交流通路及其微变等效电路

**3. 电压放大倍数的计算**

下面以图 8.3 的交流放大电路为例,应用其微变等效电路来计算电压放大倍数 $A_u$。设输入的是正弦信号,电路中的电压和电流都可用相量表示,如图 8.8(b)所示。

根据图 8.8(b),可列出

$$\dot{U}_i = \dot{I}_b r_{be}$$

$$\dot{U}_o = -\dot{I}_c R'_L = -\beta \dot{I}_b R'_L$$

式中

$$R'_L = R_C /\!/ R_L$$

因此放大电路的电压放大倍数:

$$A_u = \frac{\dot{U}_o}{\dot{U}_i} = -\beta \frac{R'_L}{r_{be}} \tag{8.10}$$

上式中的负号表示输出电压 $\dot{U}_o$ 与 $\dot{U}_i$ 的相位相反。当放大电路输出端开路(未接 $R_L$)时,有

$$A_u = \frac{\dot{U}_o}{\dot{U}_i} = -\beta \frac{R_C}{r_{be}} \tag{8.11}$$

比接 $R_L$ 时高。可见 $R_L$ 越小,则电压放大倍数越低。

$A_u$ 除了与 $R'_L$ 有关外,还与 $\beta$ 和 $r_{be}$ 有关。在保持静态值 $I_E$ 一定的条件下,由式(8.7)可知,$\beta$ 大的管子其 $r_{be}$ 也大,但两者不是成正比地增大,而是随着 $\beta$ 的增大,$\frac{\beta}{r_{be}}$ 值也在增

大,但是增大得越来越少。即随着 $\beta$ 的增大,电压放大倍数增大得越来越少。当 $\beta$ 足够大时,电压放大倍数几乎与 $\beta$ 无关。另外,在 $\beta$ 一定时,只要稍微把 $I_E$ 增大一些,就能使电压放大倍数在一定范围内有明显提高,而往往选用 $\beta$ 较高的管子反而达不到这个效果。但是要注意,$I_E$ 的增大是有限制的。

**例 8.3** 在图 8.3 中,$V_{CC}=12V$,$R_C=4k\Omega$,$R_B=300k\Omega$,$\beta=37.5$,$R_L=4k\Omega$,试求电压放大倍数 $A_u$。

**解:** 在例 8.1 中已求出

$$I_C=1.5mA \approx I_E$$

由式(8.7)得

$$r_{be}=300+(1+37.5) \times \frac{26}{1.5}=0.967(k\Omega)$$

因此

$$A_u=-\beta \frac{R'_L}{r_{be}}=-37.5 \times \frac{2}{0.967}=-77.6$$

式中

$$R'_L=R_C \,/\!/\, R_L=2k\Omega$$

**4. 放大电路输入电阻的计算**

一个放大电路的输入端总是与信号源(或前级放大电路)相连,其输出端总是与负载(或后级放大电路)相连。因此放大电路与信号源和负载之间(或前级放大电路与后级放大电路之间),都是互相联系,互相影响的。

放大电路对信号源(或对前级放大电路)来说,是一个负载,可用一个电阻来等效代替。这个电阻是信号源的负载电阻,也就是放大电路的输入电阻 $r_i$,即

$$r_i=\frac{\dot{U}_i}{\dot{I}_i} \tag{8.12}$$

它是对交流信号而言的一个动态电阻。

如果放大电路的输入电阻较小,第一,将从信号源取用较大的电流,从而增加信号源的负担;第二,经过信号源内阻 $R_S$ 和 $r_i$ 的串联分压,使实际加到放大电路的输入电压 $\dot{U}_i$ 减小,从而减小输出电压;第三,后级放大电路的输入电阻就是前级放大电路的负载电阻,从而将会降低前级放大电路的电压放大倍数。因此,通常希望放大电路的输入电阻能高一些。

以图 8.3 的放大电路为例,其输入电阻可从它的微变等效电路(图 8.8(b))计算:

$$r_i=R_B \,/\!/\, r_{be} \approx r_{be} \tag{8.13}$$

实际上 $R_B$ 的阻值比 $r_{be}$ 大得多,因此,这一类放大电路的输入电阻基本上等于晶体管的输入电阻,阻值并不大。

**5. 放大电路输出电阻的计算**

放大电路对负载(或对后级放大电路)来说,是一个信号源,其内阻即为放大电路的输出电阻 $r_o$,它也是一个动态电阻。如果放大电路的输出电阻较大(相当于信号源的内阻较大),当负载变化时,输出电压的变化较大,也就是放大电路带负载的能力较差。因此,通常希望放大电路输出级的输出电阻低一些。

放大电路的输出电阻可在信号源短路($\dot{U}_i=0$)和输出端开路的条件下求得。现以

图 8.3 的放大电路为例,从它的微变等效电路(图 8.8(b))看,当 $\dot{U}_i=0$, $\dot{I}_b=0$ 时,$\beta\dot{I}_b$ 和 $\dot{I}_c$ 也为零。放大电路的输出电阻是从放大电路的输出端看进去的一个电阻。因为晶体管的输出电阻 $r_{ce}$(也和恒流源 $\beta\dot{I}_b$ 并联)很大,在图中已略去,因此

$$r_o \approx R_C \tag{8.14}$$

$R_C$ 一般为几千欧,因此共发射极放大电路的输出电阻较高。通常计算 $r_o$ 时可将信号源短路($\dot{U}_i=0$,但要保留信号源内阻),将 $R_L$ 断开,在输出端加一交流电压 $\dot{U}_o$,以产生一个电流 $\dot{I}_o$,则放大电路的输出电阻为

$$r_o = \frac{\dot{U}_o}{\dot{I}_o} \tag{8.15}$$

下例是计算 $r_o$ 的另一种方法。

**例 8.4** 有一放大电路(图 8.3),测得其输出端的开路电压的有效值 $U_{ot}=4V$,当接上负载电阻 $R_L=6k\Omega$ 时,输出电压下降为 $U_{oL}=3V$,试求该放大电路的输出电阻 $r_o$。

**解**:放大电路对负载来说,是一个信号源,可用等效电动势 $\dot{E}_o$ 和内阻 $r_o$ 表示,如图 8.9 所示。等效电源的内阻即为放大电路的输出电阻,也就是从放大电路的输出端看进去的一个等效电阻。

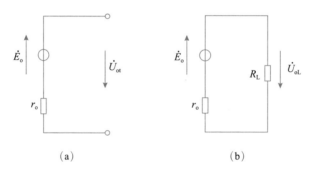

(a)　　　　　　(b)

图 8.9　例 8.4 的图

输出端开路时,有

$$\dot{U}_{ot} = \dot{E}_o$$

输出端接上负载电阻 $R_L$ 时,有

$$\dot{U}_{oL} = \frac{\dot{E}_o R_L}{r_o + R_L}$$

由上列两式可得出

$$r_o = \left(\frac{\dot{U}_{ot}}{\dot{U}_{oL}} - 1\right) R_L$$

这表明通过实验(或计算),得出放大电路输出端开路时的输出电压 $U_{ot}$ 和接上负载电阻 $R_L$ 时的输出电压 $U_{oL}$,然后根据上式也能算出放大电路的输出电阻。

在本例中,有

$$r_o = \left(\frac{4}{3} - 1\right) \times 6 = 2(k\Omega)$$

利用微变等效电路对放大电路进行动态分析和计算,非常简便,对较为复杂的电路也能适用,但它不能确定静态工作点。

### 8.5.2 图解法

对放大电路的动态分析也可以应用图解法,就是利用晶体管的特性曲线在静态分析的基础上,用作图的方法来分析各个电压和电流交流分量之间的传输情况和相互关系。

#### 1. 交流负载线

直流负载线反映静态时电流 $I_C$ 和电压 $U_{CE}$ 的变化关系,由于耦合电容 $C_2$ 的隔直作用,负载电阻 $R_L$ 不加考虑,因此其斜率为 $\tan\alpha = -\dfrac{1}{R_C}$。交流负载线反映动态时电流 $i_C$ 和电压 $u_{CE}$ 的变化关系,由于对交流信号 $C_2$ 可视作短路,即 $R_L$ 与 $R_C$ 并联,故其斜率为 $\tan\alpha' = -\dfrac{1}{R'_L}$。因为 $R'_L < R_C$,所以交流负载线比直流负载线要陡。当输入信号为零时,放大电路仍应工作在静态工作点 $Q$,可见交流负载线也要通过 $Q$ 点。根据上述两点,可作出例 8.3 的放大电路的交流负载线,如图 8.10 所示。

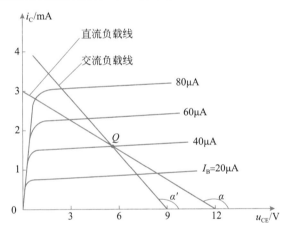

图 8.10　直流负载线和交流负载线

#### 2. 图解分析

由图 8.11 的图解分析可得出下列几点。

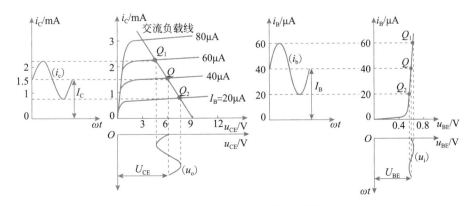

图 8.11　交流放大电路有输入信号时的图解分析

（1）交流信号的传输情况：

$$u_i(u_{be}) \rightarrow i_b \rightarrow i_c \rightarrow u_o(u_{ce})$$

（2）电压和电流都含有直流分量和交流分量，即

$$u_{BE} = U_{BE} + u_{be}, \quad i_B = I_B + i_b$$

$$i_C = I_C + i_c, \quad u_{CE} = U_{CE} + u_{ce}$$

由于电容 $C_2$ 的隔直作用，$u_{CE}$ 的直流分量 $U_{CE}$ 不能到达输出端，只有交流分量 $u_{ce}$ 能通过 $C_2$ 构成输出电压 $u_o$。

（3）输入信号电压 $u_i$ 和输出电压 $u_o$ 相位相反。如设公共端发射极的电位为零，那么，基极的电位升高时，集电极的电位降低；基极的电位降低时，集电极的电位升高。一高一低，两者变化相反。

（4）从图上也可计算电压放大倍数（虽然是不精确的），它等于输出正弦电压的幅值与输入正弦电压的幅值之比。$R_L$ 的阻值越小，交流负载线越陡，电压放大倍数下降得越多。

**3. 非线性失真**

对放大电路有一个基本要求，就是输出信号尽可能不失真。所谓失真，是指输出信号的波形不像输入信号的波形。引起失真的原因有多种，其中最基本的一个就是由于静态工作点不合适或者信号太大，使放大电路的工作范围超出了晶体管特性曲线上的线性范围。这种失真通常称为非线性失真。

在图 8.12(a) 中，静态工作点 $Q_1$ 的位置太低，即使输入的是正弦电压，但在它的负半周，晶体管进入截止区工作，$i_B$、$u_{CE}$ 和 $i_C$ 都严重失真，$i_B$、$i_C$ 的负半周和 $u_{CE}$ 的正半周被削平。这是由于晶体管的截止而引起的，所以称为截止失真。在图 8.12(b) 中，静态工作点 $Q_2$ 太高，在输入电压的正半周，晶体管进入饱和区工作，这时 $i_B$ 不失真，但是 $u_{CE}$ 和 $i_C$ 都严重失真。这是由晶体管的饱和引起的，所以称为饱和失真。

因此，要放大电路不产生非线性失真，必须要有一个合适的静态工作点，工作点 $Q$ 应大致选在交流负载线的中点。另外，输入信号 $u_i$ 的幅值不能太大，以避免放大电路的工作范围超过特性曲线的线性范围。在小信号放大电路中，此条件一般都能满足。

图解法的主要优点是直观、形象，便于对放大电路工作原理的理解，但不适合较为复杂的电路（如多级放大电路和带有反馈的放大电路），并且作图过程烦琐，容易产生误差。

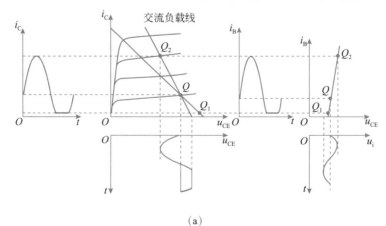

(a)

图 8.12　工作点不合适引起的输出电压波形失真

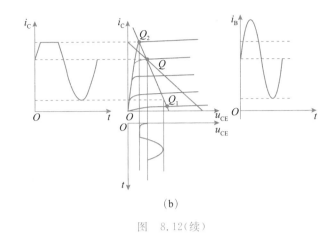

(b)

图　8.12(续)

## 8.6　静态工作点的稳定

### 8.6.1　分压式偏置放大电路

前面说过,放大电路应有合适的静态工作点,以保证有较好的放大效果,并且不引起非线性失真。由于静态工作点由直流负载线与晶体管输出特性曲线(对应于静态基极电流的那一条)的交点确定,当电源电压 $V_{CC}$ 和集电极电阻 $R_C$ 的大小确定后,静态工作点的位置决定于偏置电流 $I_B$ 的大小。在图 8.3 所示的放大电路中,偏置电流由下式确定:

$$I_B = \frac{V_{CC} - U_{BE(ON)}}{R_B} \approx \frac{V_{CC}}{R_B}$$

$R_B$ 一经选定后,$I_B$ 也就固定不变,所以这个电路称为固定偏置电路。

固定偏置电路虽然简单且容易调整,但在外部因素(例如温度变化、晶体管老化、电源电压波动等)的影响下,将引起静态工作点的变动,严重时使放大电路不能正常工作,其中影响最大的是温度的变化。当温度升高时,晶体管的 $I_{CBO}$ 和 $\beta$ 等参数随之增大,这都导致集电极电流的静态值 $I_C$ 增大,因而晶体管的整个输出特性曲线向上平移,如图 8.13 中的虚线所示。设偏置电流 $I_B$ 受温度的影响略去不计,仍为 $40\mu A$,那么静态工作点就从 $Q$ 移动到 $Q'$,使工作范围从 $Q_1Q_2$ 移动到 $Q_1'Q_2'$(设基极电流 $i_B$ 在 $20\mu A$ 到 $60\mu A$ 之间变化)而进入饱和区,对放大电路的工作显然会有影响。为此,需要改进偏置电路,以使工作点稳定。从图 8.13 可见,要采用这样的偏置电路:当温度升高后,偏流能自动减小(例如从 $40\mu A$ 小到 $25\mu A$),工作点 $Q''$ 仍在原工作点 $Q$ 的附近,基本稳定。

当温度变化时,要使 $I_C$ 近似维持不变以稳定静态工作点,采用图 8.14(a)所示的分压式偏置放大电路,其中 $R_{B1}$ 和 $R_{B2}$ 构成偏置电路。由图 8.14(b)所示的直流通路可列出:

$$I_1 = I_2 + I_B$$

若使

$$I_2 \gg I_B \tag{8.16}$$

则

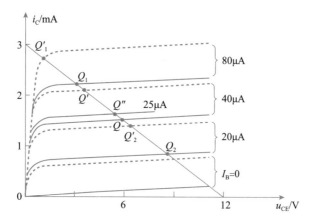

图 8.13 温度对静态工作点的影响

$$I_1 \approx I_2 \approx \frac{V_{CC}}{R_{B1} + R_{B2}}$$

基极电位：

$$V_B = I_2 R_{B2} \approx \frac{R_{B2}}{R_{B1} + R_{B2}} V_{CC} \tag{8.17}$$

可认为 $V_B$ 与晶体管的参数无关，不受温度影响，而仅为 $R_{B1}$ 和 $R_{B2}$ 的分压电路所固定。

引入发射极电阻 $R_E$ 后，由图 8.14(b)可列出

$$U_{BE} = V_B - V_E = V_B - I_E R_E \tag{8.18}$$

若使

$$V_B \gg U_{BE} \tag{8.19}$$

则

$$I_C \approx I_E = \frac{V_B - U_{BE}}{R_E} \approx \frac{V_B}{R_E} \tag{8.20}$$

也可认为 $I_C$ 不受温度影响。

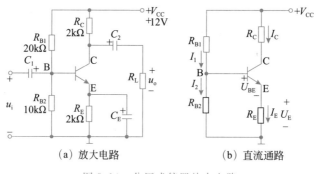

(a) 放大电路　　　　　(b) 直流通路

图 8.14 分压式偏置放大电路

因此，只要满足式(8.16)和式(8.19)两个条件，$V_B$ 和 $I_E$ 或 $I_C$ 就与晶体管的参数几乎无关，且不受温度变化的影响，从而静态工作点能得以基本稳定。

根据上述两个条件，似乎 $I_2$ 和 $V_B$ 越大越好。其实不然，还要考虑到其他因素的影响。

$I_2$ 不能太大,否则,$R_{B1}$ 和 $R_{B2}$ 就要取得较小,这不但要增加功率损耗,而且从信号源取用较大的电流,使信号源的内阻压降增加,加在放大电路输入端的电压 $u_i$ 减小。一般 $R_{B1}$ 和 $R_{B2}$ 为几十千欧。基极电位 $V_B$ 也不能太高,否则,由于发射极电位 $V_E(\approx V_B)$ 增高而使 $U_{CE}$ 相对地减小($V_{CC}$ 一定),因而减小了放大电路输出电压的变化范围。因此,对硅管言,在估算时一般可选取 $I_2=(5\sim10)I_B$ 和 $V_B=(5\sim10)U_{BE}$。

分压式偏置电路能稳定静态工作点的物理过程可表示如下:当温度升高使 $I_C$ 和 $I_E$ 增大时,$V_E=I_eR_E$ 也增大。由于 $V_B$ 为 $R_{B1}$ 和 $R_{B2}$ 的分压电路所固定,故根据式(8.18),于是 $U_{BE}$ 减小,从而引起 $I_B$ 减小而使 $I_C$ 自动下降,静态工作点大致恢复到原来的位置。可见,这种电路能稳定工作点的实质是由于输出电流 $I_C$ 的变化通过发射极电阻 $R_E$ 上电压降 ($V_E=I_eR_E$)的变化反映出来,而后引回(就是反馈)输入电路,和 $V_B$ 比较,使 $U_{BE}$ 发生变化来牵制 $I_C$ 的变化。$R_E$ 越大,稳定性能越好。但 $R_E$ 太大时将使 $V_E$ 增高,从而减小放大电路输出电压的幅值。$R_E$ 在小电流情况下为几百欧到几千欧,在大电流情况下为几欧到几十欧。

$$温度升高 \longrightarrow I_C\uparrow \longrightarrow V_B\uparrow \longrightarrow U_{BE}\downarrow$$
$$I_C\downarrow \longleftarrow I_B\downarrow \longleftarrow \qquad$$

发射极电阻 $R_E$ 接入,一方面发射极电流的直流分量 $I_E$ 通过它,起自动稳定静态工作点的作用;另一方面发射极电流的交流分量 $i_e$ 通过它,也会产生交流压降,使 $u_{be}$ 减小,这样就会降低放大电路的电压放大倍数和增大输入电阻。为此,可在 $R_E$ 两端并联电容 $C_E$,如图 8.14(a)所示。只要 $C_E$ 的容量足够大,对交流信号的容抗就很小,对交流分量可视作短路,而对直流分量并无影响,因此 $C_E$ 称为发射极交流旁路电容,其容量一般为几十微法到几百微法。

如果发射极电阻 $R_E$ 没有并联旁路电容,如图 8.15(a)所示,那么放大电路的动态参数将会受到影响。我们可以画出其微变等效电路,如图 8.15(b)所示。

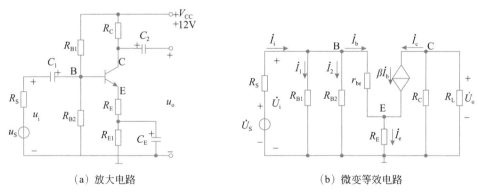

(a) 放大电路　　　　　　　　　　　(b) 微变等效电路

图 8.15　$R_E$ 未并联 $C_E$ 的分压式偏置放大电路

分析图 8.15 可得

$$\dot{U}_o=-\dot{I}_cR'_L=-\beta\dot{I}_bR'_L$$
$$\dot{U}_i=\dot{I}_br_{be}+\dot{I}_eR_E=\dot{I}_br_{be}+(1+\beta)\dot{I}_bR_E$$

式中

$$R'_L = R_C \mathbin{/\mkern-4mu/} R_L$$

因此放大电路的电压放大倍数：

$$A_u = \frac{\dot{U}_o}{\dot{U}_i} = -\beta \frac{R'_L}{r_{be} + (1+\beta)R_E} \tag{8.21}$$

可以明显看出，由于 $R_E$ 对输入信号的分压作用，使放大电路的电压放大倍数下降了，而且 $R_E$ 越大，电压放大倍数就下降得越多。

输入电阻：

$$r_i = \frac{\dot{U}_i}{\dot{I}_i}$$

式中

$$\dot{U}_i = \dot{I}_b r_{be} + \dot{I}_e R_E = \dot{I}_b [r_{be} + (1+\beta)R_E]$$

$$\dot{I}_i = \dot{I}_1 + \dot{I}_2 + \dot{I}_b$$

$$\dot{I}_1 = \frac{\dot{U}_i}{R_{B1}}, \quad \dot{I}_2 = \frac{\dot{U}_i}{R_{B2}}$$

则

$$r_i = \frac{\dot{U}_i}{\dfrac{\dot{U}_i}{R_{B1}} + \dfrac{\dot{U}_i}{R_{B2}} + \dfrac{\dot{U}_i}{r_{be} + (1+\beta)R_E}}$$

化简得

$$r_i = R_{B1} \mathbin{/\mkern-4mu/} R_{B2} \mathbin{/\mkern-4mu/} [r_{be} + (1+\beta)R_E] \tag{8.22}$$

可见，$R_E$ 增大了放大电路的输入电阻，而且 $R_E$ 越大，输入电阻就越大。但 $R_E$ 对输出电阻没有影响。

例8.5　在图8.14(a)所示电路中，已知晶体管 $\beta=100$，$R_{B1}=20\text{k}\Omega$，$R_{B2}=10\text{k}\Omega$，$R_C=2\text{k}\Omega$，$R_E=2\text{k}\Omega$，$R_L=5.6\text{k}\Omega$，$V_{CC}=12\text{V}$，各电容的容量足够大。试求：(1) 静态工作点；(2) $A_u$、$r_i$ 和 $r_o$；(3) 画出放大电路的微变等效电路。

解：(1) 静态工作点的计算。

由图8.14(b)，根据式(8.17)、式(8.18)和式(8.20)可得

$$V_B \approx \frac{R_{B2}}{R_{B1}+R_{B2}}V_{CC} = \frac{10}{10+20} \times 12 = 4(\text{V})$$

$$I_C \approx I_E = \frac{V_B - U_{BE}}{R_E} = \frac{4-0.7}{2} = 1.65(\text{mA})$$

$$I_B = \frac{I_C}{\beta} = \frac{1.65}{100} = 16.5(\mu\text{A})$$

$$U_{CE} = V_{CC} - I_C(R_C + R_E) = 12 - 1.65 \times (2+2) = 5.4(\text{V})$$

(2) $A_u$、$r_i$ 和 $r_o$ 的计算。

先求晶体管的输入电阻 $r_{be}$。由式(8.7)得

$$r_{be} = 300 + (1+\beta)\frac{26}{I_E} = 300 + 101 \times \frac{26}{1.65} \approx 1.89(\text{k}\Omega)$$

由式(8.10)得

$$A_u = -\beta \frac{R'_L}{r_{be}} = -100 \times \frac{\dfrac{2 \times 5.6}{2 + 5.6}}{1.89} \approx -77.9$$

$$r_i = R_{B1} \text{ // } R_{B2} \text{ // } r_{be} = \frac{1}{\dfrac{1}{20} + \dfrac{1}{10} + \dfrac{1}{1.89}} \approx 1.47(\text{k}\Omega)$$

$$r_o = R_C = 3\text{k}\Omega$$

（3）交流通路和微变等效电路如图 8.16 所示。

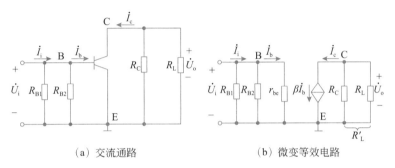

（a）交流通路　　　　　　　　（b）微变等效电路

图 8.16　交流通路和微变等效电路

## 8.6.2　信号源内阻对放大电路性能的影响

上述分析均没有考虑信号源内阻的影响，即认为放大电路的输入电压 $u_i$ 等于信号源的电动势。由于信号源内阻将对信号源电动势产生分压作用，所以输出电压对信号源电动势的电压放大倍数将小于对放大电路输入电压 $u_i$ 的电压放大倍数。

图 8.17 从输入端反映了信号源与放大电路之间的关系，根据输入电阻，与信号源内阻 $R_S$ 分压的原理可得到用 $r_i$、$R_S$、$A_u$ 表示的输出电压对信号源电动势的源电压放大倍数。

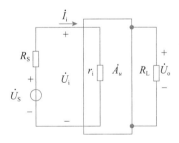

图 8.17　信号源内阻与放大电路之间的关系

若输出电压对信号源电动势的源电压放大倍数为 $A_{us}$，则

$$A_{us} = \frac{\dot{U}_o}{\dot{U}_S}$$

式中

$$\dot{U}_S = \dot{I}_i R_S + \dot{U}_i$$

$$\dot{I}_i = \frac{\dot{U}_i}{r_i}$$

$$\dot{U}_S = \frac{\dot{U}_i}{r_i} R_S + \dot{U}_i = \dot{U}_i \frac{R_S + r_i}{r_i}$$

联立求得

$$A_{us} = \frac{\dot{U}_o}{\dot{U}_S} = \frac{\dot{U}_o}{\dot{U}_i \frac{R_S + r_i}{r_i}} = \frac{r_i}{R_S + r_i} \frac{\dot{U}_o}{\dot{U}_i} = \frac{r_i}{R_S + r_i} A_u \tag{8.23}$$

由上式可知,输入电阻 $r_i$ 越大,源电压放大倍数 $A_{us}$ 就越接近于电压放大倍数 $A_u$。

## 8.7 射极输出器

前面所讲的放大电路都是从集电极输出,共发射极接法。本节介绍的射极输出器(其电路如图 8.18 所示)是从发射极输出,在接法上是一个共集电极电路。由于电源 $V_{CC}$ 对交流信号相当于短路,所以集电极成为输入与输出电路的公共端。对于射极输出器,可以用上述分析共发射极放大电路的方法来分析其特点和用途。

### 8.7.1 静态分析

由图 8.19 所示的射极输出器的直流通路可确定静态值:

$$I_B = \frac{V_{CC} - U_{BE}}{R_B + (1+\beta)R_E} \tag{8.24}$$

$$I_E = I_B + I_C = I_B + \beta I_B = (1+\beta)I_B \tag{8.25}$$

$$U_{CE} = V_{CC} - I_E R_E \tag{8.26}$$

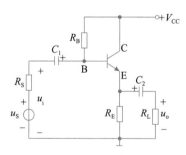

图 8.18 射极输出器

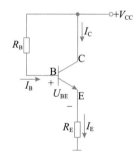

图 8.19 射极输出器的直流通路

### 8.7.2 动态分析

**1. 电压放大倍数**

由图 8.20 所示的射极输出器的微变等效电路可得出

$$\dot{U}_o = \dot{I}_e R'_L = (1+\beta)\dot{I}_b R'_L$$

式中

$$R'_L = R_E \mathbin{/\mkern-6mu/} R_L$$

$$\dot{U}_i = \dot{I}_b r_{be} + \dot{I}_e R'_L = \dot{I}_b r_{be} + (1+\beta)\dot{I}_b R'_L$$

$$A_u = \frac{\dot{U}_o}{\dot{U}_i} = \frac{(1+\beta)\dot{I}_b R'_L}{\dot{I}_b r_{be} + (1+\beta)\dot{I}_b R'_L} = \frac{(1+\beta)R'_L}{r_{be} + (1+\beta)R'_L} \tag{8.27}$$

由上式可知：①电压放大倍数接近 1，但恒小于 1。这是因为 $r_{be} \ll (1+\beta)R'_L$ 的缘故。因此 $\dot{U}_o \approx \dot{U}_i$，但 $U_o$ 略小于 $U_i$。虽然没有电压放大作用，但因 $I_e = (1+\beta)I_b$，因此仍具有一定的电流放大和功率放大作用。②输出电压与输入电压同相，具有跟随作用。由 $\dot{U}_o \approx \dot{U}_i$ 可知，两者同相，且大小基本相等，因而输出端电位跟随着输入端电位的变化而变化，这是射极输出器的跟随作用（与共发射极放大电路不同），故它又称为射极跟随器。

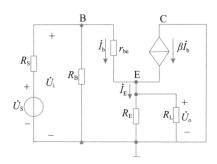

图 8.20 射极输出器的微变等效电路

**2. 输入电阻**

射极输出器的输入电阻 $r_i$ 也可从图 8.20 所示的微变等效电路经过计算得出，即

$$r_i = R_B \mathbin{/\mkern-6mu/} [r_{be} + (1+\beta)R'_L] \tag{8.28}$$

式中：$(1+\beta)R'_L$ 可以理解为折算到基极电路的发射极电阻。$I_e = (1+\beta)I_b$，如果 $I_b$ 流过发射极电路时，则发射极电阻的折算值应为原阻值的 $1+\beta$ 倍。

可见，射极输出器的输入电阻是由偏置电阻 $R_B$ 和电阻 $r_{be} + (1+\beta)R'_L$ 并联得到的。通常 $R_B$ 的阻值很大（几十千欧至几百千欧），同时 $r_{be} + (1+\beta)R'_L$ 也比上述共发射极放大电路的输入电阻（$r_i \approx r_{be}$）大得多。因此，射极输出器的输入电阻很高，可达几十千欧到几百千欧。

**3. 输出电阻**

射极输出器的输出电阻 $r_o$ 可由图 8.21 的电路应用式 (8.15) 求得。

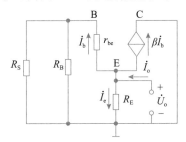

图 8.21 计算输出电阻的等效电路

将信号源短路,保留其内阻 $R_\mathrm{S}$,$R_\mathrm{S}$ 与 $R_\mathrm{B}$ 并联后的等效电阻为 $R'_\mathrm{S}$。在输出端将 $R_\mathrm{L}$ 拿掉,加一交流电压 $U_\mathrm{o}$,产生电流 $I_\mathrm{o}$。

$$\dot{I}_\mathrm{o} = \dot{I}_\mathrm{b} + \beta \dot{I}_\mathrm{b} + \dot{I}_\mathrm{e} = \frac{\dot{U}_\mathrm{o}}{r_\mathrm{be} + R'_\mathrm{S}} + \beta \frac{\dot{U}_\mathrm{o}}{r_\mathrm{be} + R'_\mathrm{S}} + \frac{\dot{U}_\mathrm{o}}{R_\mathrm{E}}$$

$$r_\mathrm{o} = \frac{\dot{U}_\mathrm{o}}{\dot{I}_\mathrm{o}} = \frac{1}{\dfrac{1+\beta}{r_\mathrm{be} + R'_\mathrm{S}} + \dfrac{1}{R_\mathrm{E}}} = \frac{R_\mathrm{E}(r_\mathrm{be} + R'_\mathrm{S})}{(1+\beta)R_\mathrm{E} + (r_\mathrm{be} + R'_\mathrm{S})}$$

通常 $(1+\beta)R_\mathrm{E} \gg (r_\mathrm{be} + R'_\mathrm{S})$,$\beta \gg 1$,因此

$$r_\mathrm{o} \approx \frac{r_\mathrm{be} + R'_\mathrm{S}}{\beta} \tag{8.29}$$

可见,射极输出器的输出电阻是很低的,比共发射极放大电路的输出电阻低得多,由此说明它具有恒压输出特性。

综上所述,射极输出器的主要特点是:电压放大倍数接近1;输入电阻高;输出电阻低。

射极输出器的应用十分广泛,主要由于它具有高输入电阻和低输出电阻的特点。因为输入电阻高,它常被用作多级放大电路的输入级,这对高内阻的信号源更有意义。如果信号源的内阻较高,而它接一个低输入电阻的共发射极放大电路,那么,信号电压主要降在信号源本身的内阻上,分到放大电路输入端的电压就很小。又如测量仪器里的放大电路要求有高输入电阻,以减小仪器接入时对被测电路产生的影响,因此常用射极输出器作为输入级。

另外,如果放大电路的输出电阻较低,则当负载接入后或当负载增大时,输出电压的下降就较小,或者说它带负载的能力较强。所以射极输出器也常用作多级放大电路的输出级,在后面要讲的运算放大器就是这样。有时还将射极输出器接在两级共发射极放大电路之间,则对前级放大电路而言,它的高输入电阻对前级的影响很小(前级提供的信号电流小);而对后级放大电路而言,由于它的输出电阻低,正好与输入电阻低的共发射极电路配合。这就是射极输出器的阻抗变换作用。这一级射极输出器称为缓冲级或中间隔离级。

由此可见,虽然射极输出器本身的电压放大倍数小于1,但接入多级放大电路后(作为输入级、输出级或中间级),使放大电路的工作得到改善。

**例 8.6** 在图 8.18 的射极输出器中,$V_\mathrm{CC} = 12\mathrm{V}$,$\beta = 60$,$R_\mathrm{B} = 200\mathrm{k\Omega}$,$R_\mathrm{E} = 2\mathrm{k\Omega}$,$R_\mathrm{L} = 2\mathrm{k\Omega}$,信号源内阻 $R_\mathrm{S} = 100\Omega$,试求:(1) 静态值;(2) $A_u$、$r_\mathrm{i}$ 和 $r_\mathrm{o}$。

**解:**(1) 计算静态值

$$I_\mathrm{B} = \frac{V_\mathrm{CC} - U_\mathrm{BE}}{R_\mathrm{B} + (1+\beta)R_\mathrm{E}} = \frac{12 - 0.6}{200 + (1+60) \times 2} = \frac{11.4}{322} = 0.035(\mathrm{mA})$$

$$I_\mathrm{E} = (1+\beta)I_\mathrm{B} = (1+60) \times 0.035 = 2.14(\mathrm{mA})$$

$$U_\mathrm{CE} = V_\mathrm{CC} - I_\mathrm{E}R_\mathrm{E} = 12 - 2.14 \times 2 = 7.72(\mathrm{V})$$

(2) 计算 $A_u$、$r_\mathrm{i}$ 和 $r_\mathrm{o}$

$$r_\mathrm{be} = 300 + (1+\beta)\frac{26}{I_\mathrm{E}} = 300 + (1+60) \times \frac{26}{2.14} = 1.04(\mathrm{k\Omega})$$

$$A_u = \frac{(1+\beta)R'_\mathrm{L}}{r_\mathrm{be} + (1+\beta)R'_\mathrm{L}} = \frac{(1+60) \times 1}{1.04 + (1+60) \times 1} = \frac{61}{62.04} = 0.98$$

式中

$$R'_L = R_E \mathbin{/\mkern-5mu/} R_L = 2 \mathbin{/\mkern-5mu/} 2 = 1(\mathrm{k}\Omega)$$

$$r_i = R_B \mathbin{/\mkern-5mu/} [r_{be} + (1+\beta)R'_L] = \frac{200 \times 62.4}{200 + 62.4} = 47.1(\mathrm{k}\Omega)$$

$$r_o \approx \frac{r_{be} + R'_S}{\beta} = \frac{1040 + 100}{60} = 19(\Omega)$$

式中

$$R'_S = R_S \mathbin{/\mkern-5mu/} R_B = 100 \mathbin{/\mkern-5mu/} 200 \times 10^3 \approx 100(\Omega)$$

## 本 章 小 结

1. 放大电路的静态分析就是求解放大电路的静态值。利用放大电路的直流通路,对基本放大电路应用基尔霍夫电压定律和欧姆定律就可以求出静态参数:$I_B$、$I_C$、$U_{BE}$ 和 $U_{CE}$。对分压式偏置放大电路,在满足 $I_2 = (5{\sim}10)I_B$ 和 $V_B = (5{\sim}10)U_{BE}$ 的条件下,可以采用近似的方法求解静态工作点参数。

2. 放大电路的动态分析主要是求解用元件参数表示的电压放大倍数和输入、输出电阻等参数。当电路工作于低频小信号时,电压放大倍数、输入和输出电阻 3 个参数的求解表达式可以借助放大电路的微变等效电路分析得到。

3. 射极跟随器具有高输入阻抗和低输出阻抗的特点,电压放大倍数恒小于 1 但约等于 1,所以电路不具备电压放大能力,但仍具有电流放大能力。

## 技能训练——晶体管的识别与检测

**1.** 实验目的
(1) 掌握用万用表判别晶体管类型和引脚的方法。
(2) 掌握晶体管主要参数的测量方法。

**2.** 实验器材
针式万用表、数字式万用表、晶体管(9013 和 9015)。

晶体管的识别与检测

**3.** 实验内容
1) 晶体管的外形及引脚排列

双极型三极管比场效应管应用广泛,三极管的封装有金属壳和塑料封装等,常见三极管封装外形如图 8.22 所示,其引脚排列如图 8.23 所示。需指出,图 8.23 中的引脚排列方法是一般规律,对于外壳上有引脚指示标志的,应按标志识别,对管壳上无引脚标志的,则应以测量为准。

图 8.22　常见晶体管的外形

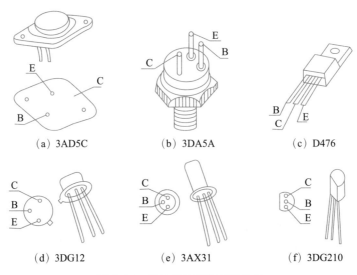

(a) 3AD5C　　　　(b) 3DA5A　　　　(c) D476

(d) 3DG12　　　　(e) 3AX31　　　　(f) 3DG210

图 8.23　常见晶体管的引脚排列

2) 晶体管的检测方法

因为晶体管内部有两个 PN 结,所以可以用万用表欧姆挡测量 PN 结的正、反向电阻来确定晶体管的引脚、管型并可判断晶体管性能的好坏。

(1) 基极判别

将万用表置于 R×1k 挡,用两表笔去搭接晶体管的任意两引脚,如果阻值很大(几百千欧以上),将表笔对调再测一次,如果阻值也很大,则剩下的那只引脚必是基极 B。

(2) 类型判别

晶体管基极确定后,可用万用表黑表笔(即表内电池正极)接基极,红表笔(即表内电池负极)接另外两引脚引线中的任意一个,如果测得的电阻值很大(几百千欧以上),则该管是 PNP 型管;如果测得的电阻值较小(几千欧以下),则该管是 NPN 型管。硅管、锗管的判别方法同二极管,即硅管 PN 结正向电阻约为几千欧,锗管 PN 结正向电阻约为几百欧。

(3) 集电极判别

测 NPN 型晶体管的集电极时,先在除基极以外的两个电极中任设一个为集电极,并将万用表的黑表笔搭接在假设的集电极上,红表笔搭接在假设的发射极上,用一大电阻 $R$ 接基极和假设的集电极(即图 8.24 中的开关 S 闭合,一般可以用人体电阻作为 $R$),如果万用表指针有较大的偏转,则以上假设正确;如果万用表指针偏转很小,则假设不正确。为准确起见,一般将基极以外的两个电极先后假设为集电极,进行两次测量,万用表指针偏转角较大的那次测量,与黑表笔相连的是晶体管的集电极。

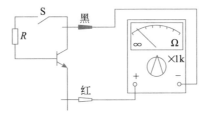

图 8.24　晶体管集电极的判别

（4）电流放大倍数 $\beta$ 的测量

将指针式万用表置于 $h_{FE}$ 挡，欧姆调零后将晶体管的三个引脚按其类型，正确插入晶体管的测试孔内，即可测出晶体管的 $\beta$ 值。

将测试结果填入表 8.2 内。

表 8.2　晶体管测试结果记录表

| 型号 | 外形与引脚排列情况 | 极性 | $\beta$ 值 |
| --- | --- | --- | --- |
| 9013 | | | |
| 9015 | | | |

**4. 思考题**

（1）晶体管集电极和发射极为什么不能对调使用？

（2）如何判别 PNP 管的集电极？请画出测试电路。

**5. 完成实验报告**

略。

## 实验项目——单管共发射极放大电路的测试

**1. 实验目的**

（1）掌握单管放大电路静态工作点的调试和测量方法。

（2）掌握单管放大电路电压放大倍数的测量方法，能够分析电路中元件的参数改变对电压放大倍数的影响。

（3）掌握单管放大电路输入电阻和输出电阻的测量方法。

单管共发射极
放大电路测试

**2. 实验器材**

低频函数信号发生器、示波器、直流稳压电源、单面印制电路板、晶体管 9013、电阻若干、电解电容、电位器、开关、导线等。

**3. 实验原理**

实验电路如图 8.25 所示，是分压式偏置放大电路。其偏置电路采用 $(R_W+R_1)$ 和 $R_2$ 组成的分压电路，并在发射极中接有电阻 $R_5$，以稳定放大电路的静态工作点。当在放大电路的输入端加入输入信号 $u_i$ 后，在放大电路的输出端便可得到一个与 $u_i$ 相位相反，幅值被放大了的输出信号 $u_o$，从而实现了电压放大。

当流过偏置电阻 $R_{B1}(R_W+R_1)$ 和 $R_{B2}(R_2)$ 的电流远大于晶体管的基极电流 $I_B$ 时（一般为 5～10 倍以上），则它的静态工作点可用下式估算：

$$\begin{cases} V_B \approx \dfrac{R_{B2}}{R_{B1}+R_{B2}}V_{CC} = \dfrac{R_2}{R_W+R_1+R_2}V_{CC} \\ I_E \approx \dfrac{V_B-U_{BE}}{R_E} \approx I_C, \quad R_E=R_5 \\ U_{CE}=V_{CC}-I_C(R_C+R_E), \quad R_C=R_3 \text{ 或 } R_4, \quad R_E=R_5 \end{cases}$$

电压放大倍数：

$$A_u=-\beta\frac{R_L'}{r_{be}}, \quad R_L'=R_C \mathbin{/\mkern-5mu/} R_L, \quad R_C=R_3 \text{ 或 } R_4, \quad R_L=R_{L1} \text{ 或 } R_{L2}$$

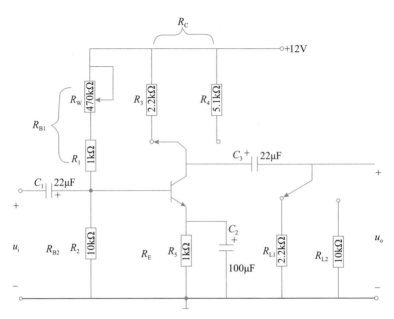

图 8.25　单管共发射极放大电路的实验电路

输入电阻：

$$R_i = R_{B1} \mathbin{/\!/} R_{B2} \mathbin{/\!/} r_{be} = (R_W + R_1) \mathbin{/\!/} R_2 \mathbin{/\!/} r_{be}$$

输出电阻：

$$R_o = R_C = R_3 \text{ 或 } R_4$$

1）放大电路静态工作点的调试与测量

（1）静态工作点的调试

放大电路静态工作点的调试是指对晶体管集电极电流 $I_C$（或 $U_{CE}$）的调整与测试。静态工作点是否合适，对放大电路的性能和输出波形都有很大影响。如工作点偏高，放大电路在加入交流信号以后易产生饱和失真，此时 $u_o$ 的负半周将被削底，如图 8.26(a)所示；如工作点偏低，则易产生截止失真，即 $u_o$ 的正半周被缩顶（一般截止失真不如饱和失真明显），如图 8.26(b)所示。这些情况都不符合不失真放大的要求。所以在选定工作点以后还必须进行动态调试，即在放大器的输入端加入一定的输入电压 $u_i$，检查输出电压 $u_o$ 的大小和波形是否满足要求。如不满足，则应调节静态工作点的位置。

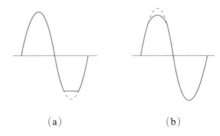

(a)　　　　　　　　(b)

图 8.26　静态工作点对 $u_o$ 波形失真的影响

改变电路参数 $V_{CC}$、$R_C$（选择 $R_3$ 或 $R_4$）、$R_B$（由 $R_1$、$R_W$ 和 $R_2$ 组成）都会引起静态工作点的变化，如图 8.27 所示。但通常多采用调节偏置电阻 $R_{B1}$（即调节电位器 $R_W$）的方法来改变静态工作点,如减小 $R_\mathrm{W}$,则可使静态工作点提高等。

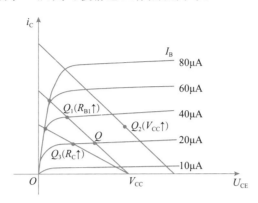

图 8.27　电路参数对静态工作点的影响

但是,上面所说的工作点"偏高"或"偏低"不是绝对的,应该是相对信号的幅度而言,如输入信号幅度很小,即使工作点较高或较低也不一定会出现失真。所以确切地说,产生波形失真是信号幅度与静态工作点设置配合不当所致。如需满足较大信号幅度的要求,静态工作点最好尽量靠近交流负载线的中点。在有负载的情况下,输入信号的变化使工作点沿交流负载线变化,从图 8.28 中 $U_\mathrm{CE}$ 的变化规律可以看出,在不考虑晶体管的饱和压降时,$U_\mathrm{CE}$ 向减小方向的变化幅度为 $U_\mathrm{CEQ}$,向增大方向的变化幅度为 $I_\mathrm{CQ}R'_\mathrm{L}$,要获得最大的不失真输出幅度,则需要 $U_\mathrm{CEQ}=I_\mathrm{CQ}\times R'_\mathrm{L}$。由于 $U_\mathrm{CEQ}$ 和 $I_\mathrm{CQ}$ 满足直流负载线方程 $U_\mathrm{CEQ}=V_\mathrm{CC}-I_\mathrm{CQ}R'_\mathrm{L}$。两式联立得

$$U_\mathrm{CEQ}=V_\mathrm{CC}\cdot\frac{R_\mathrm{L}}{2R_\mathrm{L}+R_\mathrm{C}}$$

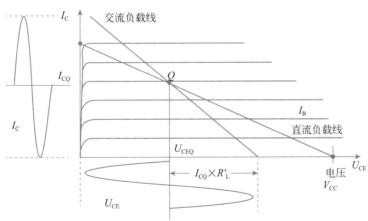

图 8.28　靠近交流负载线中点的静态工作点

根据上式可知以下结论。

当 $R_\mathrm{L}=R_\mathrm{C}$ 时,$U_\mathrm{CEQ}=V_\mathrm{CC}/3$,可获得最大不失真输出电压。

当 $R_\mathrm{L}=\infty$(负载开路)时,$U_\mathrm{CEQ}=V_\mathrm{CC}/2$,可获得最大不失真输出电压。

(2) 静态工作点的测量

测量放大器的静态工作点,应在输入信号 $u_\mathrm{i}=0$ 的情况下进行,即将放大器输入端与地

端短接,然后分别测量晶体管的集电极电流 $I_C$ 以及各电极对地的电位 $V_B$、$V_C$ 和 $V_E$。一般实验中,为了避免断开集电极,采用测量电压 $U_E$ 或 $U_C$,然后算出 $I_C$ 的方法,例如,只要测出 $U_E$,即可用 $I_C \approx I_E = U_E/R_E$ 算出 $I_C$(也可根据 $I_C = (V_{CC} - U_C)/R_C$,由 $U_C$ 确定 $I_C$),同时也可以用万用表直流电压挡直接测量 $U_{BE}$ 和 $U_{CE}$。

2) 放大器动态指标测试

放大器动态是指标包括电压放大倍数、输入电阻、输出电阻、最大不失真输出电压(动态范围)等。

(1) 电压放大倍数 $A_u$ 的测量

调整放大器到合适的静态工作点,然后加入输入电压 $u_i$(峰峰值电压 $V_{PP}$ 为 10mV,1kHz),在输出电压 $u_o$ 不失真的情况下,在示波器上测出 $u_o$(峰峰值电压 $V_{PP}$),则

$$A_u = \frac{u_o}{u_i}$$

(2) 输入电阻 $R_i$ 的测量

为了测量放大器的输入电阻,按图 8.29 电路在被测放大器的输入端与信号源之间串入一已知电阻 $R$,在放大器正常工作的情况下,测出 $U_S$ 和 $U_i$,则根据输入电阻的定义可得

$$R_i = \frac{U_i}{I_i} = \frac{U_i}{\dfrac{U_R}{R}} = \frac{U_i}{U_S - U_i} R$$

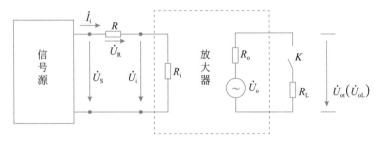

图 8.29　输入、输出电阻测量电路

测量时应注意下列两点。

① 由于电阻 $R$ 两端没有电路公共接地点,所以测量 $R$ 两端电压 $U_R$ 时必须分别测出 $U_S$ 和 $U_i$,然后按 $U_R = U_S - U_i$ 求出 $U_R$ 值。

② 电阻 $R$ 的值不宜取得过大或过小,以免产生较大的测量误差,通常取 $R$ 与 $R_i$ 为同一数量级为宜,本实验可取 $R = 4.7\mathrm{k\Omega}$。

(3) 输出电阻 $R_o$ 的测量

按图 8.29 所示电路,在放大器正常工作条件下,测出输出端不接负载 $R_L$ 的输出电压 $U_{ot}$ 和接入负载后的输出电压 $U_{oL}$,根据

$$U_{oL} = \frac{R_L}{R_L + R_o} U_{ot}$$

可得

$$R_o = \left( \frac{U_{ot}}{U_{oL}} - 1 \right) R_L$$

在测试中应注意,必须保持 $R_L$ 接入前后输入信号的大小不变。

（4）最大不失真输出电压 $U_{opp}$ 的测量（最大动态范围）

综上所述,为了得到最大动态范围,应将静态工作点调在
交流负载线的中点。为此在放大器正常工作情况下,逐步增大
输入信号的幅度,并同时调节 $R_W$（改变静态工作点）,用示波
器观察 $u_o$,当输出波形同时出现削底和缩顶现象（图 8.30）时,
说明静态工作点已调在交流负载线的中点。然后反复调整输
入信号,使波形输出幅度最大,且无明显失真时,测出 $u_o$。

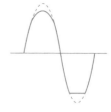

图 8.30　静态工作点正常,输入
信号太大引起的失真

**4. 实验内容和步骤**

1）设置静态工作点

（1）检查各元器件的参数是否正确,测量晶体管的 $\beta$ 值。

（2）按图 8.25 焊接制作实验电路,先将元器件安装布置在电路板上,检查晶体管和电
容的极性连接无误后再进行焊接。

（3）按图 8.31 连接信号发生器和示波器,并接通 12V 直流电源,选择集电极电阻 $R_C=$
2.2kΩ,负载电阻 $R_L=2.2$kΩ。调电位器 $R_W$ 使输出电压信号波形最大不失真,再调大输
入信号 $u_i$;观察示波器上显示的输出信号波形是否同时出现截止失真和饱和失真,而且失
真程度差不多。如果不是,再根据具体的失真情况调节电位器 $R_W$,使波形顶部和底部同时
失真,且失真程度相近。

**注意**:截止失真没有饱和失真那么明显,表现为顶部波形变圆。

图 8.31　实验电路连接信号发生器、示波器和直流电源

2）测量静态工作点并记录

使用万用表的直流电压挡测量静态工作点并记录在表 8.3 中。

**注意**:在测量 $R_W$ 时需断开电位器与电路的连接。

表 8.3　静态工作点测量数据记录

| 电 路 参 数 | | | 测 量 值 | | | | | 计算值 |
|---|---|---|---|---|---|---|---|---|
| $R_C/kΩ$ | $R_L/kΩ$ | $R_W/kΩ$ | $U_{CEQ}/V$ | $U_{BEQ}/V$ | $U_{BQ}/V$ | $U_{CQ}/V$ | $U_{EQ}/V$ | $I_{CQ}/mA$ |
| 2.2 | 2.2 | | | | | | | |
| 2.2 | 10 | | | | | | | |
| 5.1 | 2.2 | | | | | | | |
| 5.1 | 10 | | | | | | | |

3）测量电压放大倍数

在设置好静态工作点后,将低频函数信号发生器的输出信号 $u_i$ 调为 10mV、1kHz 的小

信号,加在放大电路的输入端,同时用示波器观察放大器输出电压 $u_o$ 的波形,在波形不失真的条件下,读出输出信号电压 $u_o$ 的峰峰值,记入表 8.4 中。

表 8.4  输出电压 $u_o$ 和电压放大倍数 $A_u$

| 电路参数 | | 输入电压 $u_i/\mathrm{mV}$ | 输出电压 $u_o/\mathrm{V}$ | 电压放大倍数 $A_u$ | 观察记录一组 $u_o$ 和 $u_i$ 波形 |
|---|---|---|---|---|---|
| $R_C/\mathrm{k}\Omega$ | $R_L/\mathrm{k}\Omega$ | | | | |
| 2.2 | 2.2 | | | | |
| 2.2 | 10 | 10mV | | | |
| 5.1 | 2.2 | | | | |
| 5.1 | 10 | | | | |

4) 测量放大电路输入电阻 $R_i$ 及输出电阻 $R_o$。

输入电阻 $R_i$ 和输出电阻 $R_o$ 的测量原理图如图 8.29 所示。在被测电路的输入端与信号源之间串入一已知电阻 $R$(通常取 $1\sim8\mathrm{k}\Omega$),在放大电路正常工作的情况下,测出 $U_S$ 和 $U_i$,则输入电阻:

$$R_i = \frac{U_i}{U_S - U_i} R$$

在放大电路正常工作条件下,测出输出端不接负载 $R_L$ 的输出电压 $U_{ot}$ 和接入负载后的输出电压 $U_{oL}$,则输出电阻:

$$R_o = \left( \frac{U_{ot}}{U_{oL}} - 1 \right) R_L$$

在测试过程中保持 $R_L$ 接入前后输入信号的大小不变。测量数据记录于表 8.5 中。

表 8.5  输入电阻和输出端电阻测量数据

| 测量输入电阻 | | | 测量输出入电阻 | | |
|---|---|---|---|---|---|
| 测 量 值 | | 计算值 | 测 量 值 | | 计算值 |
| $U_S/\mathrm{mV}$ | $U_i/\mathrm{mV}$ | $R_i/\mathrm{k}\Omega$ | $U_{ot}/\mathrm{V}$ | $U_{oL}/\mathrm{V}$ | $R_o/\mathrm{k}\Omega$ |
| | | | | | |

5. 思考题

(1) 如何正确选择放大电路的静态工作点,在调试中应注意什么?

(2) 负载电阻 $R_L$ 变化对放大电路静态工作点 $Q$ 有无影响?对放大倍数 $A_u$ 有无影响?

(3) 放大电路中,哪些元件是决定电路的静态工作点的?

6. 完成实验报告

略。

习　　题

8-1  晶体管用微变等效电路来代替,条件是什么?

8-2  晶体管放大电路如图 8.32 所示,已知 $V_{CC}=12\mathrm{V}$,$R_C=3\mathrm{k}\Omega$,$R_B=240\mathrm{k}\Omega$,$\beta=40$。

（1）试用直流通路估算静态工作点。

（2）在静态时（$u_i=0$），$C_1$ 和 $C_2$ 上的电压各为多少？标出它们的极性。

8-3　在题 8-2 中，如改变 $R_B$，使 $U_{CE}=3V$，试用直流通路求 $R_B$ 的大小；如改变 $R_B$，使 $I_C=1.5mA$，$R_B$ 又等于多少？

8-4　有一晶体管继电器电路，继电器的线圈作为放大电路的集电极电阻，线圈电阻 $R_C=3k\Omega$，继电器动作电流为 6mA，晶体管的 $\beta=50$。问：

（1）基极电流多大时，继电器才能动作。

（2）电源电压 $V_{CC}$ 至少应大于多少伏，才能使此电路正常工作？

8-5　一单管放大电路如图 8.33 所示，$V_{CC}=15V$，$R_C=5k\Omega$，$R_B=500k\Omega$，可变电阻 $R_P$ 串联于基极电路，晶体管的 $\beta=100$。

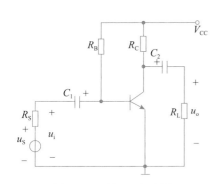 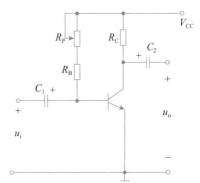

图 8.32　题 8-2 电路图　　　　　　　图 8.33　题 8-5 电路图

（1）若要使 $U_{CE}=7V$，求 $R_P$ 的阻值。

（2）若要使 $I_C=1.5mA$，求 $R_P$ 的阻值。

（3）若 $R_B=0$，此电路可能发生什么问题？

8-6　图 8.33 所示电路，实验时用示波器观测波形，输入为正弦波信号时，输出波形如图 8.34 所示，说明它们各属于什么性质的失真（饱和、截止）？怎样才能消除失真？

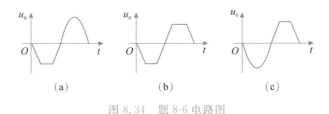

（a）　　　　　　　　（b）　　　　　　　　（c）

图 8.34　题 8-6 电路图

8-7　试判断图 8.35 中各电路能否放大交流电压信号？为什么？

8-8　图 8.36 所示放大电路中，已知 $V_{CC}=15V$，$R_C=5k\Omega$，$R_L=5k\Omega$，$R_B=500k\Omega$，$\beta=50$，试估算静态工作点和电压放大倍数，并画出微变等效电路。

8-9　图 8.37 所示放大电路，试求静态工作点，输入、输出电阻和电压放大倍数，并画出微变等效电路（假设 $\beta=100$）。

8-10　图 8.38 所示放大电路，晶体管的 $\beta=60$，试求接入负载电阻 $R_L$ 及 $R_L$ 开路时，电路的电压放大倍数和输入、输出电阻，并画出微变等效电路。

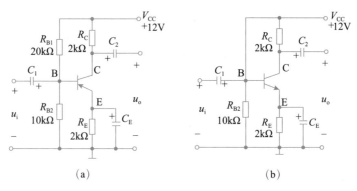

图 8.35　题 8-7 电路图

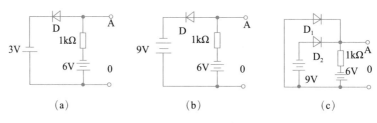

图 8.36　题 8-8 电路图

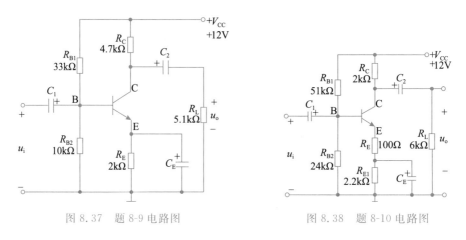

图 8.37　题 8-9 电路图　　　　　　　　图 8.38　题 8-10 电路图

8-11　图 8.39 所示放大电路中，已知 $V_{CC}=12\text{V}$，$\beta=50$，试估算静态工作点和电压放大倍数，并画出微变等效电路。

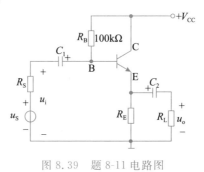

图 8.39　题 8-11 电路图

# 第 9 章

# 集成运算放大器

运算放大器原指在模拟计算机中,用来进行某些数学运算(如加、减、积分、微分等)的具有高放大倍数的直接耦合放大器。随着集成电路技术的发展,以差动放大电路为基础的各种集成运算放大器迅速发展起来,运算放大器的用途现在已大大地被扩展了,在测量装置、自动控制系统、信号变换、计算机等技术领域中均获得广泛的应用,但是仍然沿用"运算放大器"的名称。

半导体集成电路按功能可分为数字集成电路和模拟集成电路(也称为线性集成电路)两大类。集成运算放大器是线性集成电路中应用最广泛的,是具有高开环放大倍数并带有深度负反馈的多级直接耦合放大电路。随着制造工艺和封装技术的不断进步,运算放大器的集成度越来越高,管芯尺寸不断减小,与此同时性能不断提高。

本章主要讲述集成运算放大器的组成、传输特性、电路模型、主要参数和基本信号的输入方式,放大电路中的负反馈,运算放大器在线性和非线性工作状态下的应用等。

学习目标:掌握集成运算放大器的组成、传输特性和主要参数,以及运算放大器在线性和非线性工作状态下的应用;掌握放大电路中负反馈的概念、类型和对放大电路性能的影响。

学习重点:基本运算放大电路的分析方法;放大电路负反馈的类型判别和负反馈对放大电路性能的影响;非线性电路的分析方法。

学习难点:基本运算电路的分析方法;负反馈对放大电路性能的影响。

## 9.1 集成运算放大器输入级

### 9.1.1 零点漂移产生的原因及其抑制的办法

**1. 直接耦合存在的问题**

在一些自动控制系统中,首先要把被控的非电量(如温度、转速、压力、流量、照度)用传感器变换为电信号,再与给定量进行比较后,得到一个微弱的偏差信号。因为这个偏差信号的幅度和功率均不足以推动执行机构或显示,所以需要把这个偏差信号放大到需要的程度,再去推动执行机构或送到仪表中去显示,从而达到自动控制和测量的目的。因为被放大的信号多属变化缓慢的直流信号,前面分析过的交流放大器因为存在电容器这样的元件,不能有效地耦合这样的信号,所以不能实现对这种信号的放大。为了放大变化缓慢的非周期性信号,只能采用前后两级直接耦合方式。但是直接耦合存在许多问题,例如,前级与后级静态工作点相互影响问题、电平移动问题、零点漂移问题等。下面分析零点漂移问题。

将一个多级直接耦合放大器的输入端对地短路($u_i = 0$),测其输出电压不为 $0(u_o \neq 0)$,且输出电压会缓慢地、无规则地变化的现象称为零点漂移,简称零漂。零点漂移所产生的漂移电压实际上是一个虚假信号,它与真实信号共存于电路中,因而真假混淆,使放大器无法正常工作。特别是如果放大器第一级产生比较严重的漂移,它与输入的真实信号以同样的放大倍数传递到输出端,其漂移量完全掩盖了真实信号。

引起零点漂移的原因很多,如电源电压波动、电路元件参数、晶体管特性变化、温度变化等,其中温度变化影响最为严重。实际上交流放大器也存在零点漂移,由于耦合电容不能传递变化缓慢的直流信号,因此前级的零点漂移量不会经过各级逐级放大。而在多级直接耦合放大器中,输出级的零点漂移主要由输入级的零点漂移决定。放大器的总电压放大倍数越高,输出电压的漂移就越严重。通常零点漂移都是折合到输入端来衡量的。即

$$u_{id} = \frac{u_{od}}{A_u} \tag{9.1}$$

式中:$u_{id}$ 为等效至输入端的漂移电压;$A_u$ 为放大器的电压放大倍数;$u_{od}$ 为输出端的漂移电压。

**2. 抑制办法**

为了抑制放大器的零点漂移,广泛采用差动放大电路来抑制零漂,其基本思想是用特性相同的两个晶体管提供输出,使它们的零点漂移互相抵消。

### 9.1.2　差动放大电路

当输入端信号之差为 0 时,输出为 0;当输入端信号之差不为 0 时,就有输出的放大电路,称为差动放大电路,简称差放。就其功能来说,是放大两个输入信号之差,由于它在电路性能方面有许多优点,因而成为集成运放的主要组成单元——输入级。差放有两个输入端和两个输出端。当两个输入端都有信号输入时,称为双端输入;当一个输入端接地,另一个输入端有信号输入时,称为单端输入。类似地,输出端有双端输出和单端输出两种方式。

**1. 电路结构**

图 9.1 所示为典型的差动放大电路,电路结构的特点如下。

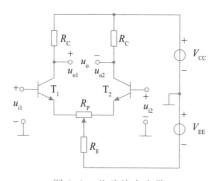

图 9.1　差动放大电路

（1）由左右两个结构、参数完全相同的单管共射放大电路并接而成,即所谓理想对称(对应电阻相等,晶体管 $T_1$、$T_2$ 的特性相同)。

（2）电路有两个输入端 $u_{i1}$ 和 $u_{i2}$,两个输出端 $u_{o1}$ 和 $u_{o2}$,输出电压 $u_o = u_{o1} - u_{o2}$。

（3）电路有两个直流电源:$V_{CC}$ 与 $V_{EE}$。

**2. 抑制温漂的过程**

正是由于差动放大电路结构的对称性,静态时($u_{i1} = u_{i2} = 0$),$u_{o1}$ 也必定等于 $u_{o2}$,所以

$u_o = u_{o1} - u_{o2} = 0$。温度变化引起的两管集电极电位偏移量相同,所以 $u_o$ 仍为 0。另外,由于 $R_E$ 的负反馈作用,当温度增加时,两管 $I_B$ 同时增大,两管 $I_C$ 也将同时增大,从而导致发射极电压 $U_E$ 升高。由于 $R_E$ 的负反馈作用,两管发射结电压 $U_{BE}$ 降低,使两管基极电流 $I_B$ 减小,其过程如下:

$$温度 \uparrow — \Big\langle {I_{C1} \uparrow \atop I_{C2} \uparrow} \to I_E \uparrow \to U_E \uparrow — \Big\langle {U_{BE1} \downarrow \to I_{B1} \atop U_{BE2} \downarrow \to I_{B2}} \to {I_{C1} \downarrow \atop I_{C2} \downarrow}$$

由此可见,$R_E$ 的电流负反馈作用使两管的漂移都得到了一定程度的抑制。

电位器 $R_P$ 是调平衡的,又称调零电位器。这是由于电路不可能完全对称,在输入电压为 0 时,输出电压不可能为 0。利用电位器的动点移动使两管分配到的阻值不同,以使 $U_{CQ1} = U_{CQ2}$,从而保证静态时 $U_o = 0$。$R_P$ 不宜过大,一般在几十欧姆到几百欧姆之间。

### 9.1.3 差动放大电路的差模放大作用和共模抑制作用

**1. 差模信号及差模电压放大倍数 $A_{ud}$**

两个输入信号电压的大小相等,而极性相反,即 $u_{i1} = -u_{i2}$,这样的输入信号称为差模输入信号。

当外加一个输入电压信号时,由于电路结构对称,$T_1$ 和 $T_2$ 基极得到的输入电压将大小相等,极性相反,如图 9.2 所示。这样的输入电压就是差模输入电压,用 $u_{id}$ 表示,此时 $u_{i1} = u_{id}/2$,$u_{i2} = -u_{id}/2$。

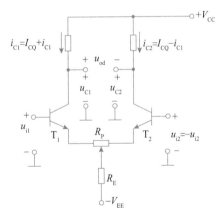

图 9.2　差模信号输入

假设每一边单管放大电路的电压放大倍数为 $A_{u1}$,则 $T_1$、$T_2$ 的集电极输出电压变化量分别为

$$\Delta u_{C1} = \frac{1}{2} A_{u1} \Delta u_{id}, \quad \Delta u_{C2} = -\frac{1}{2} A_{u1} \Delta u_{id}$$

则放大电路输出电压的变化量为

$$\Delta u_o = \Delta u_{C1} - \Delta u_{C2} = A_{u1} \Delta u_{id}$$

可见差动放大电路的差模电压放大倍数为

$$A_{ud} = \frac{\Delta u_o}{\Delta u_i} = A_{u1} \tag{9.2}$$

**2. 共模信号及共模抑制比**

两个输入信号电压的大小相等,极性相同,即 $u_{i1} = u_{i2}$,这样的输入信号称为共模输入信号。

图 9.3 所示电路的输入电压为共模输入信号 $u_{ic}$,对于完全对称的差动放大电路来说,显然两管的集电极电位变化相同,因而输出电压等于 0,所以它对共模信号没有放大能力,即放大倍数 $A_{uc}$ 为 0。

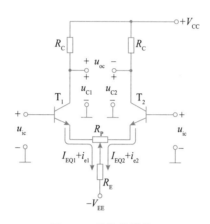

图 9.3 共模信号输入

综上所述,差动放大电路对有差别的差模信号能实现放大作用,而对无差别的共模信号没有放大作用。此时差模放大倍数和单管放大电路的放大倍数相同,显然差动放大电路的特点是多用一个放大管来换取对零漂的抑制。

在人们周围存在着种种电气干扰,如各种电气设备产生的干扰,常常影响放大器的正常工作。特别是在放大微弱信号时,这种干扰的危害就更大。对于差动放大电路而言,外界干扰将同时作用于它的两个输入端,相当于输入了共模信号,如果将有用信号以差模形式输入,那么上述干扰就将被抑制得很小。此外,在电路对称条件下,两管的零点漂移折算到输入端的漂移电压相同,相当于输入了共模信号,因此差动放大电路也能充分地抑制零点漂移。差动放大电路对共模信号的放大倍数越小,意味着零点漂移越小,抗共模干扰能力越强,当用于比较放大时,就越能准确、灵敏地反映出信号的偏差值。为了全面衡量差动放大电路放大差模信号和抑制共模信号的能力,通常引用共模抑制比 $K_{CMR}$ 来表示。其定义为放大电路对差模信号的放大倍数 $A_{ud}$ 和对共模信号的放大倍数 $A_{uc}$ 之比,即

$$K_{CMR} = \frac{A_{ud}}{A_{uc}} \tag{9.3}$$

或用对数形式表示:

$$K_{CMR} = 20\lg\frac{A_{ud}}{A_{uc}}(\text{dB}) \tag{9.4}$$

显然,共模抑制比越大,表明电路抑制共模信号的性能越好。对于双端输出差动电路,当电路两边理想对称时,由于 $A_{uc}$ 等于零,因此 $K_{CMR}$ 趋于无限大。一般差动放大电路的 $K_{CMR}$ 约为 60dB,较好的可达 120dB。

# 9.2 集成运算放大器简介

### 9.2.1 集成运算放大电路的组成

集成运算放大器是一种集成化的半导体器件。它实际上是一个具有很高开环放大倍数、直接耦合的多级放大电路,也可以简称为集成运放组件。实际的集成运放组件有许多不同的型号,每一种型号的内部电路都不同。但不管是什么型号的组件,总体结构基本上都由输入级、中间放大级、功率输出级、偏置电路 4 部分组成,如图 9.4 所示。

图 9.4　运算放大器的基本组成

输入级是运算放大器的关键部分,一般由差动放大电路组成。它具有输入电阻很高,能有效地放大有用(差模)信号、抑制干扰(共模)信号的能力。

中间放大级一般由共射极放大电路构成,主要任务是提供足够大的电压放大倍数。

功率输出级一般采用射极输出器或互补对称电路,其目的是实现与负载的匹配,使电路有较大的功率输出和较强的带负载能力。此外,输出级应有过载保护措施,以防输出端意外短路或负载电流过大而烧毁功率管。

偏置电路的作用是向上述各级电路提供合适的偏置电流,稳定各级静态工作点,一般由各种恒流源电路构成。

在应用集成运算放大器时,需要知道它的几个引脚的用途以及放大器的主要参数,至于它的内部电路结构如何一般是无关紧要的。集成运算放大器的图形符号可用图 9.5 所示的符号来表示,图 9.6 所示的是 UA741 集成运算放大器的外形和引脚,它的外形是双列直插式。这种运算放大器是通过 7 个引脚与外电路相连接的。各引脚的用途如下。

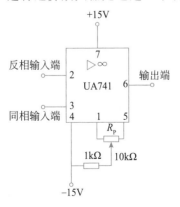

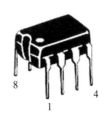

图 9.5　UA741 集成运算放大器的图形符号　　　图 9.6　UA741 集成运算放大器的外形和引脚

2 为反相输入端。由此端接输入信号,则输出信号和输入信号是反相的(或两者极性相反)。

3 为同相输入端。由此端接输入信号,则输出信号和输入信号是同相的(或两者极性相同)。

4 为负电源端,接 $-15\text{V}$ 稳压电源。

7 为正电源端,接 $+15\text{V}$ 稳压电源。

6 为输出端。

1 和 5 为外接调零补偿电位器的两个端子。

8 为空脚。

### 9.2.2 集成运算放大电路的主要参数

运算放大器的性能可用一些参数来表示。为了合理地选用和正确地使用运算放大器,必须了解各主要参数的意义。

**1. 最大输出电压 $U_{\text{opp}}$**

能使输出电压和输入电压保持不失真关系的最大输出电压,称为运算放大器的最大输出电压。UA741 集成运算放大器的最大输出电压约为 $\pm15\text{V}$。

**2. 开环电压放大倍数 $A_{\text{uo}}$**

在没有外接反馈电路时所测出的差模电压放大倍数,称为开环电压放大倍数。$A_{\text{uo}}$ 越高,所构成的运算电路越稳定,运算精度也越高。$A_{\text{uo}}$ 一般为 $10^4 \sim 10^7$,即 $80 \sim 140\text{dB}$。

**3. 输入失调电压 $U_{\text{io}}$**

理想的运算放大器,当输入电压 $u_{\text{i}1} = u_{\text{i}2} = 0$(即把两输入端同时接地)时,输出电压 $u_{\text{o}} = 0$。但在实际的运算放大器中,由于制造中元件参数的不对称性等原因,当输入电压为 0 时,$u_{\text{o}} \neq 0$。反过来说,如果要 $u_{\text{o}} = 0$,必须在输入端加一个很小的补偿电压,它就是输入失调电压。$U_{\text{io}}$ 一般在几个毫伏级,显然它越小越好。

**4. 输入失调电流 $I_{\text{io}}$**

输入失调电流是指输入信号为 0 时,两个输入端静态基极电流之差,即 $I_{\text{io}} = |I_{\text{B}1} - I_{\text{B}2}|$。一般在零点零几微安级,其值越小越好。

**5. 输入偏置电流 $I_{\text{iB}}$**

输入信号为 0 时,两个输入端静态基极电流的平均值,称为输入偏置电流,即 $I_{\text{iB}} = \dfrac{I_{\text{B}1} + I_{\text{B}2}}{2}$。它的大小主要和电路中第一级晶体管的性能有关。这个电流也是越小越好,一般在零点几微安级。

**6. 差模输入电阻 $r_{\text{id}}$ 和输出电阻 $r_{\text{o}}$**

运放组件两个输入端之间的电阻,称为差模输入电阻。这是一个动态电阻,它反映了运放组件的差动输入端向差模输入信号源所取用电流的大小。通常希望 $r_{\text{id}}$ 尽可能大一些,一般为几百千欧姆到几兆欧姆。

输出电阻 $r_{\text{o}}$ 是指元件在开环状态下,输出端电压变化量与输出电流变化量的比值。它的值反映运算放大器带负载的能力。其值越小,带负载的能力越强。$r_{\text{o}}$ 的数值一般为几十欧姆到几百欧姆。

**7. 最大共模输入电压 $U_{\text{icmax}}$**

运算放大器对共模信号具有抑制的性能,但这个性能是在规定的共模电压范围内才具备。如超出这个电压,运算放大器的共模抑制性能就大为下降,甚至造成器件损坏。UA741 的 $U_{icmax}$ 约为 $\pm 15V$。

**8. 共模抑制比 $K_{CMR}$**

共模抑制比是衡量输入级各参数对称程度的标志,它的大小反映运算放大器抑制共模信号的能力,其定义为差模电压放大倍数与共模电压放大倍数的比值。

**9. 最大差模输入电压 $U_{idmax}$**

同相输入端和反相输入端之间所允许加的最大电压差,称为最大差模输入电压。若实际所加的电压超过这个电压值,运算放大器输入级的晶体管将出现反向击穿现象,使运放输入特性显著恶化,甚至造成永久性损坏。UA741 的 $U_{idmax}$ 约为 $\pm 30V$。

**10. 静态功耗 $P_{co}$**

静态功耗是指不接负载,且输入信号为 0 时,运算放大器本身所消耗的电源总功率。一般 $P_{co}$ 为几十毫瓦。

### 9.2.3 理想运算放大器及其分析依据

在分析运算放大器时,一般可将它看成是一个理想运算放大器。理想化的条件主要如下。

- 开环电压放大倍数 $A_{uo} \to \infty$。
- 差模输入电阻 $r_{id} \to \infty$。
- 开环输出电阻 $r_o \to 0$。
- 共模抑制比 $K_{CMR} \to \infty$。

理想运算放大器
及比例运算电路

由于实际运算放大器的上述技术指标接近理想化的条件,因此在分析时用理想运算放大器代替实际放大器所引起的误差并不严重,在工程上是允许的,但这样就使分析过程大大简化。后面对运算放大器都是根据它的理想化条件来分析的。图 9.7 是理想集成运算放大器的图形符号。它有两个输入端和一个输出端,反相输入端标上"−"号,同相输入端和输出端标上"+"号。它们对"地"的电压(即各端的电位)分别用 $u_-$、$u_+$ 和 $u_o$ 表示。"$\infty$"表示开环电压放大倍数的理想化条件。

表示输出电压与输入电压之间关系的特性称为传输特性,从运算放大器的传输特性曲线(图 9.8)看,可分为线性区和饱和区。运算放大器既可工作在线性区,也可工作在饱和区,但分析方法不一样。

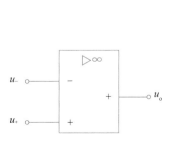

图 9.7　理想集成运算放大器的图形符号

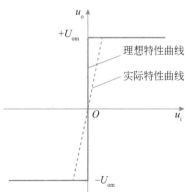

图 9.8　运算放大器的传输特性曲线

当运算放大器工作在线性区时,$u_o$ 和 $(u_+ - u_-)$ 是线性关系,即

$$u_o = A_{uo}(u_+ - u_-) \tag{9.5}$$

运算放大器是一个线性放大元件。由于运算放大器的开环电压放大倍数 $A_{uo}$ 很高,即使输入毫伏级以下的信号,也足以使输出电压饱和,其饱和值 $U_{o+}$ 或 $U_{o-}$ 接近正电源电压值或负电源电压值;另外,由于易受干扰,使工作难以稳定。所以,要使运算放大器工作在线性区,通常要引入深度电压负反馈。运算放大器工作在线性区时,分析依据有以下两条。

(1) 由于运算放大器的差模输入电阻 $r_{id} \to \infty$,故可认为两个输入端的输入电流为零,即

$$i_+ - i_- = 0 \tag{9.6}$$

好像断开一样,但又不是真正的断开,所以这种现象通常称为"虚断"。对于理想集成运算放大器,无论它工作在线性区还是饱和区,式(9.6)总是成立的。

(2) 由于运算放大器的开环电压放大倍数 $A_{uo} \to \infty$,而输出电压是一个有限的数值,故从式(9.5)可知

$$u_+ - u_- = \frac{u_o}{A_{uo}} \approx 0$$

即

$$u_+ = u_- \tag{9.7}$$

同相输入端和反相输入端的电位相等,两个输入端之间好像短路,但又不是真的短路,所以这种现象称为"虚短"。理想运算放大器工作在线性区时,"虚短"现象总是存在的。

如果反相端有输入时,同相端接"地",即 $u_+ = 0$,由上式可见,$u_+ \approx 0$。这就是说反相输入端的电位接近于"地"电位,它是一个不接"地"的"地"电位端,通常称为"虚地"。

运算放大器工作在饱和区时,式(9.5)不能满足,这时输出电压 $u_o$ 只有两种可能,或等于 $+U_{om}$,或等于 $-U_{om}$,而 $u_+$ 与 $u_-$ 不一定相等。

当 $u_+ > u_-$ 时,$u_o = +U_{om}$。

当 $u_+ < u_-$ 时,$u_o = -U_{om}$。

应用以上这两个分析依据,可以使集成运放应用电路的分析计算大为简化。

## 9.3　放大电路中的负反馈

负反馈在自动控制系统乃至各种科学技术领域中应用广泛,例如控制电动机的自动调节系统就是通过负反馈来实现自动调节的。在电子放大电路中,负反馈的应用也是极为广泛的,采用负反馈的目的是改善放大电路的工作性能。下面将分几个问题来讨论。

放大电路
中的负反馈

### 9.3.1　什么是放大电路中的负反馈

凡是将放大电路(或某个系统)输出端的信号(电压或电流)的一部分或全部通过某种电路(反馈电路)引回到输入端,就称为反馈。若引回的反馈信号削弱输入信号而使放大电路的放大倍数降低,则称这种反馈为负反馈。若反馈信号增强输入信号,则为正反馈。本节主

要讨论负反馈。图 9.9 所示分别为无负反馈和带有负反馈的放大电路的框图。任何带有负反馈的放大电路都包含两个部分:一个是不带负反馈的基本放大电路 A,它可以是单级或多级的;另一个是反馈网络 F,它是联系放大电路的输出电路和输入电路的环节,多数是由电阻元件组成。由图 9.9(b)可见,反馈放大电路由基本放大电路和反馈网络构成一个闭环系统,因此又把它称为闭环放大电路,而把基本放大电路称为开环放大电路。

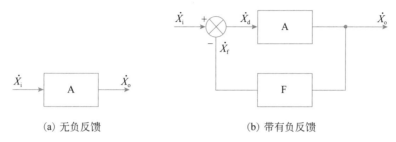

(a) 无负反馈        (b) 带有负反馈

图 9.9 放大电路框图

图 9.9 中,用 $\dot{X}$ 表示信号,它既可表示电压,也可表示电流,为正弦信号,故用相量表示。信号的传递方向如图中箭头所示,$\dot{X}_i$、$\dot{X}_o$ 和 $\dot{X}_f$ 分别为输入、输出和反馈信号。$\dot{X}_f$ 和 $\dot{X}_i$ 在输入端比较($\otimes$是比较环节的符号),并根据图中"$+$""$-$"极性可得差值信号(或称净输入信号):

$$\dot{X}_d = \dot{X}_i - \dot{X}_f \tag{9.8}$$

若三者同相,则

$$X_d = X_i - X_f$$

可见 $X_d < X_i$,即反馈信号起了削弱净输入信号的作用,即是负反馈。

基本放大电路的放大倍数,即开环放大倍数为

$$A = \frac{\dot{X}_o}{\dot{X}_d} \tag{9.9}$$

反馈电路的作用体现为反馈系数 $F$:

$$F = \frac{\dot{X}_f}{\dot{X}_o} \tag{9.10}$$

反馈放大电路的放大倍数用 $A_f$ 表示,叫作闭环放大倍数,它同开环放大倍数 $A$ 与反馈系数 $F$ 的关系可推导如下:

$$A(\dot{X}_i - \dot{X}_f) = A(\dot{X}_i - F\dot{X}_o) = \dot{X}_o$$

即

$$A\dot{X}_i = \dot{X}_o + AF\dot{X}_o$$

所以

$$A_f = \frac{\dot{X}_o}{\dot{X}_i} = \frac{A}{1 + AF} \tag{9.11}$$

负反馈时，$|1+AF|>1$，因此$|A_f|<|A|$，即放大倍数下降。

在开环放大倍数$A$很大和深度负反馈（$|F|$值较大）时，$|1+AF|\gg1$，式(9.11)可简化为

$$A_f=\frac{A}{AF}=\frac{1}{F}\qquad(9.12)$$

即此时闭环放大倍数$A_f$等于反馈系数$F$的倒数，仅仅与反馈电路的参数有关，而与原基本放大电路的放大倍数$A$几乎无关，即基本上不受该电路有关因素变化的影响。

### 9.3.2 负反馈的基本类型和举例

放大电路中负反馈的分类，一般按照反馈信号反映的输出量（电压还是电流）和反馈电路与输入电路的连接方式（串联还是并联），可以分为四种基本类型：①电压串联负反馈；②电压并联负反馈；③电流串联负反馈；④电流并联负反馈。实际的负反馈放大电路尽管多种多样，总是可以归入它们当中的某一种或某几种的组合。

上述四种负反馈放大电路的双线框图如图9.10所示，图中，基本放大电路和反馈电路均用双端口的方框表示。从反映何种输出量来看：图9.10(a)和(b)的反馈信号（$\dot U_f$和$\dot I_f$）取自输出电压$\dot U_o$，与$\dot U_o$成正比，是电压反馈；图9.10(c)和(d)的反馈信号取自输出电流$\dot I_o$，与$\dot I_o$成正比，是电流反馈。

从放大电路输入端的连接来看，图9.10(a)和(c)的反馈电路出口和信号源串联于基本放大电路的输入回路中，是串联反馈，此时为电压信号合成，即净输入信号$\dot U_d=\dot U_i-\dot U_f$，即反馈信号和输入信号在输入端表现为电压相加减的方式；图9.10(b)和(d)的反馈电路出口和信号源并联于基本放大电路的入口，是并联反馈，此时为电流信号的合成，即净输入信号$\dot I_d=\dot I_i-\dot I_f$，即反馈信号和输入信号在输入端表现为电流相加减的方式。

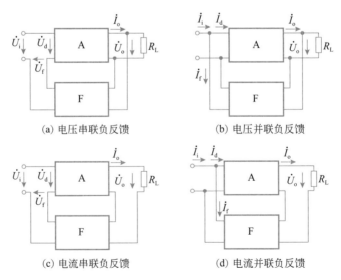

图9.10 负反馈基本类型的框图

下面联系实际放大电路——举例说明。

例 9.1　试分析图 9.11 所示的反馈放大电路。

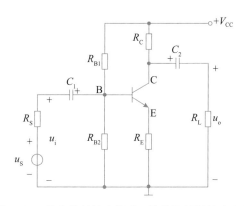

图 9.11　接有发射极电阻 $R_E$ 的共发射极放大电路

解：图 9.11 是具有分压式偏置的交流放大电路。$R_E$ 的作用在 8.6 节中已讨论过，是自动稳定静态工作点的。这个稳定过程实际上也是个负反馈过程。$R_E$ 就是反馈电阻，它是联系放大电路的输出电路和输入电路的。当输出电流 $I_C$ 增大时，它通过 $R_E$ 而使发射极电位 $V_E$ 升高，因为基极电位 $V_B$ 被 $R_{B1}$ 和 $R_{B2}$ 分压而固定，于是输入电压 $U_{BE}$ 就减小，从而牵制 $I_C$ 的变化，致使静态工偏点趋于稳定（见 8.6 节）。这是对直流而言的，是直流负反馈。直流负反馈的作用是稳定静态工作点。$R_E$ 中除通过直流电流外，还通过电流的交流分量，对交流而言，也起负反馈作用，这是交流负反馈。在一个放大电路中，往往两种负反馈都有。在本小节中所讨论的是交流负反馈。

图 9.12 是图 9.11 所示放大电路的交流通路。为了简单起见，将偏置电阻 $R_{B1}$ 和 $R_{B2}$ 略去。

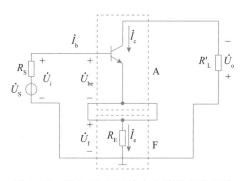

图 9.12　图 9.11 所示放大电路的交流通路

首先，用瞬时极性法判别电路是负反馈还是正反馈。在输入信号 $\dot{U}_i$ 的正半周，它的瞬时极性如图 9.12 中所示；这时 $\dot{I}_b$ 和 $\dot{I}_c$ 也在正半周，其实际方向与图中的参考方向一致。所以这时 $\dot{I}_e(\approx \dot{I}_c)$ 流过电阻 $R_E$，所产生的电压 $\dot{U}_e \approx \dot{I}_c R_E$ 的瞬时极性也如图中所示，$\dot{U}_e$ 即为反馈电压 $\dot{U}_f$。

根据基尔霍夫电压定律可列出：

$$\dot{U}_{be} = \dot{U}_i - \dot{U}_f$$

由于它们的正方向与瞬时极性一致,故三者同相,即都在正半周,于是可写成:

$$U_{be} = U_i - U_f$$

可见净输入电压 $U_{be} < U_i$,即 $U_f$ 削弱了净输入信号,故为负反馈。

其次,从放大电路的输入端看,反馈信号与输入信号串联,故为串联反馈。从放大电路的输出端看,反馈电压:

$$\dot{U}_f = \dot{I}_c R_E$$

是取自输出电流 $\dot{I}_c$(即流过 $R'_L$ 的电流),故为电流反馈。

由此可知,图 9.11 是一种带有电流串联负反馈的放大电路。

**例 9.2** 试分析图 9.13 所示的反馈放大电路。

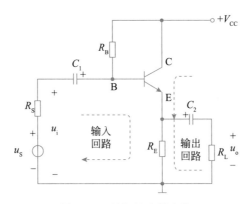

图 9.13 射极输出器电路

解:在图 9.13 所示的放大电路中,电阻 $R_E$ 既包含于输出回路又包含于输入回路,通过 $R_E$ 把输出电压信号 $u_o$ 全部反馈到输入回路中,因此存在反馈,反馈元件为 $R_E$。

根据瞬时极性法,在输入电压信号 $u_i$ 的正半周,它的瞬时极性为正,根据共集电极放大电路输出电压与输入电压同相的原则,可以确定输出信号 $u_o$ 的瞬时极性也为正,由于反馈信号 $u_f$ 等于 $u_o$,放大电路的净输入信号 $u_d = u_{be} = u_i - u_f$,因此 $u_f$ 削弱了净输入信号 $u_d$,为负反馈。

从放大电路的输入端看,反馈电压与输入电压加在不同的输入端,即反馈电阻和与基本放大电路串联,故为串联反馈。

从放大电路的输出端看,反馈电阻与负载 $R_L$ 并联,反馈电压等于输出电压,故为电压反馈。

图 9.13 所示为电压串联负反馈的放大电路。

我们也可以用以下方法来判别。

(1) 判别电压和电流反馈。

反馈取自输出端或输出分压端为电压反馈,反馈取自非输出端为电流反馈。也可以使输出电压 $u_o = 0$(即 $R_L$ 短路),若反馈消失则为电压反馈;否则,为电流反馈。

(2) 判别串联和并联反馈。

反馈信号与输入信号在不同输入端为串联反馈,在同一个输入端为并联反馈。

例 **9.3**　试分析图 9.14 所示的反馈放大电路。

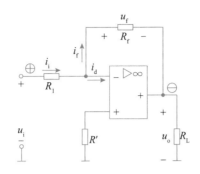

图 9.14　电压并联负反馈电路

解：图 9.14 所示为集成运放构成的反相输入反馈放大电路，电阻 $R_f$ 为反馈元件。

在输入端，反馈信号 $i_f$ 与输入信号 $i_i$ 加在同一个输入端，故为并联反馈。在输出端，反馈信号 $i_f$ 取自输出端，即取样于输出电压 $u_o$，故为电压反馈。

假定输入电压 $u_i$ 的瞬时极性对地为正，则输入电流 $i_i$ 的瞬时流向如图 9.14 所示。根据运放反相输入时输出电压与输入电压反相，可确定运放输出电压 $u_o$ 的瞬时极性对地为负，故反馈电流 $i_f$ 的瞬时流向如图 9.14 所示。可见，净输入电流 $i_d = i_i - i_f$，反馈电流 $i_f$ 削弱了净输入电流 $i_d$，为负反馈。

综上所述，图 9.14 所示电路为电压并联负反馈放大电路。

例 **9.4**　试分析图 9.15 所示的反馈放大电路。

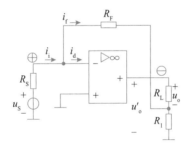

图 9.15　电流并联负反馈电路

解：图 9.15 中电阻 $R_F$ 和 $R_1$ 共同构成反馈网络。在输入端，反馈信号与输入信号加在同一个输入端，故为并联反馈。在输出端，反馈信号 $i_f$ 取自非输出端，即取样于输出电流 $i_o$，故为电流反馈。

假设输入电压 $u_i$ 的瞬时极性对地为正，则运放输出电压 $u_o$ 的瞬时极性对地为负，所以输入电流 $i_i$ 和反馈电流 $i_f$ 的瞬时流向如图 9.15 所示，可见净输入电流 $i_d = i_i - i_f$，反馈使净输入电流 $i_d$ 减小，故为负反馈。

综上所述，图 9.15 所示电路为电流并联负反馈放大电路。

### 9.3.3　负反馈对放大电路性能的影响

**1. 降低放大倍数**

由式(9.11)可知，在负反馈时，因为 $|1 + AF| > 1$，所以 $|A_f| < |A|$，引入负反馈后削

弱了净输入信号，使输出信号 $X_o$ 减小，从而降低了闭环放大倍数。把 $|1+AF|$ 称为反馈深度，其值越大，负反馈作用越强，$|A_f|$ 也就越小。射极输出器的输出信号全部反馈到输入端 $(\dot U_f = \dot U_o = \dot I_e R_L')$，它的反馈系数 $F=1$，反馈极深，故无电压放大作用。

**2. 提高放大倍数的稳定性**

在放大电路中，由于环境温度、晶体管及元件的参数、电源电压以及负载电阻等因素的变化，使得输入信号一定时的输出信号发生变化，也就是使放大倍数发生变化。如果引入负反馈，就可以减小放大倍数变化的程度，从而提高它的稳定性。

无反馈(即开环)放大倍数 $A$ 和有反馈(即闭环)放大倍数 $A_f$ 的变化程度可用它们的相对值 $\dfrac{\mathrm dA}{A}$ 和 $\dfrac{\mathrm dA_f}{A_f}$ 表示(在此就直流放大电路讨论，$A$、$A_f$ 不是复数)。它们之间的关系可推导如下。

因为

$$A_f = \frac{A}{1+AF}$$

所以

$$\frac{\mathrm dA_f}{\mathrm dA} = \frac{1}{1+AF} - \frac{AF}{(1+AF)^2}$$

$$= \frac{1}{(1+AF)^2} = \frac{A_f}{A} \cdot \frac{1}{1+AF}$$

由此得

$$\frac{\mathrm dA_f}{A_f} = \frac{1}{1+AF} \cdot \frac{\mathrm dA}{A} \tag{9.13}$$

式(9.13)表明，$A_f$ 的变化程度降低为 $A$ 的变化程度的 $1/(1+AF)$。例如，若 $A=1000$，$F=0.009$，则

$$A_f = \frac{A}{1+AF} = \frac{1000}{1+1000\times0.009} = 100$$

设 $\dfrac{\mathrm dA}{A} = \pm 10\%$(即 $A=900\sim1100$)，则

$$\frac{\mathrm dA_f}{A_f} = \frac{1}{1+AF} \cdot \frac{\mathrm dA}{A}$$

$$= \frac{1}{1+1000\times0.009} \times (\pm10\%) = \pm1\%$$

即 $A_f = 99\sim101$，显然变化程度降低了。

对于高 $A$ 深度负反馈的运放电路，$A_f = \dfrac{1}{F}$ 当然就更稳定了。负反馈放大电路之所以有稳定的放大倍数和输出信号，在于闭环电路的反馈调节作用，例如，若由于某种原因使输出信号减小，则反馈信号相应减小，净输入信号增大(它将使输出信号增大)，结果输出信号的减小就受到牵制而保持基本不变。由此可见，电压负反馈电路在输入信号一定时，能输出稳定的电压 $U_o$，负载变化主要引起输出电流 $I_o$ 的变化，其性能接近受控恒压源；电流负反馈电路在输入信号一定时，则能输出稳定的电流 $I_o$，使其不受管子参数和负载等变化的影响。

**3. 改善波形失真**

第 8 章说过,工作点选择不合适或者输入信号过大都将引起信号波形的失真(图 9.16(a))。但引入负反馈之后,可将输出端的失真信号反送到输入端,使净输入信号发生某种程度的失真,经过放大之后,即可使输出信号的失真得到一定程度的补偿。从本质上说,负反馈是利用失真了的波形来改善波形的失真,因此只能减小失真,不能完全消除失真(图 9.16(b))。

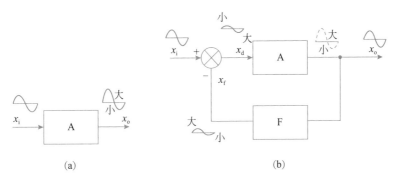

图 9.16　利用负反馈改善波形失真

**4. 对放大电路输入电阻、输出电阻的影响**

不同类型的负反馈对放大电路的输入、输出电阻影响不同。串联负反馈使输入电阻增大,并联负反馈使输入电阻减小。电压负反馈能减小输出电阻,稳定输出电压;电流负反馈使输出电阻增大,稳定输出电流。因此,必须根据不同用途引入不同类型的负反馈。此外,负反馈还可以使放大电路的通频带得到扩展。

## 9.4　运算放大器的线性应用

采用集成运放接入适当的反馈电路就可构成各种运算电路,主要有比例运算、加减法运算和微积分运算等。由于集成运放开环放大倍数很大,所以它构成的基本运算电路均为深度负反馈电路,运放两个输入端之间满足"虚短"和"虚断",这是分析集成运放的线性应用电路的依据。

### 9.4.1　比例运算

**1. 反相输入**

如果输入信号是从反相输入端引入的运算,便是反相运算。图 9.17 是反相比例运算电路。

输入信号 $u_i$ 经输入端电阻 $R_1$,送到反相输入端,而同相输入端通过电阻 $R'$ 接"地"。反馈电阻 $R_f$ 跨接在输出端和反相输入端之间。根据运算放大器工作在线性区时的两条分析依据可知:

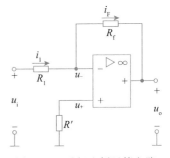

图 9.17　反相比例运算电路

$$i_1 \approx i_f$$
$$u_- \approx u_+ = 0$$

由图 9.17 可列出

$$i_1 = \frac{u_i - u_-}{R_1} = \frac{u_i}{R_1}$$

$$i_f = \frac{u_- - u_o}{R_f} = -\frac{u_o}{R_f}$$

由此得出

$$u_o = -\frac{R_f}{R_1} u_i \tag{9.14}$$

闭环电压放大倍数则为

$$A_{uf} = -\frac{u_o}{u_i} = -\frac{R_f}{R_1} \tag{9.15}$$

上式表明,输出电压与输入电压是比例运算关系,或者说是比例放大的关系。如果 $R_1$ 和 $R_f$ 的阻值足够精确,而且运算放大器的开环电压放大倍数很高,就可以认为 $u_o$ 与 $u_i$ 间的关系只取决于 $R_1$ 与 $R_f$ 的比值而与运算放大器本身的参数无关。这就保证了比例运算的精度和稳定性。式中的负号表示 $u_o$ 与 $u_i$ 反相。

图中的 $R'$ 是一个平衡电阻, $R' = R_1 /\!/ R_f$,其作用是消除静态基极电流对输出电压的影响。

当 $R_1 = R_f$ 时,则

$$A_{uf} = -\frac{u_o}{u_i} = -1 \tag{9.16}$$

这就是反相器。

从反馈类型来看,在图 9.17 中,反馈电路自输出端引出而接到反相输入端。设 $u_i$ 为正,则 $u_o$ 为负,此时反相输入端的电位高于输出端的电位,输入电流 $i_i$ 和反馈电流 $i_f$ 的实际方向如图中所示,差值电流 $i_d = i_i - i_f$,即 $i_f$ 削弱了净输入电流(差值电流),故为负反馈。反馈电流 $i_f$ 取自输出端(即取自输出电压 $u_o$,并与之成正比),故为电压反馈。反馈信号与输入信号都加在反相输入端,即反馈信号以电流形式出现,与输入信号并联,故为并联反馈。因此,反相比例运算电路是一个电压并联负反馈电路。电路的输入电阻不高,输出电阻很低。此外,电路是一个深度负反馈电路,电路的工作非常稳定。

**2.** 同相输入

如果输入信号是从同相输入端引入的运算,便是同相运算。

图 9.18 是同相比例运算电路,根据理想运算放大器工作在线性区时的分析依据:

$$u_- \approx u_+ = u_i$$

$$i_1 + i_f \approx 0$$

由图 9.18 可列出

$$i_1 = \frac{u_-}{R_1} = \frac{u_i}{R_1}$$

$$i_f = \frac{u_- - u_o}{R_f} = \frac{u_i - u_o}{R_f}$$

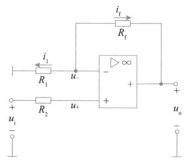

图 9.18 同相比例运算电路

由此得出

$$u_o = \left(1 + \frac{R_f}{R_1}\right) u_i \qquad (9.17)$$

闭环电压放大倍数则为

$$A_{uf} = \frac{u_o}{u_i} = 1 + \frac{R_f}{R_1} \qquad (9.18)$$

可见 $u_o$ 与 $u_i$ 之间的比例关系也可认为与运算放大器本身的参数无关,其精度和稳定性都很高。式中 $A_{uf}$ 为正值,这表示 $u_o$ 与 $u_i$ 同相,并且 $A_{uf}$ 总是大于或等于1,不会小于1,这点和反相比例运算不同。

当 $R_1 = \infty$(断开)(图 9.19(a))或 $R_f = 0$(图 9.19(b))时,则

$$A_{uf} = \frac{u_o}{u_i} = 1 \qquad (9.19)$$

这就是电压跟随器,如图 9.19 所示。

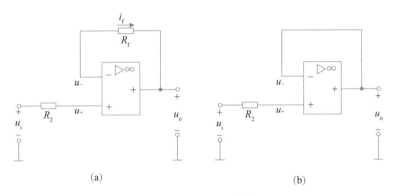

(a)                                (b)

图 9.19　电压跟随器

例 **9.5**　试计算图 9.20 中 $u_o$ 的大小。

解:图 9.20 是一个电压跟随器,电源电压 +15V 经过两个 15kΩ 的电阻分压后,在同相输入端得到 +7.5V 的输入电压,因此 $u_o = +7.5V$。

从反馈类型来看,在图 9.18 中,反馈电路自输出端引出接到反相输入端,而后经电阻 $R_1$ 接"地"。设 $u_i$ 为正,则 $u_o$ 也为正,此时反相输入端的电位低于输出端的电位但高于"地"电位,$i_1$ 的实际方向与图 9.18 中的参考方向一致,而 $i_f$ 的实际方向与图中的参考方向相反。经 $R_f$ 和 $R_1$ 分压后,反馈电压 $u_f = i_1 R_1$,它是 $u_o$ 的一部分。由输入端电路可以得出,差值电压 $u_d = u_i - u_f$,即 $u_f$ 削弱了净输入电压,故为负反馈。反馈电压取自输出端(即取自输出电压 $u_o$,并与之成正比),故为电压反馈。反馈信号加在反相输入端,输入信号加在同相输入端,即反馈信号以电压形式出现,与输入信号串联,故为串联反馈。因此,同相比例运算电路是一个深度电压串联负反馈电路。电路的输入电阻很高,输出电阻很低。

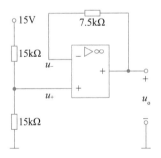

图 9.20　例 9.5 电路图

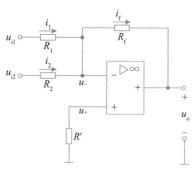

图 9.21　反相加法运算电路

## 9.4.2　加法运算

如果在反相输入端增加若干输入电路,则构成反相加法运算电路,如图 9.21 所示。

由图 9.21 可列出

$$i_1 = \frac{u_{i1}}{R_1}$$

$$i_2 = \frac{u_{i2}}{R_2}$$

$$i_f = i_1 + i_2 = \frac{u_{i1}}{R_1} + \frac{u_{i2}}{R_2}$$

$$i_f = -\frac{u_o}{R_f}$$

加法、减法、积分
和微分运算电路

由上列各式可得

$$u_o = -\left(\frac{R_f}{R_1}u_{i1} + \frac{R_f}{R_2}u_{i2}\right) \tag{9.20}$$

当 $R_1 = R_2 = R$ 时,则式(9.20)为

$$u_o = -\frac{R_f}{R}(u_{i1} + u_{i2}) \tag{9.21}$$

当 $R = R_f$ 时,则

$$u_o = -(u_{i1} + u_{i2}) \tag{9.22}$$

由式(9.20)~式(9.22)可知,加法运算电路也与运算放大器本身的参数无关,只要电阻阻值足够精确,就可保证加法运算的精度和稳定性。

平衡电阻为

$$R' = R_1 /\!/ R_2 /\!/ R_f$$

## 9.4.3　减法运算

如果两个输入端都有信号输入,则为差动输入。差动运算在测量和控制系统中应用很多,其运算电路如图 9.22 所示。由图可列出

$$u_- = u_{i1} - i_1 R_1$$

$$= u_{i1} - \frac{u_{i1} - u_o}{R_1 + R_f} \cdot R_1$$

$$u_+ = \frac{u_{i2}}{R_2 + R_3}R_3$$

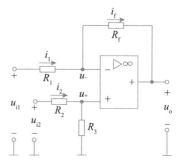

图 9.22　差动减法运算电路

因为 $u_- \approx u_+$,故从上列两式可得出

$$u_o = \left(1 + \frac{R_f}{R_1}\right)\frac{R_3}{R_2 + R_3}u_{i2} - \frac{R_f}{R_1}u_{i1} \tag{9.23}$$

当 $R_1 = R_2$ 和 $R_f = R_3$ 时,则式(9.23)为

$$u_o = \frac{R_f}{R_1}(u_{i2} - u_{i1}) \tag{9.24}$$

当 $R_f = R_1$ 时,则得

$$u_o = u_{i2} - u_{i1} \tag{9.25}$$

由上两式可见,输出电压 $u_o$ 与两个输入电压的差值成正比,所以可以进行减法运算。由式(9.24)可得出电压放大倍数:

$$A_{uf} = \frac{u_o}{u_{i2} - u_{i1}} = \frac{R_f}{R_1} \tag{9.26}$$

由于电路存在共模电压,为了保证运算精度,应当选用共模抑制比较高的运算放大器。

**例 9.6** 图 9.23 所示电路是用运算放大器构成的测量电路,图中 $U_S$ 为恒压源,若 $\Delta R_f$ 是某个非电量(如应变、压力或温度)的变化所引起的传感元件的阻值变化量。试写出 $u_o$ 与 $\Delta R_f$ 之间的关系式。

**解**:由减法运算电路输出电压与输入电压之间的关系式可得出

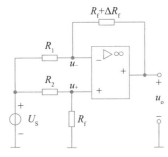

图 9.23　例 9.6 电路图

$$u_o = \left(1 + \frac{R_f + \Delta R_f}{R_1}\right) \frac{R_f}{R_2 + R_f} U_S - \frac{R_f + \Delta R_f}{R_1} U_S$$

由于 $R_1 = R_2$,整理上式得

$$u_o = \frac{\Delta R_f}{R_1 + R_f} U_S$$

计算结果表明,输出信号电压与传感元件电阻值的变化量成正比。

### 9.4.4　积分运算

与反相比例运算电路比较,用电容 $C_f$ 代替 $R_f$ 作为反馈元件,就成为积分运算电路,如图 9.24 所示。

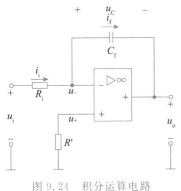

图 9.24　积分运算电路

由于反相输入,$u_- \approx 0$,故

$$i_1 = i_f = \frac{u_i}{R_1}$$

$$u_o = -u_C = -\frac{1}{C_f}\int i_f dt = -\frac{1}{R_1 C_f}\int u_i dt \tag{9.27}$$

上式表明 $u_o$ 与 $u_i$ 的积分成比例,式中的负号表示两者反相。$R_1 C_f$ 称为积分时间常数。

当 $u_i$ 为阶跃电压(图 9.25(a))时,则

$$u_o = -u_C = -\frac{U_i}{R_1 C_f} t \tag{9.28}$$

其波形如图 9.25(b)所示,最后达到负饱和值 $-U_{om}$。

### 9.4.5　微分运算

微分运算是积分运算的逆运算,只需将反相输入端的电阻和反馈电容调换位置,就成为微分运算电路,如图 9.26 所示。

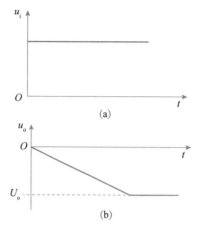

图 9.25 积分运算电路的阶跃响应曲线

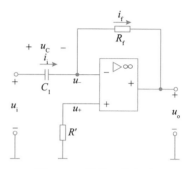

图 9.26 微分运算电路

由图可列出

$$i_1 = C_1 \frac{\mathrm{d}u_C}{\mathrm{d}t} = C_1 \frac{\mathrm{d}u_i}{\mathrm{d}t}$$

$$u_o = -i_f R_f = -i_1 R_f$$

故

$$u_o = -R_f C_1 \frac{\mathrm{d}u_i}{\mathrm{d}t} \qquad (9.29)$$

即输出电压与输入电压对时间的一次微分成正比。

当 $u_i$ 为阶跃电压时，$u_o$ 为尖脉冲电压，如图 9.27 所示。由于此电路工作时稳定性不高，故很少应用。

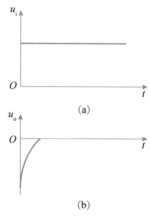

图 9.27 微分运算电路的阶跃响应曲线

## 9.5 运算放大器的非线性应用

运算放大器在非线性工作状态下的应用领域也十分广阔，包括测量技术、计算技术、自动控制、无线电通信等，在此只讲述最基本的应用知识和个别应用举例。

集成运算放大器由于开环放大倍数 $A_{uo}$ 很高，如果不加负反馈电路，按照 $u_o = A_{uo}(u_+ - u_-)$ 的关系，只要同相输入端的电位 $u_+$ 稍微高于反相输入端的电位 $u_-$，就会超出线性工作范围，输出电压 $u_o$ 立即偏向正的最大输出电压值，即正饱和值 $U_{o+}$；反之，$u_-$ 稍高于 $u_+$，$u_o$ 立即偏向负饱和值 $U_{o-}$。如果把输出端和同相输入端用电阻连接起来，即加入适量的正反馈，输出状态的转换将是跃变的。集成运放的这种性能大大扩展了其应用范围。

### 9.5.1 比较器

比较器是运算放大器非线性应用最基本的电路(图 9.28(a))，用于对输入电压 $u_i$ 进行比较和鉴别，加于同相输入端的 $U_R$ 为参考电压(也叫比较电压)，$u_i$ 加于反相输入端(当然 $u_i$ 和 $U_R$ 互换所连接的端子也是可以的)，此时输出电压 $u_o$ 和输入电压 $u_i$ 的关系曲线(电压传输特性曲线)如图 9.28(b)所示,当 $u_i > U_R$ 时,$u_o$ 从 $+U_{om}$ 翻转为 $-U_{om}$;反之亦然。

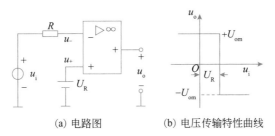

（a）电路图　　　　（b）电压传输特性曲线

图 9.28　比较器的电路和电压传输特性曲线

比较电压 $U_R = 0$ 时,比较器的电压传输特性就是前述集成运放传输特性,若输入电压为正弦波,按照上述分析结论,输出电压 $u_o$ 的波形如图 9.29 所示,是与 $u_i$ 同频率的方波,幅值决定于运算放大器的最大输出电压,这种电路称为过零比较器。

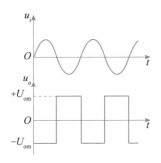

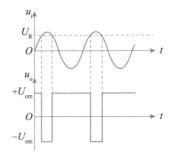

图 9.29　过零比较器波形图　　　　　　　图 9.30　比较器波形图

比较电压 $U_R$ 为一正值时,若 $u_i$ 为幅值大于 $U_R$ 的正弦波,输出电压的波形如图 9.30 所示,是与 $u_i$ 同频率但正负半周宽度不相等的矩形波,幅值仍决定于运算放大器的最大输出电压。显然改变 $U_R$ 的数值,可以改变其正、负半周宽度的比例。

有时为了将输出电压限制在某一特定值,以与接在输出端的数字电路的电平配合,可在比较器的输出端与反相输入端之间跨接一个双向稳压管 $D_Z$,作双向限幅用。稳压管的电压为 $U_Z$。电路和传输特性如图 9.31 所示。$u_i$ 与参考电压 $U_{REF}$ 比较,输出电压 $u_o$ 被限制在 $+U_Z$ 或 $-U_Z$。

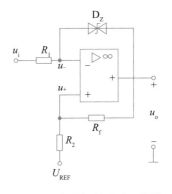

图 9.31　有限幅的过零比较器

### 9.5.2　迟滞比较器

过零迟滞比较器电路如图 9.32(a)所示,它在过零比较器运放的"+"端多加了正反馈电压:

$$u_f = \frac{R_2}{R_2 + R_f} u_o$$

使 $u_o$ 从 $+U_{om}$ 翻转为 $-U_{om}$ 或从 $-U_{om}$ 翻转为 $+U_{om}$ 的翻转点,在时间上滞后于 $u_i$ 的过零点,并使翻转过程加速,$u_o$ 的升降变陡。

过零迟滞比较器的电压传输特性曲线如图 9.32(b)所示。当 $u_i$ 为较大的负值时,有

$$u_o = +U_{om}$$

$$u_f = +\frac{R_2}{R_2 + R_f}U_{om} = U_{RH} > 0$$

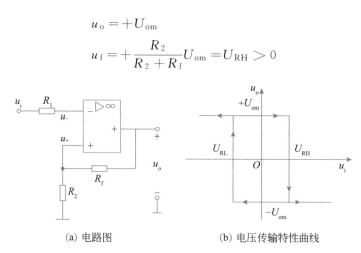

(a) 电路图　　　　　　　(b) 电压传输特性曲线

图 9.32　过零迟滞比较器的电路和电压传输特性曲线

因此，$u_i$ 在 $u_o$ 已为 $+U_{om}$ 后再升高时，只有当 $u_i \geqslant U_{RH}$，$u_o$ 才从 $+U_{om}$ 翻转为 $-U_{om}$，同时使

$$U_f = -\frac{R_2}{R_2 + R_f}U_{om} = U_{RL} < 0$$

因此，$u_i$ 在 $u_o$ 已为 $-U_{om}$ 后再降低时，只有当 $u_i \leqslant U_{RL}$，才从 $-U_{om}$ 翻转为 $+U_{om}$，整个情况表明，这是滞后变化的传输特性。

若输入电压 $u_i$ 为幅值大于 $U_{RH}$ 和 $|U_{RL}|$ 的正弦波，输出电压 $u_o$ 的波形将如图 9.33 所示，在过零时间点上，$u_o$ 滞后于 $u_i$，同时 $u_o$ 波形的前后沿比图 9.29 所示的要陡。

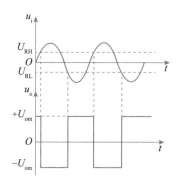

图 9.33　过零迟滞比较器的波形图

## 本章小结

1. 运算放大器是一种具有深度负反馈的高放大倍数的直接耦合放大器，具有高放大倍数、高输入阻抗、低输出阻抗的特性。运算放大器可以工作于两种状态，即线性和非线性状态。若要使运算放大器工作于线性状态，必须引入负反馈。

2. 实际运算放大器与理想运算放大器非常相似，所以在分析运算放大器时，可以将它看成是一个理想运算放大器。"虚短""虚断"是非常重要的两个分析依据，适用于线性状态下的各种情况,"虚地"只适用反相线性运算电路。

3. 反相运算电路无共模电压的影响,但输入阻抗低,同相运算电路输入阻抗高,但存在共模信号的影响。

4. 运算放大器既可以用于直流电路,也可以用于交流电路。

5. 运算放大器的非线性应用可以引入正反馈也可以不引入反馈。非线性应用主要用于比较器和波形产生电路。

## 技能训练——电子元器件焊接练习

**1. 实验目的**

(1)能正确使用手工焊接工具。

(2)能将电子元器件牢固地焊接到电路板上,焊点达到质量标准。

**2. 实验器材**

电烙铁、吸锡器、尖嘴钳、斜口钳、镊子、小刀、焊锡丝、万能板、电阻、电容、二极管、晶体管、集成块等。

**3. 实验原理**

1)手工锡焊工具使用方法

(1)电烙铁

电烙铁是最常用的手工锡焊工具之一,被广泛用于各种电子产品的生产与维修,常见电烙铁及烙铁头形状如图 9.34 所示。常见的电烙铁分为内热式、外热式、恒温式和吸锡式。

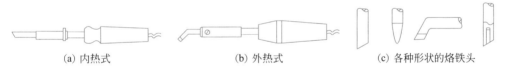

(a) 内热式　　　　　　(b) 外热式　　　　(c) 各种形状的烙铁头

图 9.34　常见的电烙铁及烙铁头形状

① 内热式电烙铁。内热式电烙铁具有发热快、体积小、质量轻、效率高等特点,因而得到普遍应用。常用的内热式电烙铁的规格有 20W、35W、50W 等,20W 烙铁头的温度可达 350℃左右。电烙铁的功率越大,烙铁头的温度就越高,可焊接的元器件可大一些。焊接集成电路和小型元器件选用 20W 内热式电烙铁即可。使用的电烙铁功率过大,容易将元器件烫坏,二极管和晶体管等半导体元器件当温度超过 200℃就会被烧毁,同时还会使印制电路板上的铜箔焊盘脱落。电烙铁的功率太小,不能使被焊接元器件引脚和焊盘充分加热而导致焊点虚焊。

② 外热式电烙铁。外热式电烙铁的功率比较大,常用的规格有 35W、45W、75W、100W 等,适合于焊接较大的元件。它的烙铁头可以被加工成各种形状以适应不同焊接面的需要。

③ 恒温式电烙铁。恒温式电烙铁是用电烙铁内部的磁控开关来控制烙铁的加热电路,使烙铁头保持恒温。当磁控开关的软磁铁被加热到一定的温度时,便失去磁性,使电路中的触点断开,自动切断电源。恒温烙铁也有用热敏元件来控制加热电路,使烙铁头保持恒温。

④ 吸锡式电烙铁。吸锡式电烙铁是拆除焊件的专用工具,可将焊接点上的焊锡熔化后

吸除,使元件的引脚与焊盘分离。操作时,先将烙铁加热,再将烙铁头放到焊点上,待焊点上的焊锡熔化后,按动吸锡开关,即可将焊点上的焊锡吸入腔内。这个步骤有时要反复进行几次才能将焊点吸除干净。可以用专门的吸锡器和电烙铁配合使用代替吸锡式电烙铁。

（2）电烙铁的使用

① 安全检查。先用万用表检查电烙铁的电源线有无短路和开路、测量电烙铁是否有漏电现象、检查电源线的装接是否牢固、固定螺丝是否松动、电源线的套管有无破损。

② 新烙铁头的处理。新买的电烙铁一般不能直接使用,要先将烙铁头进行"上锡"保护后方能使用。"上锡"的具体操作方法是:将电烙铁通电加热,趁热用锉刀将烙铁头上的氧化层锉掉,在烙铁头的新表面上熔化带有松香的焊锡,直至烙铁头的表面薄薄地镀上一层锡为止。

③ 使用注意事项。电烙铁使用时离开鼻子的距离至少不小于30cm,通常以40cm为宜。在使用过程中不要敲击烙铁头,要用松香或湿软海绵将烙铁头沾上的焊锡擦除。电烙铁使用一段时间后要取下烙铁头,除去其表面的氧化层,以免影响烙铁头的导热性能。

（3）其他工具的使用

① 尖嘴钳:用于切断细小的导线、金属丝,在连接点上夹持导线或元件引线,也用来对元件引脚进行加工成型。

② 斜口钳:主要用于切断导线和剪掉元器件过长的引线。

③ 镊子:主要用途是镊取微小器件,在焊接时夹持被焊件以防止其移动和帮助其散热。

④ 小刀:主要用来刮去导线和元件引线上的氧化层,使之易于上锡。

⑤ 吸锡器:对焊点进行吸除的工具。

2）锡焊的机理

锡焊是将表面清洁的焊件与焊料加热到一定温度,焊料熔化并润湿焊件表面,在其界面上发生金属扩散并形成结合层,从而实现金属的焊接。焊料的熔点比被焊物的熔点低,而且易于与被焊物连为一体。一般选用锡铅系列焊料,故也称焊锡。常用的焊锡有块状、棒状、带状、丝状和粉末状,一般手工焊锡操作多用丝状焊锡。助焊剂的作用是去除焊件表面的氧化物和杂质,同时防止焊件在加热过程中被氧化以及把热量从烙铁头快速地传递到被焊物上,使预热速度加快。一般用松香、松香酒精。

3）手工焊锡方法

（1）手工锡焊的手法

① 焊锡丝的拿法。一般把成卷的焊锡丝拉直,然后截成一尺长左右的一段。在连续进行焊接时,锡丝的拿法是用左手的拇指和食指捏住焊锡丝,焊锡丝从掌中穿过,用另外三根手指配合连续向前送进锡丝。

② 电烙铁的握法。根据电烙铁的大小、形状和被焊件要求的不同,电烙铁的握法一般有3种形式:正握法、反握法和握笔法,如图9.35所示。握笔法适用于使用小功率的电烙铁和进行热容量小的被焊件的焊接。

(a) 正握法　　(b) 反握法　　(c) 握笔法

图 9.35　电烙铁的握法

（2）手工焊接的基本步骤

手工焊接时，常采用五步操作法，如图 9.36 所示。

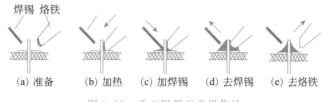

图 9.36　手工锡焊五步操作法

① 准备施焊：首先把被焊件、锡丝和电烙铁准备好，处于随时可焊接的状态。

② 加热焊件：把烙铁头放在电路板焊盘和引线上进行加热。

③ 熔化焊料：被焊件经加热达到一定温度后，立即将手中的锡丝接触被焊件使之熔化。

**注意**：焊锡应加到被焊件上未与烙铁头接触的另一侧，而不是直接加到烙铁头上。

④ 移开焊料：当焊锡熔化一定量后，先迅速移开锡丝。

⑤ 移开烙铁：当焊锡扩散覆盖整个焊盘后，再移开电烙铁。

焊盘上焊料多少的控制如图 9.37 所示。

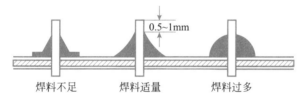

图 9.37　焊盘上焊锡量的控制

（3）手工锡焊的操作技巧

① 对焊件要先进行表面处理，去除焊接面上的锈迹和油污等杂质。

② 对元器件引线要进行镀锡，也称为上锡。给元器件引线镀锡的方法如图 9.38 所示。

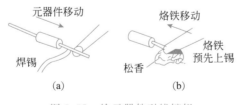

图 9.38　给元器件引线镀锡

③ 对助焊剂不要过量使用，过量的助焊剂会形成"夹渣"缺陷。

④ 对烙铁头要经常进行清洁，以去除氧化形成的黑色杂质。

⑤ 对焊盘和元器件加热要有焊锡桥，所谓的焊锡桥，就是靠烙铁上保留少量的焊锡作为加热时烙铁头与焊件之间传热的桥梁。

**4. 实验内容和步骤**

1）用尖嘴钳把元器件引线加工成型

元器件在印制电路板上的排列和安装方式有两种，一种是立式，另一种是卧式，如图 9.39

所示。根据安装方式用尖嘴钳将元器件的引脚弯曲成型,加工时注意不要将引线齐根弯折,一般留 1.5mm 以上,并用工具保护引线的根部,以免损坏元器件,还应注意将元器件的标志朝向便于观察的方向,以便校核电路和日后维修。

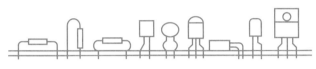

图 9.39　元器件的安装方式

2) 将元器件安装在万能板上

实验所用万能板为单面覆铜板,其结构如图 9.40 所示。元器件一般安装布置在元器件面,焊接操作在焊接面上进行。

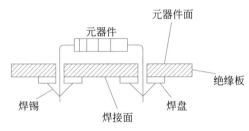

图 9.40　万能板的结构

3) 检查并预热

检查电烙铁并通电预热。

4) 按五步法进行手工焊锡操作

在给元器件引线加热时应尽量使烙铁头同时接触印制电路板上的焊盘(铜箔)。焊接完成后检查焊点是否符合要求:焊牢、焊透、焊料液必须充分渗透,表面光滑有光泽,不能有虚假焊点和夹生焊。合格焊点的图片如图 9.41 所示,缺陷焊点如图 9.42 所示。

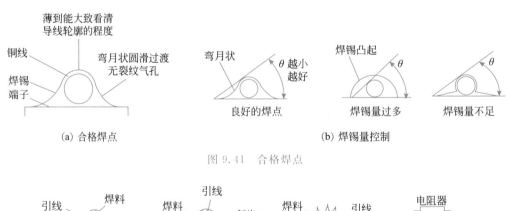

图 9.41　合格焊点

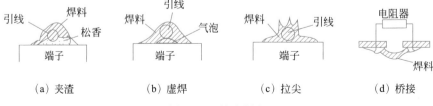

图 9.42　缺陷焊点

5) 练习拆除焊点

用电烙铁加热焊点,使焊锡熔化,然后不移开烙铁头,立即用活塞式吸锡器贴紧焊点进行吸除。吸锡时吸锡器头部要贴紧焊点,一次吸不干净可重复上述步骤再吸几遍。

**5. 完成实验报告**

略。

# 实验项目——基本运算放大器的制作与调试

**1. 实验目的**

(1)掌握集成运算放大器的基本特性和组成运算电路的方法。

(2)掌握反相比例运算电路、同相比例运算电路、减法运算电路等线性应用电路的组装和测试方法。

**2. 实验器材**

模拟电路实验箱、直流稳压电源、信号发生器、示波器、万用表、集成运放、电阻、导线等。

**3. 实验内容和步骤**

1) 反相比例运算电路的组装与测试

(1)图 9.43 为集成运放 UA741 的引脚排列及功能。按图 9.44 所示连接电路,接通 $\pm 12V$ 电源,将输入端对地短路,进行调零和消振。

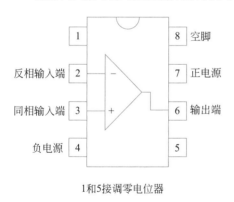

1和5接调零电位器

图 9.43 集成运放 UA741 的引脚图

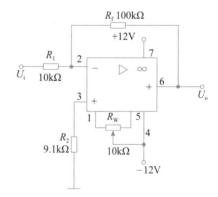

图 9.44 反相比例运算电路

(2)输入正弦信号: $f = 1kHz$、$U_i = 50mV$,测量 $R_L = \infty$ 时的输出电压 $U_o$,并用示波器观察 $u_o$ 和 $u_i$ 的大小及相位关系。将测试结果填入表 9.1 中。

表 9.1　反相与同相比例运算电路测试

| 电路 | $U_o$ 波形 | $U_i$ 波形 | $U_i/V$ | $U_o/V$ | $A_u$ | |
|---|---|---|---|---|---|---|
| | | | | | 实测值 | 计算值 |
| 反相比例运算 | | | | | | |

续表

| 电路 | $U_o$ 波形 | $U_i$ 波形 | $U_i/V$ | $U_o/V$ | $A_u$ | |
|---|---|---|---|---|---|---|
| | | | | | 实测值 | 计算值 |
| 同相比例运算 | | | | | | |

2）同相比例运算电路的组装与测试

按图 9.45 连接电路,重复 1)的步骤,完成电路测试,将测试结果填入表 9.1 中。

3）减法运算电路的组装与测试

按图 9.46 连接电路,输入正弦信号:$f=1\mathrm{kHz}$、$U_{i1}=30\mathrm{mV}$、$U_{i2}=80\mathrm{mV}$,测量 $R_L=\infty$ 时的输出电压 $U_o$,填入表 9.2 中。

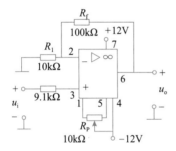

图 9.45 同相比例运算电路

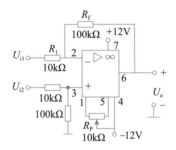

图 9.46 减法运算电路

表 9.2 减法运算电路测试

| 项 目 | | 减法运算电路 |
|---|---|---|
| 输入 $u_{i1}$ | | |
| 输入 $u_{i2}$ | | |
| 输出 $u_o$ | 理论值 | |
| | 实测值 | |

4. 完成实验报告

略。

# 习　题

9-1　什么是零点漂移？产生零点漂移的主要原因是什么？零漂对放大器的输出有何影响？

9-2　在图 9.47 中,设集成运算放大器为理想器件,$R_1=R_2=R_f=R$,求如下情况下的输入、输出关系。

（1）开关 $S_1$、$S_3$ 闭合，$S_2$ 断开。

（2）开关 $S_1$、$S_2$ 闭合，$S_3$ 断开。

（3）开关 $S_2$ 闭合，$S_1$、$S_3$ 断开。

（4）开关 $S_1$、$S_2$、$S_3$ 均闭合。

9-3  求图 9.48 所示电路的 $u_o$ 与 $u_i$ 的运算关系式，其中 $R_1' = R_f' = R$。判断各运算放大器引用的反馈类型。

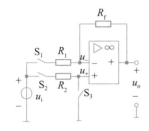 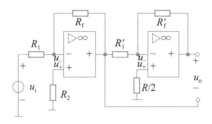

图 9.47  题 9-2 电路图　　　　　　　图 9.48  题 9-3 电路图

9-4  试求图 9.49 所示电路的 $u_o$ 和 $R_2$。判断其反馈类型。

9-5  电路如图 9.50 所示，设图中 $R_1 R_2 R_f = R$，输入电压 $u_{i1}$ 和 $u_{i2}$ 的波形如图所示，试画出输出电压 $u_o$ 的波形。

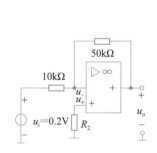 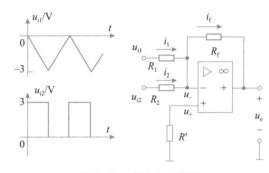

图 9.49  题 9-4 电路图　　　　　　　图 9.50  题 9-5 电路图

9-6  试求图 9.51 的输出电压 $u_o$。

9-7  在图 9.22 所示的差动输入运算电路中，$R_1 = R_2 = 4\text{k}\Omega$，$R_f R_3 = 20\text{k}\Omega$，$u_{i1} = 1.5\text{V}$，$u_{i2} = 1\text{V}$，试求输出电压 $u_o$。

9-8  在图 9.24 所示的反相积分运算电路中，已知 $R_1 = 50\text{k}\Omega$，$C_f = 1\mu\text{F}$，$u_i$ 的波形如图 9.52 所示。试画出下列两种情况下的 $u_o$ 的波形，并在波形图上标明 $u_o$ 的幅值。

（1）$u_c(0) = 0$。

（2）$u_c(0) = -0.5\text{V}$。

9-9  在图 9.24 所示的反相积分电路中，若 $R_1 = 10\text{k}\Omega$，$C_f = 1\mu\text{F}$，$u_i = -1\text{V}$，求输出电压 $u_o$ 由 0 到达 10V（设为集成运算放大器的最大输出电压）所需要的时间是多少？超出这段时间后 $u_o$ 如何变化？如果要使 $u_o$ 对 $u_i$ 积分运算的有效时间常数增大 10 倍，试问应如何调整电路的参数？

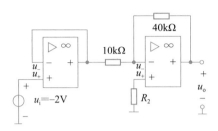

图 9.51　题 9-6 电路图

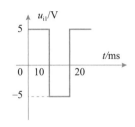

图 9.52　题 9-8 输入 $u_o$ 波形

9-10　按下列各运算关系式画出运算电路,并计算各电阻的阻值,括号中的反馈电阻 $R_f$ 和电容 $C_f$ 是已给出的。

(1) $u_o = -3u_i (R_f = 50\text{k}\Omega)$ 　　　　(2) $u_o = -(u_{i1} + 0.2u_{i2})(R_f = 100\text{k}\Omega)$

(3) $u_o = 5u_i (R_f = 20\text{k}\Omega)$ 　　　　(4) $u_o = 0.5u_i$

(5) $u_o = 2u_{i2} - u_{i1} (R_f = 10\text{k}\Omega)$ 　　　　(6) $u_o = -200\int u_i \mathrm{d}t (C_f = 0.1\mu\text{F})$

(7) $u_o = -10\int u_{i1} \mathrm{d}t - 5\int u_{i2} \mathrm{d}t (C_f = 1\mu\text{F})$

9-11　写出题图 9.53 所示电路的 $u_o$ 与 $U_Z$ 的关系式,并说明其功能。当负载电阻 $R_L$ 改变时,输出电压 $u_o$ 有无变化? 调节 $R_f$ 起何作用?

9-12　图 9.54 是应用运算放大器测量小电流的原理电路,试计算电阻 $R_{f1} \sim R_{f5}$ 的阻值。输出端接有满量程 5V、500mA 的电压表。

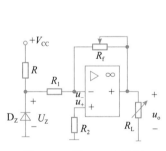

图 9.53　题 9-11 电路图

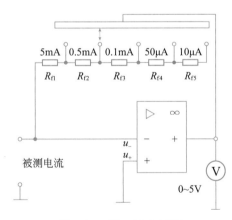

图 9.54　题 9-12 电路图

9-13　写出图 9.55 所示电路的输出电流 $i_o$ 与 $U_S$ 的关系式,并说明其功能。当负载电阻 $R_L$ 改变时,输出电流 $i_o$ 有无变化?

9-14　试求图 9.56 所示电路中的输入、输出电压关系。

9-15　图 9.57 所示电路为由运算放大器组成的比较器(图中 $D_1$、$D_2$ 为输入保护二极管),输入信号 $u_i$ 的波形如图所示,试画出输出信号 $u_o$ 的波形图。

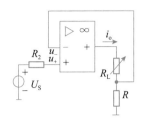

图 9.55　题 9-13 电路图

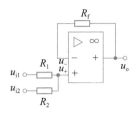

图 9.56　题 9-14 电路图

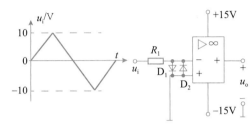

图 9.57　题 9-15 电路图

# 第10章

# 直流稳压电源

前面分析的各种放大器和电子设备,以及各种自动控制装置,都需要稳定的直流电源供电。直流电源可以由直流发电机和各种电池提供,但比较经济实用的办法是利用具有单向导电性的电子器件,将使用广泛的工频正弦交流电转换成直流电。图 10.1 所示为把工频正弦交流电转换成直流电的直流稳压电源的原理框图,它一般由 4 个部分组成,各部分功能如下。

整流变压器:将正弦工频交流电源电压变换为符合用电设备所需要的正弦工频交流电压。

整流电路:利用具有单向导电性的整流器件(晶体二极管、电子二极管或晶闸管),将交流电压变换为单向脉动电压。

滤波电路:尽可能减小整流电压的脉动程度,以适合负载的需要。

稳压环节:在交流电源电压波动或负载变化时,使直流输出电压稳定。

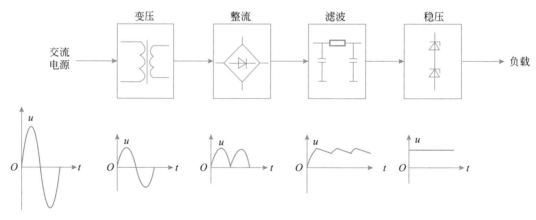

图 10.1　半导体直流电源的原理框图

学习目标:掌握直流稳压电源的结构和各组成部分的工作原理。

学习重点:单相桥式整流电路的结构、工作原理和输出电压平均值;电容滤波的工作原理和滤波输出电压平均值;稳压管稳压电路、串联型晶体管稳压电路和集成稳压电源的结构和工作原理。

学习难点:单相桥式整流电路的结构和工作原理;电容滤波的工作原理;稳压管稳压电路、串联型晶体管稳压电路和集成稳压电源的结构和工作原理。

# 10.1  整流电路

### 10.1.1  单相半波整流电路

图 10.2 所示是单相半波整流电路。它是最简单的整流电路,由整流变压器 T、整流器件 D(二极管)及负载电阻 $R_L$ 组成。设整流变压器二次侧电压为

$$u = \sqrt{2}U\sin\omega t$$

其波形如图 10.3(a)所示。由于二极管 D 具有单向导电性,只当它的正极电位高于负极电位时才能导通。在变压器二次侧电压 $u$ 的正半周时,其极性为上正下负(图 10.2),即 a 点的电位高于 b 点,二极管因承受正向电压而导通。这时负载电阻 $R_L$ 上的电压为 $u_o$,通过的电流为 $i_o$。在电压 $u$ 的负半周时,a 点的电位低于 b 点,二极管因承受反向电压而截止,负载电阻上没有电压,因此,在负载电阻 $R_L$ 上得到的是半波整流电压 $u_o$。在导通时,二极管的正向压降很小,可以忽略不计,因此,可以认为 $u_o$ 的这半个波和 $u$ 的正半波是相同的,如图 10.3 所示。

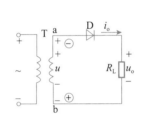

图 10.2  单相半波整流电路

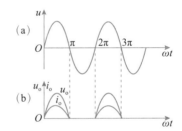

图 10.3  单相半波整流电路的电压与电流的波形

负载上得到的整流电压虽然是单方向的(极性一定),但其大小是变化的。这种所谓单向脉动电压,常用一个周期的平均值来说明它的大小。单相半波整流电压的平均值为

$$U_o = \frac{1}{2\pi}\int_0^{2\pi} \sqrt{2}U\sin\omega t\, \mathrm{d}(\omega t) = \frac{\sqrt{2}}{\pi}U = 0.45U \tag{10.1}$$

从图 10.4 所示的波形来看,如果使半个正弦波与横轴所包围的面积等于一个矩形的面积,矩形的宽度为周期 $T$,则矩形的高度就是这半波的平均值,或者称为半波的直流分量。

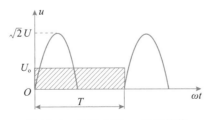

图 10.4  半波电压 $u_o$ 的平均值

式(10.1)表示整流电压平均值与交流电压有效值之间的关系。由此得出整流电流的平均值:

$$I_o = \frac{U_o}{R_L} = 0.45\frac{U}{R_L} \tag{10.2}$$

除根据负载所需要的直流电压(即整流电压 $U_o$)和直流电流(即 $I_o$)选择整流器件外,还要考虑整流器件截止时所承受的最高反向电压 $U_{DRM}$。显然,在单相半波整流电路中,二极管不导通时承受的最高反向电压就是变压器二次侧交流电压 $u$ 的最大值 $U_m$,即

$$U_{DRM} = U_m = \sqrt{2}U \tag{10.3}$$

这样,根据 $U_o$、$I_o$ 和 $U_{DRM}$ 就可以选择合适的整流器件了。

例 10.1  有一单相半波整流电路,如图 10.2 所示。已知负载电阻 $R_L = 750\Omega$,变压器二次侧电压 $U = 20V$,试求 $U_o$、$I_o$ 和 $U_{DRM}$,并选择二极管。

解:
$$U_o = 0.45U = 0.45 \times 20 = 9(V)$$

$$I_o = \frac{U_o}{R_L} = \frac{9}{750} = 0.012(A) = 12(mA)$$

$$U_{DRM} = U_m = \sqrt{2}U = \sqrt{2} \times 20 = 28.2(V)$$

查附录,二极管选用 2AP4(16mA,50V)。为了使用安全,二极管的反向工作峰值电压要选得比 $U_{DRM}$ 大一倍左右。

## 10.1.2  单相桥式整流电路

单相半波整流电路的缺点是只利用了电源的半个周期,同时整流电压的脉动较大。为了克服这些缺点,常采用全波整流电路,其中最常用的是单相桥式整流电路。它是由四个二极管接成电桥的形式构成的,图 10.5 所示的是桥式整流电路的几种画法。

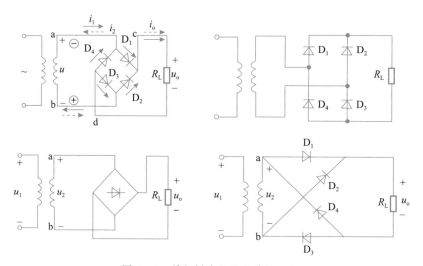

图 10.5  单相桥式整流电路的画法

下面按照图 10.5 中第一种连接形式分析桥式整流电路的工作情况。

在变压器二次侧电压 $u$ 的正半周时,其极性为上正下负,即 a 点的电位高于 b 点,二极管 $D_1$、$D_3$ 导通,$D_2$、$D_4$ 截止,电流 $i_1$ 的通路是 a→$D_1$→$R_L$→$D_3$→b。这时,负载电阻 $R_L$ 上得到一个半波电压,如图 10.6(b)中的 0~π 段所示。

在电压 $u$ 的负半周时,变压器二次侧电压的极性为上负下正,即 b 点的电位高于 a 点。

因此 $D_1$、$D_3$ 截止，$D_2$、$D_4$ 导通，电流 $i_2$ 的通路是 b→$D_2$→$R_L$→$D_4$→a。这时，负载电阻 $R_L$ 上得到一个半波电压，如图 10.6(b) 中的 $\pi\sim2\pi$ 段所示。

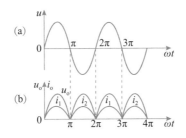

图 10.6　单相桥式整流电路的电压与电流的波形

显然，全波整流电路的整流电压平均值 $U_o$ 比半波整流时增加了一倍，即

$$U_o = 2 \times 0.45U = 0.9U \tag{10.4}$$

负载电阻中的直流电流当然也增加了一倍，即

$$I_o = \frac{U_o}{R_L} = 0.9\frac{U}{R_L} \tag{10.5}$$

每两个二极管串联导电半周，因此，每个二极管中流过的平均电流只有负载电流的一半，即

$$I_D = \frac{1}{2}I_o = 0.45\frac{U}{R_L} \tag{10.6}$$

从图 10.5 可以看出二极管截止时所承受的最高反向电压。当 $D_1$、$D_3$ 导通时，如果忽略二极管的正向压降，截止管 $D_2$ 和 $D_4$ 的负极电位等于 a 点的电位，正极电位等于 b 点的电位。所以截止管所承受的最高反向电压就是电源电压的最大值，即

$$U_{DRM} = \sqrt{2}U \tag{10.7}$$

这一点和半波整流电路相同。

例 10.2　已知负载电阻 $R_L = 80\Omega$，负载电压 $U_o = 110V$。现采用单相桥式整流电路，交流电源电压为 380V。(1) 如何选用晶体二极管？(2) 求整流变压器的变比及容量。

解：(1) 负载电流为

$$I_o = \frac{U_o}{R_L} = \frac{110}{80} \approx 1.4(A)$$

每个二极管通过的平均电流为

$$I_D = \frac{1}{2}I_o = 0.7(A)$$

变压器二次侧电压的有效值为

$$U = \frac{U_o}{0.9} = \frac{110}{0.9} \approx 122(V)$$

考虑到变压器二次侧绕组即管子上的压降，变压器的二次侧电压大约要高出 10%，即 $122 \times 1.1 = 134(V)$。于是

$$U_{DRM} = \sqrt{2} \times 134 \approx 189(V)$$

因此可选用 2CZ11C 晶体二极管，其最大整流电流为 1A，反向工作峰值电压为 300V。

（2）变压器的变比为

$$K = \frac{380}{134} \approx 2.8$$

变压器二次侧电流的有效值为

$$I = \frac{I_o}{0.9} = \frac{1.4}{0.9} \approx 1.55(\mathrm{A})$$

变压器的容量为

$$S = UI = 134 \times 1.55 \approx 208(\mathrm{V \cdot A})$$

可选用 BK300(300V·A)、380/134V 的变压器。

## 10.2  滤波电路

上一节分析的几种整流电路虽然都可以把交流电转换为直流电，但是所得到的输出电压是单向脉动电压。在某些设备（例如电镀、蓄电池充电等设备）中，这种电压的脉动是允许的。但是在大多数电子设备中，整流电路中还要加接滤波器，以改善输出电压的脉动程度。下面介绍几种常用的滤波器。

滤波电路和稳压电路

### 10.2.1  电容滤波器(C 滤波器)

图 10.7 中与负载并联的电容器就是一个最简单的滤波器。电容滤波器是根据电容器的端电压在电路状态改变时不能跃变的原理制成的。下面分析电容滤波器的工作情况。

如果在单相半波整流电路中不接电容滤波器，输出电压的波形如图 10.8(a)所示。加接电容滤波器之后，输出电压的波形就变成图 10.8(b)所示的形状。这是什么原因呢？

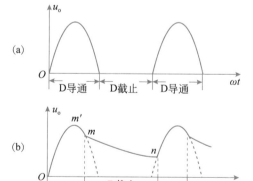

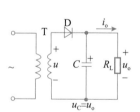

图 10.7  接有电容滤波器的单相半波整流电路

图 10.8  电容滤波器电路波形

从图 10.7 中可以看出，在二极管导通时，一方面供电给负载，同时也对电容器 $C$ 充电。在忽略二极管正向压降的情况下，充电电压 $u_C$ 与上升的正弦电压 $u$ 一致，如图 10.8(b)中 $Om'$ 段波形所示。电源电压 $u$ 在 $m'$ 点达到最大值，$u_C$ 也达到最大值。而后 $u$ 和 $u_C$ 都开始下降，$u$ 按正弦规律下降，当 $u<u_C$ 时，二极管承受反向电压而截止，电容器对负载电阻 $R_L$ 放电，负载中仍有电流，而 $u_C$ 按放电曲线 $mn$ 下降。在 $u$ 的下一个正半周内，当 $u>u_C$ 时，二极管再次导通，电容器再被充电，重复上述过程。

电容器两端电压 $u_C$ 即为输出电压 $u_o$，其波形如图 10.8(b)所示，可见输出电压的脉动大为减小，并且电压较高。在空载（$R_L=\infty$）和忽略二极管正向压降的情况下，$U_o=\sqrt{2}U=1.4U$，$U$ 是图 10.7 中变压器二次侧输出电压的有效值。但随着负载的增加（$R_L$ 减小，$I$ 增大），放电时间常数 $R_LC$ 减小，放电加快，$U_o$ 下降。整流电路的输出电压 $U_o$ 与输出电流 $I_o$（即负载电流）的变化关系曲线称为整流电路的外特性曲线，如图 10.9 所示。由图可见，与无电容滤波时比较，输出电压随负载电阻的变化有较大的变化，即外特性较差，或者说带负载能力较差。通常，我们取

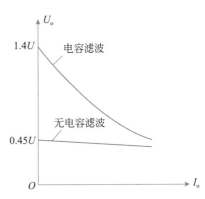

图 10.9　电容滤波电路的外特性曲线

$$\begin{cases} U_o = U \text{（半波）} \\ U_o = 1.2U \text{（全波）} \end{cases} \tag{10.8}$$

采用电容滤波时，输出电压的脉动程度与电容器的放电时间常数 $R_LC$ 有关系。$R_LC$ 大一些，脉动就小一些。为了得到比较平直的输出电压，一般要求 $R_L \geqslant (10 \sim 15)\dfrac{1}{\omega C}$，即

$$R_LC \geqslant (3 \sim 5)\frac{T}{2} \tag{10.9}$$

式中：$T$ 是电源交流电压的周期。

此外，由于二极管的导通时间短（导通角小于 180°），但在一个周期内电容器的充电电荷等于放电电荷，即通过电容器的电流平均值为 0，可见在二极管导通期间，其电流 $i_D$ 的平均值近似等于负载电流的平均值 $I_o$，因此 $i_D$ 的峰值必然较大，产生电流冲击，容易使管子损坏。

至于二极管截止时所承受的最高反向电压 $U_{DRM}$，单相半波带有电容滤波的整流电路在负载端开路时，$U_{DRM}=2\sqrt{2}U$（最高）。因为在交流电压的正半周时，电容器上的电压等于交流电压的最大值 $\sqrt{2}U$，由于开路，不能放电，这个电压维持不变；而在负半周的最大值时，截止二极管上所承受的反向电压为交流电压的最大值 $\sqrt{2}U$ 与电容器上电压 $\sqrt{2}U$ 之和，即等于 $2\sqrt{2}U$。

而对单相桥式整流电路来说，有电容滤波后，不影响 $U_{DRM}$。

总之，电容滤波电路简单，输出电压 $U_o$ 较高，脉动也较小；但是外特性较差，且有电流冲击。因此，电容滤波器一般用于要求输出电压较高、负载电流较小并且变化也较小的场合。

滤波电容的数值一般在几十微法到几千微法，视负载电流的大小而定，其耐压应大于输出电压的最大值，通常采用极性电容器。

例 10.3　图 10.10 为一单相桥式电容滤波整流电路。已知交流电源频率 $f = 50\text{Hz}$，负载电阻 $R_\text{L} = 200\Omega$，在直流输出电压 $U_\text{o} = 30\text{V}$ 时，应如何选择整流二极管和滤波电容器。

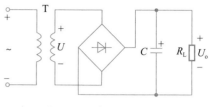

图 10.10　例 10.3 电路图

解：（1）选择整流二极管

流过二极管的电流：

$$I_\text{D} = \frac{1}{2}I_\text{o} = \frac{1}{2} \times U_\text{o}R_\text{L}$$

$$= \frac{1}{2} \times \frac{30}{200} = 0.075(\text{A})$$

$$= 75(\text{mA})$$

根据式(10.8)，取 $U_\text{o} = 1.2U$，所以变压器二次侧电压的有效值：

$$U = \frac{U_\text{o}}{1.2} = \frac{30}{1.2} = 25(\text{V})$$

二极管所承受的最高反向电压：

$$U_\text{DRM} = \sqrt{2}U = \sqrt{2} \times 25 = 35(\text{V})$$

因此可以选用二极管 2CP11，其最大整流电流为 100mA，反向工作峰值电压为 50V。

（2）选择滤波电容器

根据式(10.9)，取 $R_\text{L}C = 5 \times \dfrac{T}{2}$，所以

$$R_\text{L}C = 5 \times \frac{1/50}{2} = 0.05(\text{s})$$

已知 $R_\text{L} = 200\Omega$，所以

$$C = \frac{0.05}{R_\text{L}} = \frac{0.05}{200} = 250 \times 10^{-6}(\text{F}) = 250(\mu\text{F})$$

选用 $C = 250\mu\text{F}$、耐压为 50V 的极性电容器。

## 10.2.2　电感电容滤波器(LC 滤波器)

为了减小输出电压的脉动程度，在滤波电容之前串接一个铁心电感线圈 $L$，这样就组成了电感电容滤波器，如图 10.11 所示。

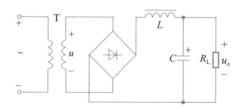

图 10.11　电感电容滤波电路

由于通过电感线圈的电流发生变化时，线圈中会产生自感电动势阻碍电流的变化，使负载电流和负载电压的脉动大为减小。频率越高，电感越大，滤波效果越好。

电感线圈之所以能滤波也可以这样理解：因为电感线圈对整流电流的交流分量具有阻

抗,谐波频率越高,阻抗越大,所以它可以减弱整流电压中的交流分量,$\omega L$ 比 $R_L$ 大得越多,则滤波效果越好。而后又经过电容滤波器滤波,再一次滤掉交流分量。这样,便可以得到更为平直的直流输出电压。但是,由于电感线圈的电感较大(一般在几亨到几十亨的范围内),其匝数较多,电阻也较大,因此电感上也有一定的直流压降,造成输出电压的下降。

具有 LC 滤波器的整流电路适用于电流较大、要求输出电压脉动很小的场合,用于高频时更为适合。在电流较大、负载变动较大,并对输出电压的脉动程度要求不太高的场合下(例如晶闸管电源),也可将电容器除去,而采用电感滤波器(L 滤波器)。

### 10.2.3 π 形滤波器

如果要求输出电压的脉动更小,可以在 LC 滤波器的前面并联一个滤波电容 $C_1$,如图 10.12 所示,这样便构成 π 形 LC 滤波器。它的滤波效果比 LC 滤波器更好,但整流二极管冲击电流较大。由于电感线圈的体积大且笨重,成本又高,所以有时用电阻代替 π 形滤波器中的电感线圈,这样便构成了 π 形 RC 滤波器,如图 10.13 所示。电阻对于交、直流电流都具有同样的降压作用,但是当它和电容配合之后,会使脉动电压的交流分量较多地降落在电阻两端(因为电容 $C_2$ 的交流阻抗甚小),而较少地降落在负载上,从而起了滤波作用。$R$ 越大,$C_2$ 越大,滤波效果越好。但 $R$ 太大,将使直流压降增加,所以这种滤波电路主要适用于负载电流较小而又要求输出电压脉动很小的场合。

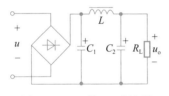

图 10.12　π 形 LC 滤波器

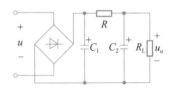

图 10.13　π 形 RC 滤波器

## 10.3　稳压管稳压电路

经整流和滤波后的电压往往会随交流电源电压的波动和负载的变化而变化。电压的不稳定有时会产生测量和计算的误差,引起控制装置的工作不稳定,甚至根本无法正常工作。特别是精密电子测量仪器、自动控制、计算装置及晶闸管的触发电路等都要求有非常稳定的直流电源供电。最简单的直流稳压电源是采用稳压管来稳定电压的。

图 10.14 是一种稳压管稳压电路,经过桥式整流电路整流和电容滤波器滤波得到直流电压 $U_i$,再经过限流电阻 $R$ 和稳压管 $D_Z$ 组成的稳压电路接到负载电阻 $R_L$ 上。这样,负载上得到的就是一个比较稳定的电压。

引起电压不稳定的原因是交流电源电压的波动和负载电流的变化。下面分析在这两种情况下稳压电路的作用。例如,当交流电源电压增加而使整流输出电压 $U_i$ 随之增加时,负载电压 $U_o$ 也

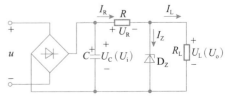

图 10.14　稳压管稳压电路

要增加,$U_o$ 即为稳压管两端的反向电压。当负载电压 $U_o$ 稍有增加时,稳压管的电流 $I_Z$ 就显著增加,因此电阻 $R$ 上的压降增加,以抵偿 $U_i$ 的增加,从而使负载电压 $U_o$ 保持近似不变。相反,如果交流电源电压降低而使 $U_i$ 降低时,负载电压 $U_o$ 也要降低,因为稳压管电流 $I_Z$ 显著减小,电阻 $R$ 上的压降也减小,仍然保持负载电压的 $U_o$ 近似不变。同理,如果当电源电压保持不变而因负载电流变化引起负载电压 $U_o$ 改变时,上述稳压电路仍能起到稳压的作用。例如,当负载电流增大时,电阻 $R$ 上的压降增大,负载电压 $U_o$ 因此下降。只要 $U_o$ 下降一点,稳压管电流就显著减小,通过电阻 $R$ 的电流和电阻上的压降近似保持不变,因此负载电压 $U_o$ 也就近似稳定不变。当负载电流减小时,稳压过程相反。

选择稳压管时,一般取

$$\begin{cases} U_Z = U_o \\ I_{Zmax} = (1.5 \sim 3) I_{omax} \\ U_i = (2 \sim 3) U_o \end{cases} \tag{10.10}$$

**例 10.4** 有一稳压管稳压电路,如图 10.14 所示。负载电阻 $R_L$ 由开路变到 $3k\Omega$,交流电压经整流滤波后得出 $U_i = 45V$。现要求输出直流电压 $U_o = 15V$,试选择稳压管 $D_Z$。

**解**:根据输出电压 $U_o = 15V$ 的要求,负载电流最大值:

$$I_{omax} = \frac{U_o}{R_L} = \frac{15}{3} = 5(\text{mA})$$

查附录,选择稳压管 2CW20,其稳定电压 $U_Z = 13.5 \sim 17V$,稳定电流 $I_Z = 5mA$,最大稳定电流 $I_{Zmax} = 15mA$。

## 10.4 串联型晶体管稳压电路

稳压管稳压电路的稳压效果不够理想,并且它只能用于负载电流较小的场合。为此,我们提出串联型晶体管稳压电路,如图 10.15 所示。虽然分立元件稳压电路已基本被集成稳压电源所替代,但其电路原理仍为后者内部电路的基础。

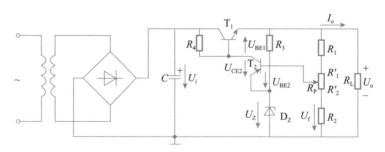

图 10.15 串联型晶体管稳压电路

图 10.15 所示串联型稳压电路包括以下四个部分。

(1) 采样环节:由 $R_1$、$R_2$、$R_P$ 组成的电阻分压器,它将输出电压 $U_o$ 的一部分

$$U_f = \frac{R_2 + R_2'}{R_1 + R_2 + R_P} U_o \tag{10.11}$$

取出送到放大环节。电位器 $R_P$ 的功能是调节输出电压。

（2）基准电压：由稳压管 $D_Z$ 和电阻 $R_3$ 构成的电路中获得，即稳压管的电压 $U_Z$，它是一个稳定性较高的直流电压，作为调整、比较的标准。$R_3$ 是稳压管的限流电阻。

（3）放大环节：由一个由晶体管 $T_2$ 构成的直流放大电路，它的基射极电压 $U_{BE2}$ 是采样电压与基准电压之差，即 $U_{BE2}=U_f-U_Z$。可将这个电压差值放大后去控制调整管。$R_4$ 是 $T_2$ 的负载电阻，同时也是调整管 $T_1$ 的偏置电阻。

（4）调整环节：一般由工作于线性区的功率管 $T_1$ 组成，它的基极电流受放大环节输出信号控制。只要控制基极电流 $I_{B1}$，就可以改变集电极电流 $I_{C1}$ 和集射极电压 $U_{CE1}$，从而调整输出电压 $U_o$。

图 10.15 所示串联型稳压电路的工作情况如下：当输出电压 $U_o$ 升高时，采样电压 $U_f$ 增大，$T_2$ 的基射极电压 $U_{BE2}$ 增大，其基极电流 $I_{B2}$ 增大，集电极电流 $I_{C2}$ 上升，集射极电压 $U_{CE2}$ 下降。因此 $T_1$ 的 $U_{BE1}$ 减小，$I_{C1}$ 减小，$U_{CE1}$ 增大，输出电压 $U_o$ 下降，使之保持稳定。这个自动调整过程可以表示如下：

$$U_o\uparrow \longrightarrow U_{BE2}\uparrow \longrightarrow I_{B2}\uparrow \longrightarrow I_{C2}\uparrow \longrightarrow U_{CE2}\downarrow$$
$$U_o\downarrow \longleftarrow U_{CE1}\uparrow \longleftarrow I_{C1}\downarrow \longleftarrow I_{B1}\downarrow \longleftarrow U_{BE1}\downarrow$$

当输出电压降低时，调整过程相反。

从调整过程看来，图 10.15 的串联型稳压电路是一种串联电压负反馈电路。

放大环节也可采用运算放大器，如图 10.16 所示。

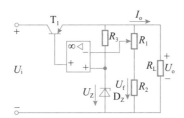

图 10.16　采用运算放大器的串联型稳压电路

## 10.5　集成稳压电源

即使采用运算放大器的串联型稳压电路，仍有不少外接元器件，还要注意共模电压的允许值和输入端的保护，使用复杂。当前已经广泛应用单片集成稳压电源，它具有体积小，可靠性高，使用灵活，价格低廉等优点。本节主要讨论 W7800 系列（输出正电压）和 W7900 系列（输出负电压）稳压器的使用。

图 10.17 是 W7800 系列稳压器的外形、引脚和接线图，其内部电路也是串联型晶体管稳压电路。这种稳压器只有输入端 1、输出端 2 和公共端 3 三个引出端，故也称为三端集成稳压器。使用时只需在其输入端和输出端与公共端之间各并联一个电容即可。$C_1$ 用来抵消输入端较长接线的电感效应，防止产生自激振荡，接线不长时也可不用。$C_o$ 是为了瞬时增减负载电流时不致引起输出电压有较大的波动。$C_1$ 一般为 $0.1\sim 1\mu F$，如 $0.33\mu F$；$C_o$ 可用 $1\mu F$。W7800 系列输出固定的正电压，有 5V、8V、12V、15V、18V、24V 多种。例如 W7815 的输出电压为 15V；最高输入电压为 35V；最小输入、输出电压差为 $2\sim 3V$；最大输

出电流为 2.2A；输出电阻为 $0.03\sim0.15\Omega$；电压变化率为 $0.1\%\sim0.2\%$。W7900 系列输出固定的负电压，其参数与 W7800 基本相同。使用时三端稳压器接在整流滤波电路之后。

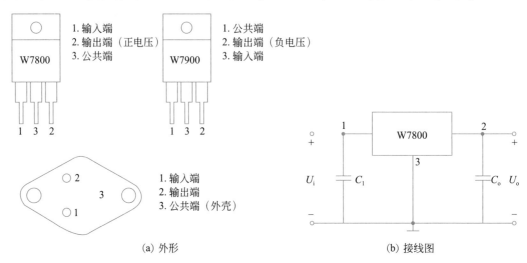

(a) 外形　　　　　　　　　　　　(b) 接线图

图 10.17　三端固定集成稳压器

下面介绍几种三端集成稳压器的应用电路。

(1) 正、负电压同时输出的电路如图 10.18 所示。

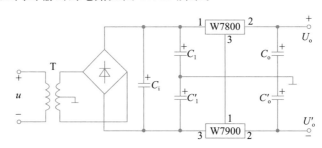

图 10.18　正、负电压同时输出的电路

(2) 提高输出电压的电路如图 10.19 所示。

图 10.19 所示的电路可使输出电压高于固定输出电压。图中，$U_{××}$ 为 W7800 稳压器的固定输出电压，显然

$$U_o = U_{××} + U_Z$$

(3) 扩大输出电流的电路如图 10.20 所示。

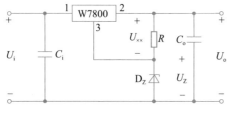

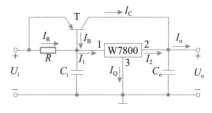

图 10.19　提高输出电压的电路　　　　　　图 10.20　扩大输出电流的电路

当电路所需电流大于 1~2A 时,可采用外接功率管 T 的方法来扩大输出电流。在图 10.20 中,$I_2$ 为稳压器的输出电流,$I_C$ 是功率管的集电极电流,$I_R$ 是电阻 R 上的电流。一般 $I_Q$ 很小,可忽略不计,则可得出

$$I_2 \approx I_1 = I_R + I_B = -\frac{U_{BE}}{R} + \frac{I_C}{\beta}$$

式中:$\beta$ 是功率管的电流放大系数。设 $\beta = 10$,$U_{BE} = -0.3V$,$R = 0.5\Omega$,$I_2 = 1A$,则由上式可算出 $I_C = 4A$。可见输出电流比 $I_2$ 扩大了。图 10.20 中电阻 R 的阻值要使功率管只能在输出电流较大时才导通。

## 本章小结

1. 单相半波整流电路输出电压平均值与二次绕组电压有效值 U 之间的关系是 $U_o = 0.45U$,二极管截止时承受的最高反向电压 $U_{DRM} = \sqrt{2}U$,通过二极管的电流等于负载电流,$I_D = I_L$。仅利用了交流电的半个周期,变压器存在单向磁化的现象。

2. 单相桥式整流电路输出电压平均值与二次绕组电压有效值 U 之间的关系是 $U_o = 0.9U$,二极管截止时承受的最高反向电压 $U_{DRM} = \sqrt{2}U$,通过二极管的电流等于负载电流的一半,$I_D = \frac{1}{2}I_L$。利用了交流电的整个周期,变压器无单向磁化的现象。

3. 采用电容器滤波的整流电路二极管中通过的是冲击电流,对于半波整流电容器滤波的电路,二极管在截止时承受的最高反向电压是 $2\sqrt{2}U$。半波整流电容器滤波电路输出电压的平均值 $U_o = U$,桥式整流电容器滤波电路输出电压的平均值 $U_o = 1.2U$。根据 $R_LC \geqslant (3\sim5)\frac{T}{2}$ 来选择电容器的容量,根据整流输出电压可能出现的最大值选择电容器的耐压值。

4. 采用稳压二极管稳压电路时要特别注意,稳压二极管必须串联限流电阻,可根据稳压二极管的稳定电压应等于负载电压,最大稳定电流等于 2 倍负载最大电流的条件,来选择稳压二极管。稳压电路的输入电压至少大于 2 倍负载电压。

5. 三端稳压器有正极性输出和负极性输出,有固定输出电压和可调输出电压。三端稳压器的输入电压应比输出电压高 2V 以上,但又不能太大,因为在同样的负载电流的条件下,这个电压差越大,三端稳压器的功耗就越大。采用附加器件可以扩大输出电压和输出电流。

## 实验项目——串联型直流稳压电源的制作与测试

1. 实验目的
(1) 掌握串联型直流稳压电源的组成和工作原理。
(2) 掌握串联型直流稳压电源的制作与测试方法。

2. 实验器材
电学实验台、万用表、变压器(输出 18V)、单面印制电路板、1N4007 整流二极管、$100\mu F$ 电解电容(耐压 50V)、$220\mu F$ 电解电容(耐压 100V)、

串联型直流稳压
电源安装与测试

9014 晶体管、稳压管(7.5V)、电阻(220Ω、330Ω、1kΩ、10kΩ 各一个)、导线。

3. 实验原理

串联型直流稳压电源由变压器、桥式整流电路、滤波电容和串联型晶体管稳压电路四部分组成,其实验电路如图 10.21 所示。

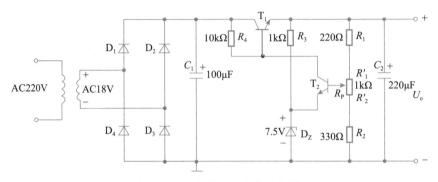

图 10.21  串联型直流稳压电源

(1) 变压器:将 220V 的交流电源电压变换为 18V 的交流电压 $U$。

(2) 桥式整流电路:由 4 个二极管 $D_1$、$D_2$、$D_3$ 和 $D_4$ 组成,作用是将交流电压变换为单向脉动电压,整流电压的平均值为 $U_{o1} = 0.9U = 16.2V$。

(3) 电容滤波电路:选用 $100\mu F$、耐压 50V 的电解电容作为滤波电容,其作用是减小电压的脉动程度,将脉动电压波形变换成锯齿波形,通常电容滤波的输出电压为 $U_{o2} = 1.2U = 21.6V$。

(4) 串联型晶体管稳压电路:由取样环节、基准电压、放大环节和调整环节四部分组成。
输出电压:

$$U_o = \frac{R_1 + R_2 + R_P}{R_2' + R_2} U_f$$

电路中:$R_1 = 220\Omega$,$R_2 = 330\Omega$,$R_P = 1k\Omega$,$R_2' = 0 \sim 1000\Omega$,$U_f = 0.7 + 7.5 = 8.2(V)$。代入上式可得:

$$U_o = 9.6 \sim 38.5V$$

经电容滤波后电压平均值为 21.6V,所以最终输出电压为 9.6～21.6V 且连续可调。

4. 实验内容和步骤

(1) 按实验电路图将所需的元器件焊接在单面板上,制作串联型直流稳压电源电路。

(2) 经指导教师检查无误后才可通电测试。

(3) 用万用表测量桥式整流电路、电容滤波和串联型晶体管稳压电路的输出电压,并将测量结果记录在表 10.1 中。

表 10.1  直流稳压电源测量值记录表

| 项目 | 桥式整流电路输出电压 $U_{o1}$ | 电容滤波输出电压 $U_{o2}$ | 稳压电路输出电压 $U_o$ |
| --- | --- | --- | --- |
|  |  |  |  |

(4) 调节电位器 $R_P$,用万用表测量输出电压 $U_o$,看其是否在 9.6～21.6V 之间变化。

5. 思考题

(1) 如果有一个二极管的极性接错,会产生什么后果?

(2) 如果稳压管 $D_Z$ 接反,输出电压会有什么变化?

(3) 如果电容极性接反,会有什么后果?

6. 完成实验报告

略。

# 习　　题

10-1　在图 10.5 所示的单相桥式整流电路中,如果

(1) $D_3$ 接反。

(2) 因过电压 $D_3$ 被击穿短路。

(3) $D_3$ 断开。

试分别说明其后果如何?

10-2　在图 10.22 中,已知 $R_L = 8k\Omega$,直流电压表 V 的读数为 110V。二极管的正向压降忽略不计。试求:

(1) 直流电流表 A 的读数。

(2) 整流电流的最大值。

(3) 交流电压表 $V_1$ 的读数。

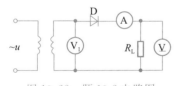

图 10.22　题 10-2 电路图

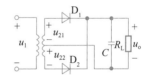

图 10.23　题 10-3 电路图

10-3　图 10.23 所示为变压器二次绕组有中心抽头的单相整流电路,二次绕组两段的电压有效值都为 $U_2$。

(1) 标出负载电阻 $R_L$ 上电压 $u_o$ 和滤波电容 $C$ 的极性。

(2) 分别画出无滤波电容器和有滤波电容器两种情况下,负载电阻上电压 $u_o$ 的波形,是全波还是半波整流?

(3) 如无滤波电容器,负载整流电压的平均值 $U_o$ 和变压器二次绕组每段的有效值 $U_2$ 之间的数值关系如何? 如有滤波电容器,则又如何?

(4) 分别说明有滤波电容器和无滤波电容器两种情况下,截止二极管上所承受的最高反向电压 $U_{DRM}$ 是否都等于 $2\sqrt{2}U_2$。

(5) 如果整流二极管 $D_2$ 虚焊,$U_o$ 是否是正常情况下的一半? 如果变压器二次绕组中心抽头虚焊,这时有输出电压吗?

(6) 如果把 $D_2$ 的极性接反,是否能正常工作? 会出现什么问题?

(7) 如果 $D_2$ 因过载损坏造成短路,会出现什么问题?

（8）如果输出端短路，又将出现什么问题？

（9）如果把图中的 $D_1$ 和 $D_2$ 都反接，是否仍有整流作用？所不同的是什么？

10-4　有一电压为 110V、电阻为 55Ω 的直流负载，采用单相桥式整流电路（不带滤波器）供电，试求变压器二次绕组电压和电流的有效值，并选用二极管。

10-5　现要求负载电压 $U_o=30$V，负载电流 $I_o=150$mA，采用单相桥式整流电路，带电容滤波。已知交流电源频率为 50Hz，试选用管子型号和滤波电容器，并与单相半波整流电路比较，带电容滤波后，管子承受的最高反向电压是否相同？

10-6　在图 10.23 所示整流电路中，若去掉滤波电容，设负载电阻 $R_L=2$kΩ，变压器二次侧电压 $U=80$V，二极管正向电阻可忽略不计。试求：

（1）负载电流平均值。

（2）二极管平均电流 $I_D$ 和最大电流 $I_{DM}$。

（3）二极管最大反向电压 $U_{DRM}$。

（4）负载电压最大值 $U_{LM}$。

10-7　在图 10.24 所示单相桥式整流电路中，设变压器二次侧电压 $U_2=100$V，负载电阻 $R_L$ 分别为开路、10kΩ、5kΩ、2kΩ、1kΩ、0.5kΩ，二极管正向电阻可忽略不计。试求各不同负载时的输出电压 $U_o$ 和输出电流 $I_o$，并画出曲线 $U_o=f(I_o)$。这条曲线说明什么问题？

10-8　在图 10.25 所示电路中，已知变压器二次侧电压最大值 $U_{2m}>U_S$，试画出输出电压 $u_o$ 和输出电流 $i_o$ 的波形图。

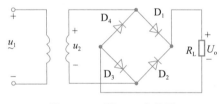

图 10.24　题 10-7 电路图

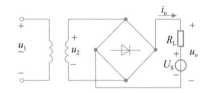

图 10.25　题 10-8 电路图

10-9　图 10.26 为一稳压二极管稳压电路，已知 $U_i=12$V，调整电阻 $R=10$Ω；负载电阻 $R_L=52$Ω，稳压二极管 $D_Z$ 的稳定电压 $U_Z=10$V，最大稳定电流 $I_{Zmax}=20$mA。试计算稳压二极管的工作电流是否超过 $I_{Zmax}$，如果超过，怎么办？

10-10　有一整流电路如图 10.27 所示。

（1）试求负载电阻 $R_{L1}$ 和 $R_{L2}$ 上整流电压的平均值 $U_{o1}$ 和 $U_{o2}$，并标出极性。

（2）试求二极管 $D_1$、$D_2$、$D_3$ 中的平均电流 $I_{D1}$、$I_{D2}$、$I_{D3}$ 以及各管所承受的最高反向电压。

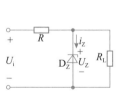

图 10.26　题 10-9 电路图

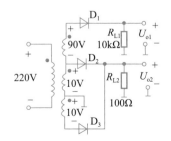

图 10.27　题 10-10 电路图

10-11　在图 10.14 所示的稳压二极管稳压电路中，$U_C = 15V$，$C = 100\mu F$，稳压管的稳定电压 $U_Z = 5V$，负载电流 $I_L$ 在 $0 \sim 20mA$ 变化，交流电源电压有 $\pm 5\%$ 变化，$I_{Zmax} = 30mA$，试估算当 $I_Z$ 不小于 5mA 时，所需的限流电阻 $R$ 应多大？

10-12　在图 10.14 所示的稳压二极管稳压电路中，已知整流滤波电路的输出电压 $U_C = 25V$，波动范围为 $-5\% \sim 10\%$，负载电压 $U_L = 10V$，负载电流 $I_L = 0 \sim 10mA$。试选择稳压管 $D_Z$ 及限流电阻 $R$。

10-13　某稳压电源电路如图 10.28 所示，试问：

（1）输出电压的极性和大小如何？

（2）电容器 $C_1$ 和 $C_2$ 的极性如何？它们的耐压值应选多少？

（3）负载电阻 $R_L$ 的最小值约为多少？

（4）如将稳压管 $D_Z$ 接反，后果如何？

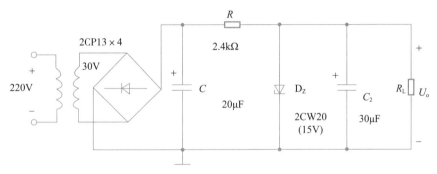

图 10.28　题 10-13 电路图

10-14　直流稳压电源如图 10.29 所示，试回答下列问题：（1）电路由哪几部分组成？各组成部分包括哪些元器件？（2）输出电压 $u_o$ 等于多少？

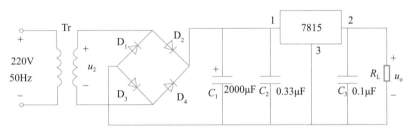

图 10.29　题 11-14 电路图

# 第11章

# 逻辑门电路

前面几章讨论的都是模拟电路,其中的电信号是随时间连续变化的模拟信号。后面四章将讨论的是数字电路,其中的电信号是不连续变化的脉冲信号。数字电路和模拟电路都是电子技术的重要基础。

基本逻辑门电路

数字电路的广泛应用和高速发展标志着现代电子技术的水平,电子计算机、数字式仪表、数字控制装置和工业逻辑系统等都是以数字电路为基础的。

**学习目标**:理解脉冲信号的概念;掌握各种数制的表示方法和不同数制之间的转换;掌握逻辑代数的基本规则和定理;掌握分立元器件门电路的构成和工作原理;理解 TTL 集成与非门电路的构成和工作原理。

**学习重点**:掌握不同数制之间的转换方法;能够运用逻辑代数的基本规则和定理进行逻辑运算和化简;掌握分立元器件门电路的构成和工作原理。

**学习难点**:能够熟练运用逻辑代数的基本规则和定理进行逻辑运算和化简;掌握分立元器件门电路的构成和工作原理。

## 11.1 脉冲信号

在数字电路中,信号(电压和电流)是离散的。脉冲信号是一种跃变信号,并且持续时间短暂,可短至几微秒甚至几纳秒(ns),$1\text{ns}=10^{-9}\text{s}$。图 11.1 是最常见的矩形波和尖顶波。实际波形并不像图 11.1 那样理想,例如实际的矩形波如图 11.2 所示。

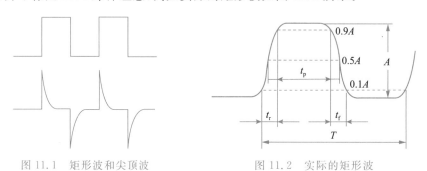

图 11.1　矩形波和尖顶波　　　　　图 11.2　实际的矩形波

下面以图 11.2 的矩形波为例,说明脉冲信号波形的参数。

(1) 脉冲幅度 $A$:脉冲信号变化的最大值。

(2) 脉冲前沿 $t_r$:从脉冲幅度的 10% 上升到 90% 所需的时间。

（3）脉冲后沿 $t_f$：从脉冲幅度的 90% 下降到 10% 所需的时间。

（4）脉冲宽度 $t_p$：从前沿的脉冲幅度的 50% 到后沿的脉冲幅度的 50% 所需的时间，这段时间也称为脉冲持续时间。

（5）脉冲周期 $T$：周期性脉冲信号相邻两个前沿（或后沿）的脉冲幅度的 10% 两点之间的时间间隔。

（6）脉冲频率 $f$：单位时间的脉冲数，$f = \dfrac{1}{T}$。

在数字电路中，通常是根据脉冲信号的有无、个数、宽度和频率进行工作的，所以其抗干扰能力较强（干扰往往只影响脉冲幅度），准确度较高。

此外，脉冲信号还有正负之分。如果脉冲跃变后的值比初始值高，则为正脉冲，如图 11.3(a) 所示；反之，则为负脉冲，如图 11.3(b) 所示。

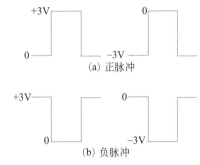

图 11.3　正脉冲和负脉冲

# 11.2　数制与编码

## 11.2.1　数制

数制是人们对事物数量计数的一种统计规律，按进位的原则进行计数的方法，称为进位计数制。在日常生活中最常用的是十进制，但在数字电路中，由于其电器元件最易实现的是两种稳定状态：器件的"开"与"关"，电平的"高"与"低"，因此，采用二进制数的 0 和 1 可以很方便地表示数据的运算与处理。另外在编程时，为了方便阅读和书写，人们还经常用八进制数或十六进制数表示二进制数。虽然一个数可以用不同的进位计数制形式表示它的大小，但该数的量值是相等的。

每一种进位计数制都包含两个基本要素：基数和位权。

**1. 基数 $R$**

基数是代表进位计数制中所用到的数码个数。例如：二进制计数中用到 0 和 1 两个数码，所以基数为 2；而八进制计数中用到 0、1、2、3、4、5、6、7 共八个数码，所以基数为 8。一般来说，基数为 $R$ 的计数制（简称 $R$ 进制）中，包含 0、1、…、$R-1$，共 $R$ 个数码，进位规律为"逢 $R$ 进 1"。

**2. 位权 $W$**

进位计数制中，某个数位的值是由这一位的数码值乘以处在这一位的固定常数决定的，通常把这一固定常数称为位权值，简称位权。各位的位权是以 $R$ 为底的幂。例如，十进制数的基数 $R=10$，则其个位、十位、百位、千位上的位权分别为 $10^0$、$10^1$、$10^2$、$10^3$。

**3. 数的表示法**

一个 $R$ 进制数 $N$，可以用两种形式进行表示：并列表示法和位权表示法（多项式表示法）。下面分别举例介绍。

1）十进制（decimal number）

十进制数按"逢十进一"的原则进行计数，有 0～9 十个数码，其基数为 10。例如，用并

列表示法表示的十进制数$(123.45)_{10}$,其每一个数码在不同的数位所表示的数值是不同的,用位权表示为

$$(123.45)_{10} = \sum_{i=2}^{-2} K_i \times 10^i = 1 \times 10^2 + 2 \times 10^1 + 3 \times 10^0 + 4 \times 10^{-1} + 5 \times 10^{-2}$$

2) 二进制(binary number)

二进制数按"逢二进一"的原则进行计数,有 0 和 1 两个数码,其计数基数为 2。例如,二进制数$(101.11)_2$的位权表示:

$$(101.11)_2 = \sum_{i=2}^{-2} K_i \times 2^i = 1 \times 2^2 + 0 \times 2^1 + 1 \times 2^0 + 1 \times 2^{-1} + 1 \times 2^{-2}$$
$$= (5.75)_{10}$$

3) 十六进制(hexadecimal number)

十六进制数按"逢十六进一"的原则进行计数,每个数位上有十六个不同的数码,分别用$0\sim9$、A(10)、B(11)、C(12)、D(13)、E(14)、F(15)表示,其基数为 16。例如,十六进制数$(2A.7F)_{16}$的位权表示:

$$(2A.7F)_{16} = \sum_{i=1}^{-2} K_i \times 16^i = 2 \times 16^1 + 10 \times 16^0 + 7 \times 16^{-1} + 15 \times 16^{-2}$$
$$= 32 + 10 + 0.4375 + 0.05859375$$
$$= (42.49609375)_{10}$$

4) 八进制(octal number)

八进制数按"逢八进一"的原则进行计数,每个数位有$0\sim7$八个数码,其基数为 8。例如,八进制数$(123)_8$的位权表示:

$$(123)_8 = \sum_{i=2}^{0} K_i \times 8^i = 1 \times 8^2 + 2 \times 8^1 + 3 \times 8^0 = 83$$

任意 $R$ 进制数 $N$ 的位权表示法(多项式展开式)的公式:

$$(N)_R = \sum_{i=n-1}^{-m} K_i \cdot R^i$$

式中:$K_i$ 是第 $i$ 位的数码;$R^i$ 是第 $i$ 位的权;$m$、$n$ 为正整数;$n$ 代表整数部分的位数;$m$ 代表小数部分的位数。

## 11.2.2 数制之间的转换

**1. 非十进制数转换为十进制数**

非十进制数以权展开成多项式和的表达式,再逐项相加,所得的和值便是对应的十进制数。

例 11.1 求二进制数$(1011.011)_2$所对应的十进制数。

解:把二进制数$(1011.011)_2$按权展开得

$$(1011.011)_2 = 1 \times 2^3 + 0 \times 2^2 + 1 \times 2^1 + 1 \times 2^0 + 0 \times 2^{-1} + 1 \times 2^{-2} + 1 \times 2^{-3}$$
$$= 8 + 2 + 1 + 0.25 + 0.125$$
$$= (11.375)_{10}$$

**例 11.2** 求八进制数$(143.07)_8$ 所对应的十进制数。

**解**：把八进制数$(143.07)_8$ 按权展开得

$$(143.07)_8 = 1 \times 8^2 + 4 \times 8^1 + 3 \times 8^0 + 0 \times 8^{-1} + 7 \times 8^{-2}$$
$$= 64 + 32 + 3 + 0.109$$
$$= (99.109)_{10}$$

**例 11.3** 求十六进制数$(4E6.A)_{16}$ 所对应的十进制数。

**解**：把十六进制数$(4E6.A)_{16}$ 按权展开得

$$(4E6.A)_{16} = 4 \times 16^2 + 14 \times 16^1 + 6 \times 16^0 + 10 \times 16^{-1}$$
$$= 1024 + 224 + 6 + 0.625$$
$$= (1254.625)_{10}$$

**2. 十进制数转换为非十进制数**

**例 11.4** 求十进制数$(26)_{10}$ 所对应的二进制数。

**解**：采用连除法，将十进制数连续除以二进制数的基数 2，将除得的余数作为系数，从低位到高位排列，即可得到对应的二进制数。

```
2⌊26            余数
2⌊13 ················ 0 ↑
 2⌊6 ················ 1
  2⌊3 ··············· 0
   2⌊1 ·············· 1
    0 ··············· 1
```

连除法也可用于将十进制数转换为八进制数或十六进制数，只需把除数改成基数 8 或基数 16。

把十六进制数换算成二进制数时，每位十六进制数先转换成四位二进制数，再将其组合到一起即可。

## 11.2.3 编码

所谓编码，就是用数字或某种文字和符号表示某一对象或信号的过程。十进制编码或某种文字和符号的编码难以用电路实现，在数字电路中一般采用二进制数。用一组二进制数符表示十进制数的编码方法称为二-十进制编码，如 BCD 码（binary coded decimals）。常用的 BCD 码有 8421 码、5421 码、2421 码等。

以 8421 码为例，8、4、2、1 分别代表对应的二进制数中每一位的权。表 11.1 所示为 8421 码与十进制数的对照关系。

表 11.1　8421 码对应的十进制数

| 十进制数码 | 8421 码 | 十进制数码 | 8421 码 |
|---|---|---|---|
| 0 | 0000 | 5 | 0101 |
| 1 | 0001 | 6 | 0110 |
| 2 | 0010 | 7 | 0111 |
| 3 | 0011 | 8 | 1000 |
| 4 | 0100 | 9 | 1001 |

# 11.3 逻辑代数及应用

## 11.3.1 逻辑代数及其基本运算

### 1. 逻辑代数

逻辑一般是指事物前因(条件)和后果(结果)的关系,也叫逻辑关系。能实现一定逻辑关系的电路称为逻辑电路。如果用输入信号表示条件,输出信号表示结果,那么逻辑电路的输出和输入之间就存在一定的逻辑关系。

逻辑代数是研究逻辑关系的一种数学工具,用来描述数字电路和数字系统的结构和特性。在逻辑代数中,输出逻辑变量和输入逻辑变量的关系称为逻辑函数,可表示为

$$F = f(A, B, C)$$

式中:$A$、$B$、$C$ 为输入逻辑自变量;$F$ 为输出逻辑结果。

与普通代数不同,逻辑代数的变量只有 0 和 1 两个值。这里的 0 和 1 没有数量大小的概念,只分别表示两种对立的状态,如电平的高低、晶体管的导通和截止、脉冲信号的有无、事物的是非等。如果用高电平表示逻辑 1,用低电平表示逻辑 0,称为正逻辑;反之,用高电平表示逻辑 0,低电平表示逻辑 1,称为负逻辑。一般采用正逻辑。

### 2. 三种基本逻辑运算关系

逻辑门是逻辑电路的基本单元,是实现基本逻辑关系的单元电路。最基本的逻辑关系有与、或、非三种,对应的逻辑门有与门、或门和非门。

1) 与逻辑(逻辑乘)和与门

与逻辑也称为与运算、逻辑乘,其表示的逻辑关系是:决定一个事件的所有条件都具备时,事件才发生。在图 11.4 中,把开关 A、开关 B 和灯 F 串联到电源上,只有当开关 A 和 B 都闭合时灯 F 才能亮。开关 A 和 B 只要有一个断开,灯 F 就熄灭不亮。那么开关 A 和 B 就是电灯 F 亮的条件,$A$ 和 $B$ 为输入量,$F$ 为输出量。这种关系也可以写成逻辑函数表达式:

$$F = A \cdot B \quad \text{或} \quad F = AB$$

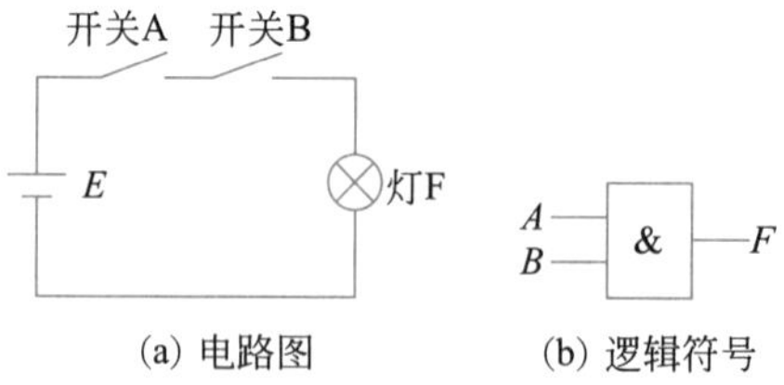

开关A　开关B

$E$　　　灯F

(a) 电路图　　　(b) 逻辑符号

图 11.4　与逻辑关系

如果采用正逻辑:开关断开、灯熄灭用 0 表示,开关闭合、灯亮用 1 表示,那么对应 $A$、$B$ 所有可能的输入量,$F$ 的输出状态可列于表 11.2,这种表称为真值表。

表 11.2   与逻辑真值表

| A | B | F |
|---|---|---|
| 0 | 0 | 0 |
| 0 | 1 | 0 |
| 1 | 0 | 0 |
| 1 | 1 | 1 |

2）或逻辑（逻辑加）和或门

或逻辑也称为或运算、逻辑加，其表示的逻辑关系是：决定一事件结果的多个条件中，只要有一个或一个以上具备时，事件就会发生。在图 11.5 中，把开关 A 和开关 B 并联，再与灯 F 串联到电源上，当开关 A 和 B 中有一个或一个以上闭合时，灯 F 都亮，只有开关 A 和 B 都断开时灯 F 才熄灭不亮。这种关系也可以写成逻辑函数表达式：

$$F = A + B$$

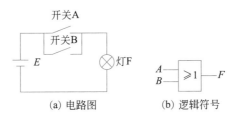

(a) 电路图                    (b) 逻辑符号

图 11.5   或逻辑关系

或逻辑的逻辑真值表如表 11.3 所示。

表 11.3   或逻辑真值表

| A | B | F |
|---|---|---|
| 0 | 0 | 0 |
| 0 | 1 | 1 |
| 1 | 0 | 1 |
| 1 | 1 | 1 |

3）非逻辑（逻辑反）和非门

非逻辑也称为非运算、逻辑反，其表示的逻辑关系是：只要条件具备了，事件便不会发生；条件不具备，事件一定发生。简单来说，就是输出和输入相反。在图 11.6 中，如果开关 A 与灯 F 并联后再串接电阻 R 和电源，那么当开关断开时，灯亮；当开关闭合时，灯被开关短路而熄灭不亮。这种关系也可以写成逻辑函数表达式：

$$F = \overline{A}$$

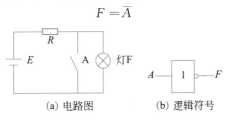

(a) 电路图                    (b) 逻辑符号

图 11.6   非逻辑关系

非逻辑的逻辑真值表如表 11.4 所示。

表 11.4 非逻辑真值表

| $A$ | $F$ |
| --- | --- |
| 0 | 1 |
| 1 | 0 |

## 11.3.2 逻辑代数的运算法则

逻辑运算与普通代数运算不同,逻辑运算不计算数值的大小,只表示逻辑关系。因此在逻辑运算中,虽然有一些公式与普通代数相似,但是其含义是不一样的。下面首先介绍基本的运算法则。

**1. 常量之间的关系**

逻辑代数的常量只有 0 和 1,常量的逻辑加是:

$$0 + 0 = 0$$
$$0 + 1 = 1$$
$$1 + 1 = 1$$

常量的逻辑乘是:

$$0 \cdot 0 = 0$$
$$0 \cdot 1 = 0$$
$$1 \cdot 1 = 1$$

常量的非逻辑是:

$$\overline{0} = 1$$
$$\overline{1} = 0$$

**2. 变量和常量的关系**

(1) 01 基本定律:

$$A + 0 = A \qquad A + 1 = 1$$
$$A \cdot 0 = 0 \qquad A \cdot 1 = A$$

(2) 重叠律:

$$A + A = A \qquad A \cdot A = A$$

(3) 互补律:

$$A + \overline{A} = 1 \qquad A \cdot \overline{A} = 0$$

(4) 还原律:

$$\overline{\overline{A}} = A$$

**3. 与普通代数相似的定律**

(1) 交换律:

$$A \cdot B = B \cdot A \qquad A + B = B + A$$

（2）结合律：

$$(A \cdot B) \cdot C = A \cdot (B \cdot C) \qquad (A+B)+C = A+(B+C)$$

（3）分配律：

$$A(B+C) = AB+AC \qquad A+BC = (A+B)(A+C)$$

证明：
$$
\begin{aligned}
(A+B)(A+C) &= AA+AB+AC+BC \\
&= A+A(B+C)+BC \\
&= A[1+(B+C)]+BC \\
&= A+BC
\end{aligned}
$$

**4. 逻辑函数的化简公式——吸收律**

（1）$A+AB = A$

证明：$A+AB = A(1+B) = A$

（2）$AB+A\bar{B} = A$

证明：$AB+A\bar{B} = A(B+\bar{B}) = A$

（3）$A+\bar{A}B = A+B$

证明：$A+\bar{A}B = (A+\bar{A})(A+B) = A+B$

**5. 反演律（摩根定律）**

$$\overline{A+B} = \bar{A} \cdot \bar{B}$$

证明：

| $A$ | $B$ | $\bar{A}$ | $\bar{B}$ | $\overline{A+B}$ | $\bar{A} \cdot \bar{B}$ |
|-----|-----|-----------|-----------|------------------|-------------------------|
| 0 | 0 | 1 | 1 | 1 | 1 |
| 0 | 1 | 1 | 0 | 0 | 0 |
| 1 | 0 | 0 | 1 | 0 | 0 |
| 1 | 1 | 0 | 0 | 0 | 0 |

$$\overline{A \cdot B} = \bar{A} + \bar{B}$$

证明：

| $A$ | $B$ | $\bar{A}$ | $\bar{B}$ | $\overline{A \cdot B}$ | $\bar{A}+\bar{B}$ |
|-----|-----|-----------|-----------|------------------------|-------------------|
| 0 | 0 | 1 | 1 | 1 | 1 |
| 0 | 1 | 1 | 0 | 1 | 1 |
| 1 | 0 | 0 | 1 | 1 | 1 |
| 1 | 1 | 0 | 0 | 0 | 0 |

**例 11.5** 用逻辑代数运算法则化简逻辑函数式 $F = ABC+ABD+\bar{A}B\bar{C}+CD+B\bar{D}$。

解：
$$
\begin{aligned}
F &= ABC+ABD+\bar{A}B\bar{C}+CD+B\bar{D} \\
&= ABC+\bar{A}B\bar{C}+CD+B(\bar{D}+AD) \\
&= ABC+\bar{A}B\bar{C}+CD+B\bar{D}+BA
\end{aligned}
$$

$$= AB(C+1) + \bar{A}B\bar{C} + CD + B\bar{D}$$
$$= AB + \bar{A}B\bar{C} + CD + B\bar{D}$$
$$= B(A + \bar{A}\bar{C}) + CD + B\bar{D}$$
$$= AB + B(\bar{C} + \bar{D}) + CD$$
$$= AB + B(\overline{CD}) + CD$$
$$= AB + B + CD$$
$$= B + CD$$

本题利用了 01 基本定律、交换律、分配律、吸收律和反演律对逻辑函数式进行化简。

**例 11.6** 用逻辑代数运算法则化简逻辑函数式 $F = A\bar{B} + B\bar{C} + \bar{B}C + \bar{A}B$。

解：
$$F = A\bar{B} + B\bar{C} + \bar{B}C + \bar{A}B$$
$$= A\bar{B} + B\bar{C} + \bar{B}C(A + \bar{A}) + \bar{A}B(C + \bar{C})$$
$$= A\bar{B} + B\bar{C} + A\bar{B}C + \bar{A}\bar{B}C + \bar{A}BC + \bar{A}B\bar{C}$$
$$= (A\bar{B} + A\bar{B}C) + (B\bar{C} + \bar{A}B\bar{C}) + (\bar{A}\bar{B}C + \bar{A}BC)$$
$$= A\bar{B} + B\bar{C} + \bar{A}C$$

本题运用了配项法对逻辑函数式进行化简，即利用公式 $A = A(B + \bar{B}) = AB + A\bar{B}$ 将一个与项扩展成两项，从而与其他项合并。配项的原则是：①增加的新项不会影响原函数的逻辑关系；②新增加的项要有利于其他项的合并。

## 11.4 晶体管的开关作用

晶体管工作于放大区的情况已经在模拟电路部分进行了详细分析。晶体管除了放大作用外还有一类重要的用途，就是它的开关作用。利用晶体管的开关作用能够制作许多数字电路中的元件。在模拟电路分析时已经知道，晶体管的输出特性曲线上有 3 个区，即放大区、饱和区、截止区，如图 11.7 所示。

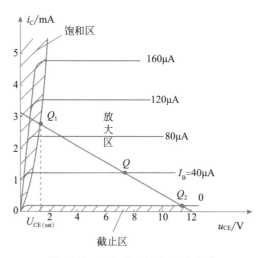

图 11.7 晶体管的输出特性曲线

**1. 晶体管工作于放大区**

当静态工作点在直流负载线的中部时,晶体管工作于放大区。此时,发射结正向偏置,集电结反向偏置。晶体管的电压与电流有如下关系:

$$I_C = \beta I_B$$
$$|U_{CE}| > |U_{BE}|$$
$$U_{CE} = V_{CC} - I_C R_C$$

**2. 晶体管工作于饱和区**

从图 11.7 可看出,当减小图 11.8(a)中的 $R_B$,会使 $I_B$ 增加,工作点将上移。当上移至 $Q_1$ 点时,即进入饱和区。此时,发射结和集电结均处于正向偏置,$I_B$ 和 $I_C$ 不再满足线性关系。各电压电流的关系为

$$I_B > \frac{I_C}{\beta}$$

$$I_C = I_{C(sat)} = \frac{V_{CC} - U_{CE(sat)}}{R_C} \approx \frac{V_{CC}}{R_C}$$

$$U_{CE} = U_{CE(sat)} \approx 0.3V < U_{BE}(\approx 0.7V)$$

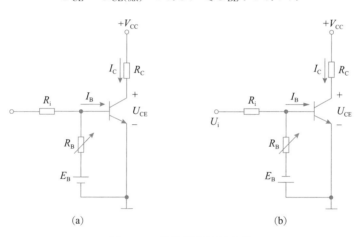

图 11.8　晶体管的开关电路

**3. 晶体管工作于截止区**

如果增大图 11.8(a)中的 $R_B$,会使 $I_B$ 减小,工作点将下移。当 $I_B = 0$ 时,工作点为 $Q_2$,这时

$$I_C = I_{CEO} \approx 0$$
$$U_{CE} \approx V_{CC}$$

$I_B = 0$ 曲线以下的区域是晶体管的截止工作区。对硅管,$U_{BE} < 0.5V$ 时已开始截止。为了可靠截止,常给发射结加反向电压,如图 11.8(b)所示。

$$U_{BE} < 0, \quad I_B < 0$$

此时,发射结和集电结都处于反向偏置。

由上可知,晶体管饱和时,$U_{CE(sat)}$ 约等于 0,集电极与发射极之间如同一个开关的接通,其间电阻很小;当集体管截止时,$I_B$ 约等于 0 或小于 0,所以 $I_C$ 为 0,发射极与集电极之间如同一个开关的断开,其间电阻很大,这就是晶体管的开关作用。数字电路就是利

用晶体管的开关作用进行工作的。晶体管时而从截止跃变到饱和,时而从饱和跃变到截止;不是工作在饱和状态,就是工作在截止状态,只是在饱和、截止两种工作状态转换瞬间经过放大状态。

例 11.7  在图 11.9 所示的电路中,$V_{CC}=6V$,$R_C=3k\Omega$,$R_B=10k\Omega$,$\beta=25$,当输入电压 $U_i$ 分别为 3V、1V 和 $-1V$ 时,试问晶体管处于何种工作状态?

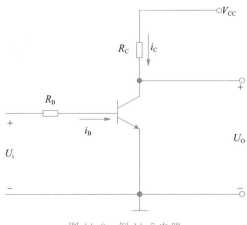

图 11.9  例 11.7 电路

解:
$$I_{C(sat)} \approx \frac{V_{CC}}{R_C} = \frac{6}{3} = 2(mA)$$

晶体管临界饱和时的基极电流:
$$I'_B = \frac{I_C}{\beta} = \frac{2}{25} = 0.08(mA) = 80(\mu A)$$

当 $U_i=3V$ 时,有
$$I_B = \frac{U_i - U_{BE}}{R_B} = \frac{3-0.7}{10} = 230(\mu A) > I'_B$$

晶体管已处于深度饱和状态。

当 $U_i=1V$ 时,有
$$I_B = \frac{U_i - U_{BE}}{R_B} = \frac{1-0.7}{10} = 30(\mu A) < I'_B$$

晶体管处于放大状态。

当 $U_i=-1V$ 时,晶体管可靠截止。

## 11.5  分立元器件门电路

在集成技术迅速发展和广泛应用的今天,分立元器件门电路已经很少使用了。但无论功能多么强,结构多么复杂的集成门电路,都是以分立元器件门电路为基础,经过改造演变而来的。了解分立元器件门电路的工作原理,有助于学习和掌握集成门电路。分立元器件门电路包括二极管门电路和晶体管门电路两类。

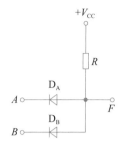

图 11.10　二极管与门电路

### 11.5.1　二极管门电路

**1. 二极管与门**

二极管与门电路如图 11.10 所示，$A$、$B$ 是它的两个输入端，$F$ 是输出端。

当输入端 $A$ 和 $B$ 为"1"时，设两者电位均为 3V，电源 $V_{CC}$ 的正极端经电阻 $R$ 向这两个输入端流通电流，两个二极管都导通，输出端 $F$ 的电位比 3V 略高。因为二极管的正向压降有零点几伏（硅管约 0.7V，锗管约 0.3V，此处一般采用锗管），比 3V 略高，但仍属于"3V 左右"这个范围，因此输出端 $F$ 为"1"，即其电位被钳制在 3V 左右。

当输入端不全为"1"，而有一个或两个为"0"时，即电位在 0V 附近，例如 $A$ 端为"0"，因为"0"电位比"1"电位低，电源正极端将经电阻 $R$ 向处于"0"态的 $A$ 端流通电流，$D_A$ 优先导通。二极管 $D_A$ 导通后，输出端 $F$ 的电位比处于"0"态的 $A$ 端高出零点几伏，但仍在 0V 附近，因此 $F$ 端为"0"。二极管 $D_B$ 因承受反向电压而截止，把 $B$ 端的高电位和输出端 $F$ 隔离开了。

只有当输入端 $A$ 和 $B$ 都为"1"时，输出端 $F$ 才为 1，这合乎与门的要求。与逻辑关系可用式 $F = A \cdot B$ 表示，其逻辑图形符号如图 11.4(b)所示，真值表如表 11.2 所示。

**2. 二极管或门**

图 11.11 所示的是二极管或门电路及其图形符号。比较图 11.10 和图 11.11 就可以看出，后者二极管的极性和前者接得相反，并采用了负电源，即电源 $V_{SS}$ 正极端接"地"，其负极端经电阻 $R$ 接二极管的阴极。

或门的输入端只要有一个为"1"，输出就为"1"。例如 $A$ 端为"1"（设其电位为 3V），则 $A$ 端的电位比 $B$ 端高。电流从 $A$ 端经 $D_A$ 和 $R$ 流向电源负端，$D_A$ 优先导通。$F$ 端电位比 $A$ 端略低

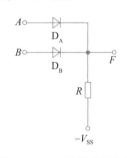

图 11.11　二极管或门电路

（$D_A$ 正压降约为 0.3V），比 3V 低零点几伏，但仍属于"3V 左右"这个范围，所以此时输出端 $F$ 为"1"。$F$ 端的电位比输入端 $B$ 高，$D_B$ 因承受反向电压而截止，$D_B$ 起隔离作用。

如果两个输入端都为"1"时，输出端 $F$ 也为"1"。只有当两个输入端全为"0"时，输出端 $F$ 才为"0"，此时两个二极管都截止。或逻辑关系可用式 $F = A + B$ 表示，其图形符号如图 11.5(b)所示，真值表如表 11.3 所示。

### 11.5.2　晶体管门电路

**1. 晶体管非门电路**

图 11.12 所示的是晶体管非门电路。晶体管非门电路不同于放大电路，管子的工作状态或从截止转为饱和，或从饱和转为截止。非门电路只有一个输入端 $A$。当 $A$ 为"1"（设其电位为 3V）时，晶体管饱和，其集电极，即输出端 $F$ 为"0"（其电位在零伏

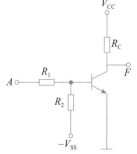

图 11.12　晶体管非门电路

附近);当 $A$ 为"0"时,晶体管截止,输出端 $F$ 为"1"(其电位近似等于 $V_{CC}$)。所以非门电路也称为反相器。加负电源 $V_{SS}$ 是为了使晶体管可靠截止。"非"逻辑关系可用式 $F=\overline{A}$ 表示,其图形符号如图 11.6(b)所示,真值表如表 11.4 所示。

**2. 与非门**

将二极管与门和晶体管非门连接起来,就可以构成图 11.13(a)所示的与非门。

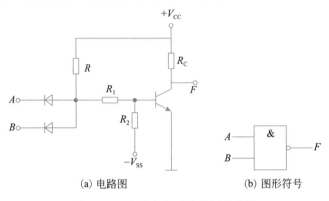

(a) 电路图      (b) 图形符号

图 11.13 与非门电路及其图形符号

与非门的逻辑功能:当输入端全为"1"时,输出为"0";当输入端有一个或几个为"0"时,输出为"1"。简而言之,即全"1"出"0",有"0"出"1"。"与非"逻辑关系可用式 $F=\overline{A \cdot B}$ 表示,其图形符号如图 11.13(b)所示,真值表如表 11.5 所示。

表 11.5 与非门逻辑真值表

| $A$ | $B$ | $F$ |
|-----|-----|-----|
| 0 | 0 | 1 |
| 0 | 1 | 1 |
| 1 | 0 | 1 |
| 1 | 1 | 0 |

**3. 或非门**

将二极管或门和晶体管非门连接起来,就可以构成图 11.14(a)所示的或非门。

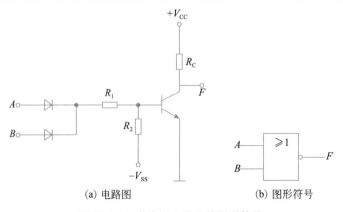

(a) 电路图      (b) 图形符号

图 11.14 或非门电路及其图形符号

或非门的逻辑功能：当输入端全为"0"时，输出为"1"；当输入端有一个或几个为"1"时，输出为"0"。简而言之，即全"0"出"1"，有"1"出"0"。或非逻辑关系可用式 $F=\overline{A+B}$ 表示，其图形符号如图 11.14(b)所示，真值表如表 11.6 所示。

表 11.6  或非门逻辑真值表

| $A$ | $B$ | $F$ |
| --- | --- | --- |
| 0 | 0 | 1 |
| 0 | 1 | 0 |
| 1 | 0 | 0 |
| 1 | 1 | 0 |

## 11.6  TTL 门电路

上面讨论的门电路都是由二极管、晶体管组成的，它们称为分立元器件门电路。本节介绍的是一种集成门电路。集成电路与分立元器件相比，具有高可靠性和微型化等优点。数字集成电路中最基本的门电路是与、或、非三种以及由它们组合而成的与非、或非等门电路。其中，应用最普遍的莫过于与非门电路。

### 11.6.1  TTL 与非门电路

图 11.15 是最常用的 TTL 与非门电路及其图形符号。$T_1$ 是多发射极晶体管，可把它的集电结看成一个二极管，而把发射结看成与前者背靠背的几个二极管，如图 11.16 所示。这样，$T_1$ 的作用和二极管与门的作用完全相似。下面来分析 TTL 门电路的工作原理以及它是如何实现"与非"逻辑功能的。

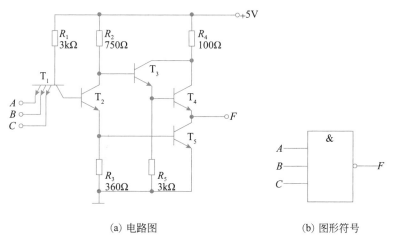

(a) 电路图                    (b) 图形符号

图 11.15  TTL 与非门电路及其图形符号

**1. 输入端不全为"1"的情况**

当输入端中有一个或几个为"0"(约为 0.3V)时，$T_1$ 的基极与"0"态发射极间处于正向

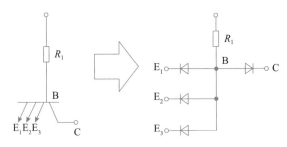

图 11.16　多发射极晶体管

偏置,这时电源通过 $R_1$ 为 $T_1$ 提供基极电流。$T_1$ 的基极电位约为 $0.3+0.7=1(V)$,它不足以向 $T_2$ 提供正向基极电流,所以 $T_2$ 截止,导致 $T_5$ 也截止。由于 $T_2$ 截止,其集电极电位接近于 $V_{CC}$,$T_3$ 和 $T_4$ 因此导通,所以输出端的电位为

$$V_F = V_{CC} - I_{B3}R_2 - U_{BE3} - U_{BE4}$$

因为 $I_{B3}$ 很小,可以忽略不计,电源电压 $V_{CC}=5V$,于是

$$V_F = 5 - 0.7 - 0.7 = 3.6(V)$$

即输出为"1"。

由于 $T_5$ 截止,当接负载后,有电流从 $V_{CC}$ 经 $R_4$ 流向每个负载门,这种电流称为拉电流。

**2. 输入端全为"1"的情况**

当输入端全为"1"(约为 3.6V)时,$T_1$ 的几个发射结都处于反向偏置,电源通过 $R_1$ 和 $T_1$ 的集电结向 $T_2$ 提供足够的基极电流,使 $T_2$ 饱和,$T_2$ 的发射极电流在 $R_3$ 上产生的压降又为 $T_5$ 提供足够的基极电流,使 $T_5$ 也饱和,所以输出端的电位为

$$V_F = 0.3V$$

即输出为"0"。

$T_2$ 的集电极电位为

$$V_{C2} = U_{CE2} + U_{BE5} \approx 0.3 + 0.7 = 1(V)$$

此即 $T_3$ 的基极电位,所以 $T_3$ 可以导通。$T_3$ 的发射极电位 $V_{E3} \approx 1-0.7=0.3(V)$,此即 $T_4$ 的基极电位,而 $T_4$ 的发射极电位也约为 $0.3V$,因此 $T_4$ 截止。由于 $T_4$ 截止,当接负载后,$T_5$ 的集电极电流全部由外接负载门灌入,这种电流称为灌电流。

### 11.6.2　主要参数

TTL 与非门有多种系列,参数很多,这里仅列举几个反映性能的主要参数。

**1. 输出高电平电压 $U_{OH}$ 和输出低电平电压 $U_{OL}$**

首先分析 TTL 与非门的输出电压 $U_o$ 与输入电压 $U_i$ 之间的关系,即电压传输特性,如图 11.17 所示,它是通过实验得出的,即将某一输入端的电压由零逐渐增大,而将其他输入端接在电源正极,保持恒定高电位。

当 $U_i < 0.7V$ 时,输出电压 $U_o \approx 3.6V$,即图中的 $AB$ 段。当 $U_i$ 为 $0.7 \sim 1.3V$ 时,$U_o$ 随 $U_i$ 的增大而线性地减小,即 $BC$ 段。当 $U_i$ 增至 $1.4V$ 左右时,$T_5$ 开始导通,输出迅速转为低电平,$U_o \approx 0.3V$,即 $CD$ 段。当 $U_i > 1.4V$ 时,保持输出为低电平,即 $DE$ 段。$T_5$ 由截止转为导通,或输出高电平转为低电平时,所对应的输入电压称为阈值电压或门槛电压,用 $U_{TH}$ 表示,在图 11.17 中,$U_{TH}$ 约为 $1.4V$。

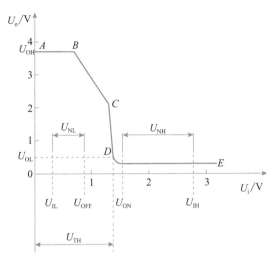

图 11.17　TTL 与非门的电压传输特性曲线

输出高电平电压 $U_{OH}$ 是对应于 $AB$ 段的输出电压;输出低电平电压 $U_{OL}$ 是对应于 $DE$ 段的输出电压,它是在额定负载下测出的。对通用的 TTL 与非门,$U_{OH} \geqslant 2.4V$,$U_{OL} \leqslant 0.4V$。

**2. 噪声容限电压**

在保证输出高电平电压不低于额定值 90% 的条件下所容许叠加在输入低电平电压上的最大噪声(或干扰)电压,称为低电平噪声容限电压,用 $U_{NL}$ 表示。由图 11.17 可得

$$U_{NL} = U_{OFF} - U_{IL}$$

式中:$U_{OFF}$ 是在上述保证条件下所容许的最大输入低电平电压。

在保证输出低电平电压的条件下所容许叠加在输入高电平电压上(极性和输入信号相反)的最大噪声电压,称为高电平噪声容限电压,用 $U_{NH}$ 表示。由图 11.17 可得

$$U_{NH} = U_{IH} - U_{ON}$$

式中:$U_{ON}$ 是在上述保证条件下所容许的最小输入高电平电压。

上面两式中的 $U_{IL}$ 和 $U_{IH}$ 是生产厂家对某产品所规定的输入低电平电压和输入高电平电压。

设某 TTL 与非门的数据为 $U_{IH} = 2.7V$,$U_{IL} = 0.4V$,$U_{OFF} = 0.9V$,$U_{ON} = 1.6V$,则

$$U_{NL} = 0.9 - 0.4 = 0.5(V)$$
$$U_{NH} = 2.7 - 1.6 = 1.1(V)$$

噪声容限电压是用来说明门电路抗干扰能力的参数,其值越大,则抗干扰能力越强。

**3. 扇出系数 $N_O$**

扇出系数是指一个与非门能带同类门的最大数目,它表示带负载能力。对于 TTL 与非门,$N_O \geqslant 8$。

## 本章小结

1. 数字电路中常用的数制是二进制和十六进制。二进制数换算成十进制数,可以用二进制数各位的权与相应位上的数码值的乘积和获得。而十进制数换算成二进制数,可以用

连除法求得。二进制数换算成十六进制数,是把二进制数从低位到高位,每四位分成一组,各组转换成十六进制数各相应位上的数即可。十六进制数换算成二进制数时,先将每位十六进制数转换成四位二进制数,再将其组合到一起即可。十六进制数和十进制数之间的转换要借助二进制数。

2. 逻辑代数的运算法则有:01 基本定律、交换律、结合律、分配律、吸收律、反演律等。

3. 与门和或门可以由二极管构成,非门需由三极管构成。与非门和或非门是与门、非门和或门、非门的组合。对于与门,只要有一个输入端为低电平,输出就为低电平,只有各输入端均为高电平,输出才为高电平。对于或门,只要有一个输入端为高电平,输出就为高电平,只有各输入端均为低电平,输出才为低电平。与非门和或非门,刚好与与门和或门的结果相反。

4. 在电路中实际应用的门电路基本都是集成电路,TTL 门电路就是其中一种,在选用 TTL 门电路时要注意它的主要参数必须符合电路的要求。

# 技能训练——数字集成电路认识与逻辑功能测试

**1. 实验目的**
(1) 了解数字集成电路的基本知识。
(2) 掌握基本逻辑门电路的逻辑功能。
(3) 掌握用数字逻辑电路实验箱测试逻辑功能的方法。

**2. 实验器材**
数字逻辑电路实验箱、集成电路芯片 74LS00、74LS02、74LS48、导线若干。

**3. 实验内容和步骤**
1) 数字集成电路的分类及特点
目前常用的中、小规模数字集成电路主要有两类:一类是双极型的;另一类是单极型的。各类当中又有许多不同的产品系列。

(1) 双极型
双极型数字集成电路以 TTL 电路为主,品种丰富,一般以 74(民用)和 54(军用)为前缀,是数字集成电路的参考标准。其中包含的主要系列如下。
① 标准系列——主要产品,速度和功耗处于中等水平。
② LS 系列——主要产品,功耗比标准系列低。
③ S 系列——高速型 TTL、功耗大、品种少。
④ ALS 系列——快速、低功耗、品种少。
⑤ AS 系列——S 系列的改进型数字电路。

(2) 单极型
单极型数字集成电路以 CMOS 电路为主,主要有 4000/4500 系列、40H 系列、HC 系列和 HCT 系列。其显著的特点之一是静态功耗非常低,其他方面的表现也相当突出,但速度不如 TTL 集成电路快。

TTL 产品和 CMOS 产品的应用都很广泛,具体产品的性能指标可以查阅 TTL、CMOS 集成电路各自的产品数据手册。在本实验中,我们选用 TTL 数字集成电路进行实验。

2) TTL 集成电路使用注意事项

(1) 外形及引脚

TTL 集成电路的外形封装与引脚分配多种多样,如图 11.18 所示的芯片封装形式为双列直插式(DIP)。芯片外形封装上有一处豁口标志,在辨认引脚时,芯片正面(有芯片型号的一面)面对自己,将此豁口标志朝向左手侧,则芯片下方左起的第一个引脚为芯片的 1 号引脚,其余引脚按序号沿芯片逆时针分布。

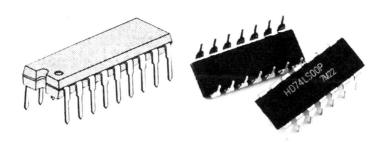

图 11.18 双列直插式数字集成的外形和引脚

(2) 电源

每片集成电路芯片均需要供电方能正常使用其逻辑功能,供电电源为＋5V 单电源。电源正端(＋5V)接芯片的 $V_{CC}$ 引脚,电源负端(0V)接芯片的 GND 引脚,两者不允许接反,否则会损坏集成电路芯片。除极少数芯片(如 74LS76)外,绝大多数 TTL 集成电路芯片的电源引脚都是对角分布,即 $V_{CC}$ 和 GND 引脚呈左上右下分布。

(3) 输出端

芯片的输出引脚不允许与＋5V 和地直接相连,也不允许连接到逻辑开关上,否则会损坏芯片。没有使用的输出引脚允许悬空,但应尽量避免多余的输入端悬空。除 OC 门和三态门外,不允许将输出端并联使用。

(4) 芯片安装

在通电状态下,不允许安装和拔起集成电路芯片,否则极易造成芯片损坏。在使用多个芯片时,应当注意芯片的豁口标志朝向一致。

(5) 芯片混用问题

一般情况下,应尽量避免混合使用 TTL 类与 CMOS 类集成电路。如需要混合使用时,必须考虑它们之间的电平匹配及驱动能力问题。碰见此种情况时,可以查阅相关资料说明。

3) 输入与输出信号的加载与观察

逻辑电路为二值逻辑,取值只有"0""1"两种情况。对于逻辑电路的输入,可通过逻辑开关产生高、低电平,通过导线将开关连接到电路中,即可输入变量的"0""1"取值,电路原理如图 11.19 所示。对逻辑电路的输出,实验中可通过两种器件进行观察:一种器件是发光二极管,电路原理如图 11.20 所示,当输出为高电平时,发光二极管发光;反之,发光二极管熄灭。另一种器件是数码管。

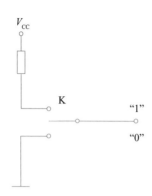

图 11.19　逻辑开关电路原理图

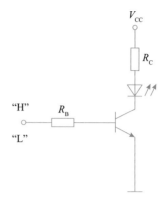

图 11.20　逻辑电平显示电路原理图

4) 逻辑功能测试

(1) 与非门芯片 74LS00 逻辑功能测试

74LS00 为四组 2 输入端与非门(正逻辑),其引脚如图 11.21 所示。选择其中一组与非门进行测试,画出实验逻辑电路图,并将测试结果记录在表 11.7 中。

表 11.7　与非门逻辑功能测试记录表

| 逻辑电路图 | $A$ | $B$ | $Y$ |
|---|---|---|---|
| | 0 | 0 | |
| | 0 | 1 | |
| | 1 | 0 | |
| | 1 | 1 | |

(2) 或非门芯片 74LS02 逻辑功能测试

74LS02 为四组 2 输入端或非门(正逻辑),其引脚图如图 11.22 所示。选择其中一组或非门进行测试,画出实验逻辑电路图,并将测试结果记录在表 11.8 中。

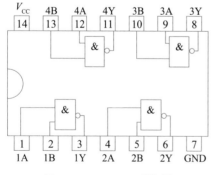

图 11.21　74LS00 引脚图

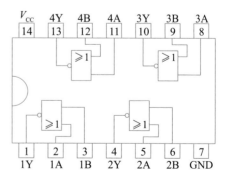

图 11.22　74LS02 引脚图

表 11.8　或非门逻辑功能测试记录表

| 逻辑电路图 | $A$ | $B$ | $Y$ |
|---|---|---|---|
| | 0 | 0 | |
| | 0 | 1 | |
| | 1 | 0 | |
| | 1 | 1 | |

5）显示电路测试

按图 11.23 连接 74LS48 芯片和数码管,在芯片的输入端依次加上 0000～1111 的二进制代码,将相应的电路输出显示结果记录到表 11.9 中。

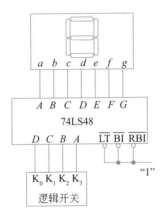

图 11.23　数码管测试电路

表 11.9　数码管测试结果

| 输　入 | | 输　出 |
|---|---|---|
| $DCBA$ | 十进制 | 显示结果（涂黑） |
| 0000 | 0 | |
| 0001 | 1 | |
| 0010 | 2 | |
| 0011 | 3 | |
| 0100 | 4 | |

续表

| 输 入 | | 输 出 |
| --- | --- | --- |
| DCBA | 十进制 | 显示结果(涂黑) |
| 0101 | 5 | |
| 0110 | 6 | |
| 0111 | 7 | |
| 1000 | 8 | |
| 1001 | 9 | |

**4. 思考题**

(1) 正逻辑情况下,数字电路中的逻辑"1"、逻辑"0"、高电平、低电平、$V_{CC}$、GND、$+5V$、$0V$ 之间有什么关系?

(2) 什么是高电平有效和低电平有效?

(3) 在测试数码管时能否不用芯片 74LS48,直接用逻辑开关与数码管相连?

**5. 完成实验报告**

略。

# 习    题

11-1  将下列十进制数转换为二进制数:3,6,12,30,51。

11-2  将下列各数转换成十进制数:$(1001)_2$;$(011010)_2$;$(10010010)_2$;$(EC)_{16}$;$(16)_{16}$。

11-3  化简下列各式。

(1) $F = A\bar{B}C + \bar{A} + B + \bar{C}$

(2) $F = ABC + AC\bar{D} + A\bar{C} + CD$

(3) $F = A\overline{BC} + ABC + \overline{A}BC + \overline{A}B\overline{C}$

(4) $F = AC(\bar{C}D + \bar{A}B) + BC + \overline{(\overline{B + AD} + CD)}$

11-4  将下列 8421BCD 码写成十进制数。

$(0010\ 0011\ 1000)_{8421BCD}$;$(0111\ 1001\ 0101\ 0011)_{8421BCD}$

11-5  将下列各式写成与非-与非表达式。

(1) $F = \bar{A}BC + A\bar{B}C + AB\bar{C} + ABC$

（2）$F = A\bar{B} + A\bar{C} + \bar{A}BC$

（3）$F = \overline{AB} + (\bar{A} + B)\bar{C}$

**11-6** 应用逻辑代数推证下列各式。

（1）$ABC + \bar{A} + \bar{B} + \bar{C} = 1$

（2）$\bar{A}B + \bar{A}BCD(E + F) = \bar{A}B$

**11-7** 输入 $A$、$B$ 的波形如图 11.24 所示，分别画出与门、或门、与非门、或非门的输出波形图。

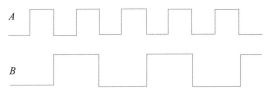

图 11.24　题 11-7 输入波形图

**11-8** 分析图 11.25 所示的各电路中,晶体管工作于何种状态?

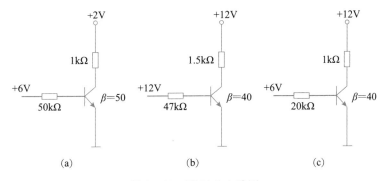

图 11.25　题 11-8 电路图

# 第12章

# 组合逻辑电路

根据逻辑功能的不同特点,可以将数字电路划分为两大类:一类称为组合逻辑电路(简称组合电路);另一类称为时序逻辑电路(简称时序电路)。

从功能上来说,组合逻辑电路的特点是电路在某一时刻的输出状态仅由该时刻电路的输入信号所决定,而与该时刻以前的电路状态无关。从电路结构上看,组合逻辑电路只由逻辑门电路组成,内部不包含任何记忆元器件,输入和输出之间不能形成任何反馈。

组合逻辑门电路

学习目标:掌握组合逻辑电路的分析方法和分析步骤,掌握常用的、典型的组合逻辑电路(如加法器、编码器和译码器)的结构和特点。

学习重点:组合逻辑电路的分析方法和分析步骤;加法器、编码器和译码器的结构和逻辑功能分析。

学习难点:组合逻辑电路的分析方法和分析步骤;半加器、全加器、二进制编码器、二-十进制编码器、二进制译码器和二-十进制显示译码器的结构和逻辑功能分析。

## 12.1　组合逻辑电路的分析

分析组合逻辑电路,一般是根据已知的逻辑电路图,求出其逻辑函数表达式或写出其真值表,从而了解并判断它的逻辑功能。有时,分析的目的仅在于验证已知电路的逻辑功能是否正确。

组合逻辑电路分析的步骤如下。

(1)根据已知的逻辑电路图,从输入到输出逐级写出逻辑函数表达式,最后得到用输入变量表示的输出逻辑函数式。

(2)运用逻辑代数(布尔代数)对逻辑函数表达式进行化简或变换。

(3)根据化简后的逻辑函数表达式列出真值表。

(4)由真值表确定逻辑电路的功能。

以上分析步骤是就一般情况而言的,在实际中,可根据问题的复杂程度和具体要求对上述步骤进行适当取舍。下面举例说明组合逻辑电路分析的过程。

例12.1　分析图12.1所示的组合逻辑电路。

解:(1)由逻辑图写出逻辑式。

从输入端到输出端,依次写出各个门的逻辑式,最后写出输出量 $F$ 的逻辑式如下。

$G_1$ 门:
$$X = \overline{AB}$$

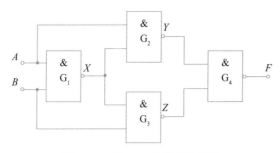

图 12.1　例 12.1 的逻辑电路图

$G_2$ 门：
$$Y = \overline{AX} = \overline{A \cdot \overline{AB}}$$

$G_3$ 门：
$$Z = \overline{BX} = \overline{B \cdot \overline{AB}}$$

$G_4$ 门：
$$F = \overline{YZ} = \overline{\overline{A \cdot \overline{AB}} \cdot \overline{B \cdot \overline{AB}}} = \overline{\overline{A \cdot \overline{AB}}} + \overline{\overline{B \cdot \overline{AB}}} = A \cdot \overline{AB} + B \cdot \overline{AB}$$
$$= A \cdot \overline{AB} + B \cdot \overline{AB} = A(\overline{A} + \overline{B}) + B(\overline{A} + \overline{B})$$
$$= A\overline{A} + A\overline{B} + B\overline{A} + B\overline{B} = A\overline{B} + B\overline{A}$$

（2）由逻辑式列出真值表。

写出输入变量的各种组合（二输入量有 4 种，三输入量有 8 种，四输入量有 16 种），然后根据逻辑式列出真值表，如表 12.1 所示。

表 12.1　异或门真值表

| $A$ | $B$ | $F$ |
| --- | --- | --- |
| 0 | 0 | 0 |
| 0 | 1 | 1 |
| 1 | 0 | 1 |
| 1 | 1 | 0 |

（3）分析逻辑功能。

可以看出，当输入端 $A$ 和 $B$ 的输入值不同时，输出为"1"；两端输入值相同时，输出为"0"。这种电路称为异或门电路，其图形符号如图 12.2 所示。逻辑式也可写成

$$F = A\overline{B} + B\overline{A} = A \oplus B$$

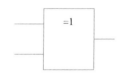

图 12.2　异或门的图形符号

## 12.2　加　法　器

在数字系统，尤其是在计算机的数字系统中，二进制加法器是它的基本部件之一。

### 12.2.1　半加器

所谓"半加"，就是只求本位的和，暂不管低位送来的进位数，即

$$A + B \rightarrow 半加和$$
$$0 + 0 = 0$$

$$0 + 1 = 1$$
$$1 + 0 = 1$$
$$1 + 1 = 10$$

由此得出半加器的真值表如表 12.2 所示。其中,$A$ 和 $B$ 是相加的两个数,$S$ 是半加和数,$C$ 是进位数。由真值表可写出逻辑式:

$$S = A\bar{B} + B\bar{A}$$
$$C = AB = \overline{\overline{AB}}$$

表 12.2　半加器真值表

| $A$ | $B$ | $C$ | $S$ |
|---|---|---|---|
| 0 | 0 | 0 | 0 |
| 0 | 1 | 0 | 1 |
| 1 | 0 | 0 | 1 |
| 1 | 1 | 1 | 0 |

由逻辑式可以画出逻辑图,如图 12.3(a)和图 12.3(b)所示,由一个异或门(图 12.2)和一个与门组成。半加器是一种组合逻辑电路,其图形符号如图 12.3(c)所示。

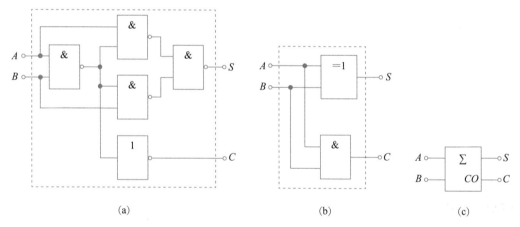

(a)　　　　　　　　　　　(b)　　　　　　　(c)

图 12.3　半加器逻辑图及其图形符号

### 12.2.2　全加器

当多位数相加时,半加器可用于最低位求和,并给出进位数。第二位的相加由两个待加数 $A_i$ 和 $B_i$,还有一个来自前面的进位数 $C_{i-1}$。这三个数相加,得出本位和数(全加和数)$S_i$ 和进位数 $C_i$,这就是"全加",表 12.3 是全加器的真值表。全加器可用两个半加器和一个或门组成,如图 12.4(a)所示。$A_i$ 和 $B_i$ 在第一个半加器中相加,得出的结果再和 $C_{i-1}$ 在第二个半加器中相加,即得出全加和 $S_i$。两个半加器的进位数通过或门输出作为本位的进位数 $C_i$。全加器也是一种组合逻辑电路,其图形符号如图 12.4(b)所示。

表 12.3　全加器真值表

| $A_i$ | $B_i$ | $C_{i-1}$ | $C_i$ | $S_i$ |
|---|---|---|---|---|
| 0 | 0 | 0 | 0 | 0 |
| 0 | 0 | 1 | 0 | 1 |
| 0 | 1 | 0 | 0 | 1 |
| 0 | 1 | 1 | 1 | 0 |
| 1 | 0 | 0 | 0 | 1 |
| 1 | 0 | 1 | 1 | 0 |
| 1 | 1 | 0 | 1 | 0 |
| 1 | 1 | 1 | 1 | 1 |

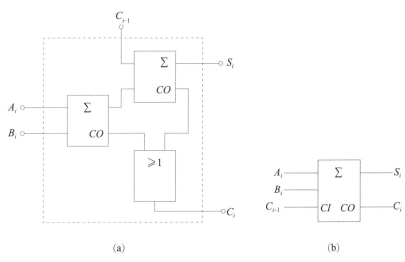

(a)　　　　　　　　　　　(b)

图 12.4　全加器逻辑图及其图形符号

## 12.3　编　码　器

　　一般来说,用数字或某种文字和符号表示某一对象或信号的过程称为编码。十进制编码或某种文字和符号的编码难以用电路实现。在数字电路中,一般用的是二进制编码。二进制只有 0 和 1 两个数码,可以把若干个 0 和 1 按一定规律排起来组成不同的代码(二进制数)表示某一对象或信号。一位二进制代码有 0 和 1 两种,可以表示两个信号;两位二进制代码有 00、01、10、11 四种,可以表示四个信号。$n$ 位二进制代码有 $2^n$ 种,可以表示 $2^n$ 个信号。这种二进制编码在电路上容易实现。下面介绍两种常用的编码器。

编码器和译码器

### 12.3.1　二进制编码器

　　二进制编码器是将某种信号编成二进制代码的电路。例如,把 $I_0$、$I_1$、$I_2$、$I_3$、$I_4$、$I_5$、$I_6$、$I_7$ 八个输入信号编成对应的二进制代码输出,其编码过程如下。

**1. 确定二进制代码的位数**

因为输入有八个信号,要求有八种状态,所以输出的是三位($2^n=8,n=3$)二进制代码。

**2. 列编码表**

编码表是把待编码的八个信号和对应的二进制代码列成的表格。这种对应关系是人为的。用三位二进制代码表示八个信号的方案很多,表 12.4 所列的是其中的一种。每种方案都有一定的规律性,便于记忆。

表 12.4 编码表

| 输入 | 输 出 | | |
|---|---|---|---|
| | $Y_2$ | $Y_1$ | $Y_0$ |
| $I_0$ | 0 | 0 | 0 |
| $I_1$ | 0 | 0 | 1 |
| $I_2$ | 0 | 1 | 0 |
| $I_3$ | 0 | 1 | 1 |
| $I_4$ | 1 | 0 | 0 |
| $I_5$ | 1 | 0 | 1 |
| $I_6$ | 1 | 1 | 0 |
| $I_7$ | 1 | 1 | 1 |

**3. 由编码表写出逻辑式**

$$Y_2 = I_4 + I_5 + I_6 + I_7 = \overline{\overline{I_4 + I_5 + I_6 + I_7}} = \overline{\overline{I_4} \cdot \overline{I_5} \cdot \overline{I_6} \cdot \overline{I_7}}$$

$$Y_1 = I_2 + I_3 + I_6 + I_7 = \overline{\overline{I_2 + I_3 + I_6 + I_7}} = \overline{\overline{I_2} \cdot \overline{I_3} \cdot \overline{I_6} \cdot \overline{I_7}}$$

$$Y_0 = I_1 + I_3 + I_5 + I_7 = \overline{\overline{I_1 + I_3 + I_5 + I_7}} = \overline{\overline{I_1} \cdot \overline{I_3} \cdot \overline{I_5} \cdot \overline{I_7}}$$

**4. 由逻辑式画出逻辑图**

逻辑图如图 12.5 所示。例如,当 $I_1=1$,其余为 0 时,则输出为 001;当 $I_6=1$,其余为 0 时,则输出为 110。二进制代码 001 和 110 分别表示输入信号 $I_1$ 和 $I_6$。当 $I_1 \sim I_7$ 均为 0 时,电路的输出为 000,即表示 $I_0$。

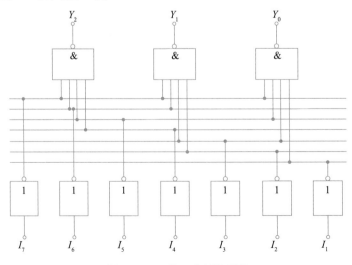

图 12.5 三位二进制编码器

## 12.3.2 二-十进制编码器

二-十进制编码器是将十进制的十个数码 0、1、2、3、4、5、6、7、8、9 编成二进制代码的电路。输入的是 0~9 十个数码,输出的是对应的二进制代码。这种二进制代码又称二-十进制代码,简称 BCD 码。

**1. 确定二进制代码的位数**

因为输入有十个数码,要求有十种状态,而三位二进制代码只有八种状态(组合),所以输出的是四位($2^n > 10$,取 $n = 4$)二进制代码。

**2. 列编码表**

四位二进制代码共有 16 种状态,其中任何 10 种状态都可以表示 0~9 十个数码,方案很多。最常用的是 8421 编码方式,就是在四位二进制代码的 16 种状态中取出前面 10 种状态,表示 0~9 十个数码,后面 6 种状态去掉,见表 12.5。二进制代码各位的 1 所代表的十进制数从高位到低位依次为 8、4、2、1,称为"权",而后把每个数码乘以各位的"权"并相加,即得出该二进制代码所表示的一位十进制数。例如"1001"这个二进制代码表示

$$1 \times 8 + 0 \times 4 + 0 \times 2 + 1 \times 1 = 8 + 0 + 0 + 1 = 9$$

表 12.5  8421 码编码表

| 输入 | 输出 | | | |
|---|---|---|---|---|
| 十进制数 | $Y_3$ | $Y_2$ | $Y_1$ | $Y_0$ |
| $0(I_0)$ | 0 | 0 | 0 | 0 |
| $1(I_1)$ | 0 | 0 | 0 | 1 |
| $2(I_2)$ | 0 | 0 | 1 | 0 |
| $3(I_3)$ | 0 | 0 | 1 | 1 |
| $4(I_4)$ | 0 | 1 | 0 | 0 |
| $5(I_5)$ | 0 | 1 | 0 | 1 |
| $6(I_6)$ | 0 | 1 | 1 | 0 |
| $7(I_7)$ | 0 | 1 | 1 | 1 |
| $8(I_8)$ | 1 | 0 | 0 | 0 |
| $9(I_9)$ | 1 | 0 | 0 | 1 |

**3. 由编码表写出逻辑式**

$$Y_3 = I_8 + I_9 = \overline{\overline{I_8} \cdot \overline{I_9}}$$

$$Y_2 = I_4 + I_5 + I_6 + I_7 = \overline{\overline{I_4} \cdot \overline{I_5} \cdot \overline{I_6} \cdot \overline{I_7}}$$

$$Y_1 = I_2 + I_3 + I_6 + I_7 = \overline{\overline{I_2} \cdot \overline{I_3} \cdot \overline{I_6} \cdot \overline{I_7}}$$

$$Y_0 = I_1 + I_3 + I_5 + I_7 + I_9 = \overline{\overline{I_1} \cdot \overline{I_3} \cdot \overline{I_5} \cdot \overline{I_7} \cdot \overline{I_9}}$$

**4. 由逻辑式画出逻辑图**

逻辑图如图 12.6 所示。

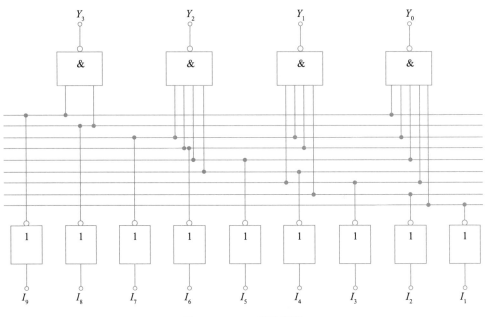

图 12.6    8421 码编码器

# 12.4    译码器和数字显示

译码和编码的过程相反。编码是将某种信号或十进制的十个数码(输入)编成二进制代码(输出)。译码是将二进制代码(输入)按其编码时的原意译成对应的信号或十进制数码(输出)。

## 12.4.1    二进制译码器

例如,要把输入的一组三位二进制代码译成对应的八个输出信号,其译码过程如下。

(1) 列出译码器的状态表。如果要求对应输入代码的每一个状态,八个输出信号只有一个为 1,其余为 0,则列出的状态表如表 12.6 所示。

表 12.6    三位二进制译码器的真值表

| 输　入 | | | 输　出 | | | | | | | |
|---|---|---|---|---|---|---|---|---|---|---|
| $A_2$ | $A_1$ | $A_0$ | $Y_0$ | $Y_1$ | $Y_2$ | $Y_3$ | $Y_4$ | $Y_5$ | $Y_6$ | $Y_7$ |
| 0 | 0 | 0 | 1 | 0 | 0 | 0 | 0 | 0 | 0 | 0 |
| 0 | 0 | 1 | 0 | 1 | 0 | 0 | 0 | 0 | 0 | 0 |
| 0 | 1 | 0 | 0 | 0 | 1 | 0 | 0 | 0 | 0 | 0 |
| 0 | 1 | 1 | 0 | 0 | 0 | 1 | 0 | 0 | 0 | 0 |

续表

| 输　入 | | | 输　出 | | | | | | | |
|---|---|---|---|---|---|---|---|---|---|---|
| $A_2$ | $A_1$ | $A_0$ | $Y_0$ | $Y_1$ | $Y_2$ | $Y_3$ | $Y_4$ | $Y_5$ | $Y_6$ | $Y_7$ |
| 1 | 0 | 0 | 0 | 0 | 0 | 0 | 1 | 0 | 0 | 0 |
| 1 | 0 | 1 | 0 | 0 | 0 | 0 | 0 | 1 | 0 | 0 |
| 1 | 1 | 0 | 0 | 0 | 0 | 0 | 0 | 0 | 1 | 0 |
| 1 | 1 | 1 | 0 | 0 | 0 | 0 | 0 | 0 | 0 | 1 |

（2）由状态表写出逻辑式：

$$Y_0 = \overline{A}_2\overline{A}_1\overline{A}_0 \qquad Y_1 = \overline{A}_2\overline{A}_1 A_0$$

$$Y_2 = \overline{A}_2 A_1\overline{A}_0 \qquad Y_3 = \overline{A}_2 A_1 A_0$$

$$Y_4 = A_2\overline{A}_1\overline{A}_0 \qquad Y_5 = A_2\overline{A}_1 A_0$$

$$Y_6 = A_2 A_1\overline{A}_0 \qquad Y_7 = A_2 A_1 A_0$$

（3）由逻辑式画出逻辑图，如图 12.7 所示。

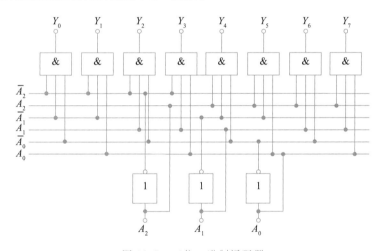

图 12.7　三位二进制译码器

由图可见，当输入代码为 001 时，$Y_1$ 为 1，其余输出为 0；输入代码为 110 时，$Y_6$ 为 1，其余输出为 0，这样就实现了把输入代码译成特定的输出信号。这八个输出信号也可以是十进制的 0～7 八个数码。

图 12.7 中的与门电路可以用二极管矩阵构成，如图 12.8 所示。

## 12.4.2　二-十进制显示译码器

在数字仪表、计算机和其他数字系统中，常常要把测量数据和运算结果用十进制数显示出来，这

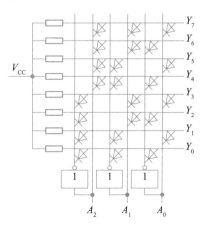

图 12.8　三位二进制二极管译码器电路

就要用显示译码器,它能够把8421二-十进制代码译成能用显示器件显示出来的十进制数。常用的显示器件有半导体数码管、液晶数码管和荧光数码管等。下面只介绍半导体数码管。

**1. 半导体数码管**

半导体数码管(或称LED数码管)的基本单元是PN结,目前较多采用磷砷化镓做成的PN结,当外加正向电压时,能发出清晰的光线。单个PN结可以封装成发光二极管,多个PN结可以按分段式封装成半导体数码管,其引脚排列如图12.9所示。发光二极管的工作电压为1.5～3V,工作电流为几毫安到十几毫安,寿命很长。

半导体数码管将十进制数码分成七段,每段为一发光二极管,其结构如图12.9所示。选择不同字段发光,可显示出不同的字形。例如,当$a$、$b$、$c$、$d$、$e$、$f$、$g$七段全亮时,显示出8;$b$、$c$段亮时,显示出1。

半导体数码管中七个发光二极管有共阴极和共阳极两种接法,如图12.10所示。前者,某一段接高电平时发光;后者,接低电平时发光。使用时每个管都要串联限流电阻(约$100\Omega$)。

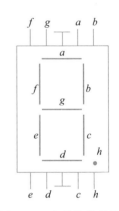

图12.9 半导体数码管

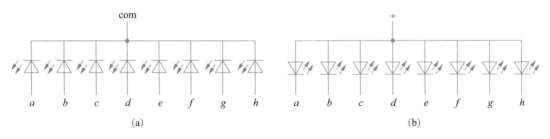

(a)        (b)

图12.10 半导体数码管的两种接法

**2. 七段显示译码器**

七段显示译码器的功能是把8421二-十进制代码译成对应数码管的七字段信号,驱动数码管,显示出相应的十进制数码。如果采用共阴极数码管,则七段显示译码器的状态如表12.7所示;如采用共阳极数码管,则输出状态应和表12.7所示相反,即1和0对换。

表12.7 七段译码器的真值表

| 输 入 | | | | 输 出 | | | | | | | 显示数码 |
|---|---|---|---|---|---|---|---|---|---|---|---|
| $D$ | $C$ | $B$ | $A$ | $a$ | $b$ | $c$ | $d$ | $e$ | $f$ | $g$ | |
| 0 | 0 | 0 | 0 | 1 | 1 | 1 | 1 | 1 | 1 | 0 | 0 |
| 0 | 0 | 0 | 1 | 0 | 1 | 1 | 0 | 0 | 0 | 0 | 1 |
| 0 | 0 | 1 | 0 | 1 | 1 | 0 | 1 | 1 | 0 | 1 | 2 |
| 0 | 0 | 1 | 1 | 1 | 1 | 1 | 1 | 0 | 0 | 1 | 3 |

续表

| 输 入 | | | | 输 出 | | | | | | | 显示数码 |
|---|---|---|---|---|---|---|---|---|---|---|---|
| $D$ | $C$ | $B$ | $A$ | $a$ | $b$ | $c$ | $d$ | $e$ | $f$ | $g$ | |
| 0 | 1 | 0 | 0 | 0 | 1 | 1 | 0 | 0 | 1 | 1 | 4 |
| 0 | 1 | 0 | 1 | 1 | 0 | 1 | 1 | 0 | 1 | 1 | 5 |
| 0 | 1 | 1 | 0 | 1 | 0 | 1 | 1 | 1 | 1 | 1 | 6 |
| 0 | 1 | 1 | 1 | 1 | 1 | 1 | 0 | 0 | 0 | 0 | 7 |
| 1 | 0 | 0 | 0 | 1 | 1 | 1 | 1 | 1 | 1 | 1 | 8 |
| 1 | 0 | 0 | 1 | 1 | 1 | 1 | 1 | 0 | 1 | 1 | 9 |

图 12.11 是七段显示译码器 T337 的外引线排列图。图中 $\tilde{I}_B$ 为熄灭输入端,当 $\tilde{I}_B$ 端输入为 0 时,$a \sim g$ 输出均为 0,数码管熄灭,而在正常工作时,$\tilde{I}_B$ 接高电平。

图 12.12 是 T337 和共阴极半导体数码管的连接示意图。改变电阻 $R$ 的大小可以调节数码管的工作电流和显示亮度。

图 12.11　七段译码器 T337 的
外引线排列图

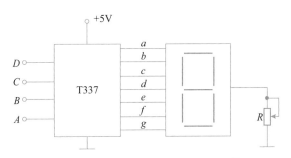

图 12.12　七段译码器 T337 和半导体
数码管的连接示意图

## 本 章 小 结

1. 组合逻辑电路的分析步骤:已知逻辑图→根据逻辑图写出逻辑函数表达式→运用布尔逻辑代数化简或变换→列逻辑状态表(真值表)→分析逻辑功能。

2. 二进制加法器是计算机数字系统的基本部件之一。半加器是只求本位的和,输入为两个待加数,可用于最低位求和;全加器的输入端除了两个待加数外,还有一个来自低位的进位。

3. 用文字、符号或者数码表示特定信息的过程称为编码,能够实现编码功能的电路称为编码器。$n$ 位二进制代数有 $2^n$ 个状态,可以表示 $2^n$ 个信息,对 $N$ 个信号进行编码时,应按公式 $2^n \geqslant N$ 确定需要使用的二进制代码的位数 $n$。常用的编码器有二进制编码器、二-十进制编码器、优先编码器等。

4. 译码是将给定的二进制代码翻译成编码时赋予的原意。完成这种功能的电路称为译码器。译码器是多输入、多输出的组合逻辑电路。译码器按功能分为通用译码器和显示译码器,通用译码器又分为变量译码器和变换译码器。

# 技能训练——组合逻辑电路设计

**1. 实验目的**

(1) 掌握用与非门组成简单的组合逻辑电路的方法,并测试其逻辑功能。

(2) 掌握用基本逻辑门设计组合逻辑电路的方法。

**2. 实验器材**

数字逻辑电路实验箱、集成电路芯片 74LS00、74LS20、导线若干。

**3. 实验原理**

数字电路按逻辑功能和电路结构的不同特点,可分为组合逻辑电路和时序逻辑电路两大类。组合逻辑电路是根据给定的逻辑问题,设计出能实现逻辑功能的电路。用小规模集成电路实现组合逻辑电路,要求使用的芯片最少,连线最少。一般设计步骤如下。

(1) 根据实际情况确定输入变量、输出变量的个数,列出逻辑真值表。

(2) 根据真值表,得出逻辑表达式。

(3) 如果已对器件类型有所规定或限制,则应将函数表达式变换成与器件类型相适应的形式。

(4) 根据化简或变换后的逻辑表达式,画出逻辑电路图。

(5) 根据逻辑电路图,查找所用集成器件的引脚图,将引脚号标在电路图上,再接线验证。

**4. 实验内容和步骤**

1) 用与非门实现异或门的逻辑功能

(1) 用一块集成电路芯片 74LS00,按图 12.1 连接电路(自己设计接线脚标),$A$、$B$ 接输入逻辑,$F$ 接输出逻辑显示,检查无误后开启电源。

(2) 按表 12.8 的要求进行测量,将输出端 $F$ 的逻辑状态记录下来,验证是否与表 12.8 一致。

表 12.8 输出真值表

| 输 入 | | 输出 |
|:---:|:---:|:---:|
| $A$ | $B$ | $F$ |
| 0 | 0 | 0 |
| 0 | 1 | 1 |
| 1 | 0 | 1 |
| 1 | 1 | 0 |

(3) 由逻辑真值表写出该电路的逻辑表达式:

$$F = A\bar{B} + B\bar{A}$$

2) 用与非门组成三路表决器

(1) 用 74LS00 和 74LS20 组成三路表决器,当多数人赞成(输入为"1")时,表决结果($F$)有效(输出为"1")。74LS20 引脚见图 12.13。实验电路按图 12.14 接线(自己设计接线脚标),$A$、$B$、$C$ 接输入逻辑,$F$ 接输出逻辑显示,检查无误后开启电源。

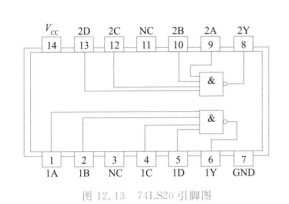

图 12.13   74LS20 引脚图

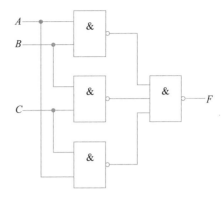

图 12.14   三路表决器的逻辑电路

（2）按表 12.9 的要求进行测量，将输出端 $F$ 的逻辑状态记录下来，验证是否与表 12.9 一致。

表 12.9   输入、输出真值表

| 输 入 | | | 输出 |
| --- | --- | --- | --- |
| $A$ | $B$ | $C$ | $F$ |
| 0 | 0 | 0 | 0 |
| 0 | 0 | 1 | 0 |
| 0 | 1 | 0 | 0 |
| 0 | 1 | 1 | 1 |
| 1 | 0 | 0 | 0 |
| 1 | 0 | 1 | 1 |
| 1 | 1 | 0 | 1 |
| 1 | 1 | 1 | 1 |

**5. 思考题**

（1）能否用三个与门和一个或门组成三路表决器？

（2）设计一个四路表决器，超过半数（3 个和 3 个以上的输入变量为"1"）时输出 $F$ 有效（$F=1$）。

**6. 完成实验报告**

略。

## 习　　题

12-1　组合逻辑电路有什么特点？分析组合逻辑电路的目的是什么？分析方法是什么？

12-2　分析图 12.15 所示电路是否属于组合逻辑电路。

12-3 分析图 12.16 所示组合逻辑电路,写出其输出函数表达式,指出该电路执行的逻辑功能。

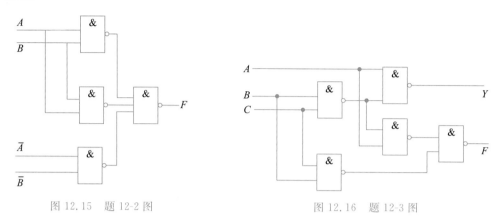

图 12.15 题 12-2 图　　　　　　　　　　图 12.16 题 12-3 图

12-4 组合逻辑电路如图 12.17 所示。

(1) 当 $S_1$、$S_0$ 为控制输入变量,$I_0 \sim I_3$ 为数据输入变量。

(2) 当 $I_0 \sim I_3$ 为控制输入变量,$S_1$、$S_0$ 为数据输入变量。

指出该电路在上述两种情况下所执行的逻辑功能。

12-5 图 12.18 所示是 74LS138 三线-八线译码器和与非门组成的电路。写出如图 12.8 所示电路的输出函数 $Y_1$ 和 $Y_2$ 的逻辑表达式。

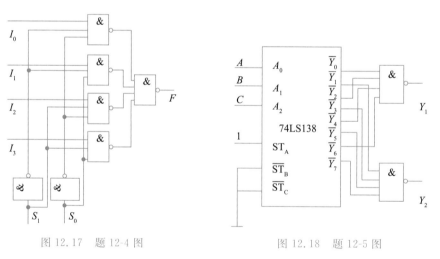

图 12.17 题 12-4 图　　　　　　　　　　图 12.18 题 12-5 图

# 第 13 章

# 触发器及其应用

在数字系统中,为了能实现按一定程序进行运算,需要"记忆"功能。门电路及其组成的组合逻辑电路,其输出状态完全由当时输入的状态决定,而与原来的状态无关,不具有"记忆"功能。本章讨论的触发器及其组成的时序逻辑电路,其输出状态不仅取决于当时的输入状态,还与电路的原来状态有关,即时序逻辑电路具有"记忆"功能。

组合电路和时序电路是数字电路的两大类。门电路是组合电路的基本单元,触发器是时序电路的基本单元。

学习目标:掌握常用的几种触发器的结构、工作原理和逻辑功能分析;学习由触发器组成的时序逻辑电路——寄存器和计数器;学习 555 电路的结构和应用。

学习重点:常用的几种触发器的结构、工作原理和逻辑功能分析。

学习难点:常用的几种触发器的工作原理和逻辑功能分析。

## 13.1 触 发 器

触发器按其稳定工作状态可分为双稳态触发器、单稳态触发器、无稳态触发器(又称为多谐振荡器)等。双稳态触发器按其逻辑功能可分为 RS 触发器、JK 触发器、D 触发器和 T 触发器等;按其结构可分为主从型触发器和维持阻塞型触发器等。

最常用的是双稳态触发器,它有两个基本性质。

(1) 有"0"和"1"两种稳定的输出状态。

(2) 当输入某种触发信号时,由原来的稳定状态翻转为另一种稳定状态;无信号触发时,保持原稳定状态。

因此,触发器是能够存储一位二进制数字信号的基本逻辑单元电路。

### 13.1.1 基本 RS 触发器

基本 RS 触发器可由两个与非门交叉连接而成,如图 13.1(a)所示。$Q$ 和 $\overline{Q}$ 是基本触发器的输出端,两者的逻辑状态在正常条件下保持相反。这种触发器有两种稳定状态:一种状态是 $Q=1$,$\overline{Q}=0$,称为置位状态("1"态);另一种状态是 $Q=0$,$\overline{Q}=1$,称为复位状态("0"态)。相应的输入端分别称为直接置位端或直接置"1"端($S_D$)和直接复位端或直接置"0"端($R_D$)。

下面分四种情况分析基本 RS 触发器输出与输入的逻辑关系。

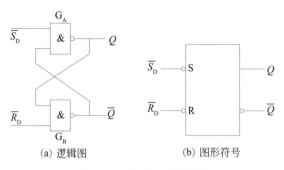

图 13.1　基本 RS 触发器

（1）$S_D=1,R_D=0$

所谓 $S_D=1$，就是将 $S_D$ 端保持高电位；而 $R_D=0$，就是在 $R_D$ 端加一个负脉冲。设触发器的初始状态为"1"态，即 $Q=1,\bar{Q}=0$。这时与非门 $G_B$ 有一个输入端为"0"，其输出端 $\bar{Q}$ 变为"1"；而与非门 $G_A$ 的两个输入端全为"1"，其输出端 $Q$ 变为"0"。因此，在 $R_D$ 端加负脉冲后，触发器就由"1"态翻转为"0"态。如果它的初始状态为"0"态，触发器仍保持"0"态不变。

（2）$S_D=0,R_D=1$

设触发器的初始状态为"0"态，即 $Q=0,\bar{Q}=1$。这时与非门 $G_A$ 有一个输入端为"0"，其输出端 $Q$ 变为"1"；与非门 $G_B$ 的两个输入端全为"1"，其输出端 $\bar{Q}$ 变为"0"。因此，在 $S_D$ 端加负脉冲后，触发器就由"0"态翻转为"1"态。如果它的初始状态为"1"态，触发器仍保持"1"态不变。

（3）$S_D=1,R_D=1$

假如在（1）中 $R_D$ 由"0"变为"1"（即除去负脉冲），或在（2）中 $S_D$ 由"0"变为"1"，这样，$S_D=R_D=1$，则触发器保持原状态不变。这就是它具有存储或记忆的功能。

为什么触发器能保持原有状态不变呢？例如在（1）的情况下，触发器处于"0"态，即 $Q=0,\bar{Q}=1$，这时 $G_B$ 门的两个输入端均为"0"，其输出端 $\bar{Q}$ 为"1"，将此"1"电平反馈到 $G_A$ 门的输入端，使它的两个输入端都为"1"，从而保证了 $G_A$ 门的输出端 $Q$ 为"0"。当输入端 $R_D$ 由"0"变为"1"时，$G_B$ 门的另一个输入端仍为"0"，所以触发器能保持"0"态不变。

（4）$S_D=0,R_D=0$

当 $S_D$ 端和 $R_D$ 端同时加负脉冲时，两个与非门输出端都为"1"，无法达到 $Q$ 与 $\bar{Q}$ 的状态应该相反的逻辑要求。一旦负脉冲除去后，触发器将由各种偶然因素决定其最终状态。因此这种情况在使用中应禁止出现。

从上述可知，基本 RS 触发器有两个稳定状态，它可以直接置位或复位，并具有存储或记忆的功能。在直接置位端加负脉冲（$S_D=0$）即可置位，在直接复位端加负脉冲（$R_D=0$）即可复位。负脉冲除去后，直接置位端和复位端都处于"1"态高电平（平时固定接高电平），此时触发器保持原状态不变，实现存储或记忆功能。但是，负脉冲不可同时加在直接置位端和直接复位端。基本 RS 触发器的真值表见表 13.1。

表 13.1　基本 RS 触发器的真值表

| $S_D$ | $R_D$ | $Q$ | $\overline{Q}$ |
|---|---|---|---|
| 1 | 0 | 0 | 1 |
| 0 | 1 | 1 | 0 |
| 1 | 1 | 不变 | 不变 |
| 0 | 0 | 不定 | 不变 |

图 13.1(b)是基本 RS 触发器的图形符号,图中输入端引线上靠近方框的小圆圈表示触发器用负脉冲("0"电平)置位或复位,即低电平有效。

### 13.1.2　可控 RS 触发器

上面介绍的基本触发器是各种双稳态触发器的共同部分。除此之外,一般触发器还有导引电路(或称控制电路)部分,通过它把输入信号引导到基本触发器。

图 13.2(a)是可控 RS 触发器的逻辑图,其中,与非门 $G_A$ 和 $G_B$ 构成基本触发器,与非门 $G_C$ 和 $G_D$ 构成导引电路。$R$ 和 $S$ 是置"0"和置"1"信号输入端。

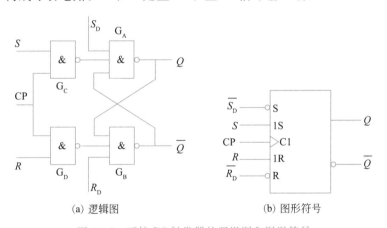

(a) 逻辑图　　　　　　　　(b) 图形符号

图 13.2　可控 RS 触发器的逻辑图和图形符号

CP 是时钟脉冲输入端。在脉冲数字电路中所使用的触发器通常用一种正脉冲控制触发器的翻转时刻,这种正脉冲称为时钟脉冲 CP,它也是一种控制命令,通过导引电路实现时钟脉冲对输入端 $R$ 和 $S$ 的控制,故称为可控 RS 触发器。当时钟脉冲来到之前,即 CP＝0 时,不论 $R$ 和 $S$ 端的电平如何变化,$G_C$ 门和 $G_D$ 门的输出均为"1",基本触发器保持原状态不变。只有当时钟脉冲来到之后,即 CP＝1 时,触发器才按 $R$、$S$ 端的输入状态决定其输出状态。时钟脉冲过去后,输出状态不变。

$R_D$ 和 $S_D$ 是直接复位端和直接置位端,就是不经过时钟脉冲 CP 的控制可以对基本触发器置"0"或置"1"。一般用在工作之初,预先使触发器处于某一给定状态,在工作过程中不用它们。不用时将其置于"1"态(高电平)。

触发器的输出状态与 $R$、$S$ 端输入状态的关系如表 13.2 所示。$Q_n$ 表示时钟脉冲来到之前触发器的输出状态,$Q_{n+1}$ 表示时钟脉冲来到之后的状态。分析如下。

表 13.2　可控 RS 触发器的真值表

| $S$ | $R$ | $Q_{n+1}$ |
|---|---|---|
| 0 | 0 | $Q_n$ |
| 0 | 1 | 0 |
| 1 | 0 | 1 |
| 1 | 1 | 不定 |

时钟脉冲(正脉冲)来到后,CP 端变为"1",$R$ 和 $S$ 的状态就起作用了。如果此时 $S=1$,$R=0$,则 $G_C$ 门输出将变为"0",向 $G_A$ 门送去一个置"1"负脉冲,触发器的输出端 $Q$ 将处于"1"态。如果此时 $S=0$,$R=1$,则 $G_D$ 门将向 $G_B$ 门送去置"0"负脉冲,$Q$ 将处于"0"态。如果此时 $S=R=0$,则 $G_C$ 门和 $G_D$ 门均保持"1"态,不向基本触发器送负脉冲,在这种情况下,时钟脉冲过去以后的新状态 $Q_{n+1}$ 和时钟脉冲来到以前的状态 $Q_n$ 一样。如果此时 $S=R=1$,则 $G_C$ 门和 $G_D$ 门都向基本触发器送负脉冲,使 $G_A$ 门和 $G_B$ 门输出端都为"1",这违背了 $Q$ 与 $\bar{Q}$ 应该相反的逻辑要求。当时钟脉冲过去以后,$G_A$ 门和 $G_B$ 门的输出端哪一个将处于"1"态是不定的,这种不正常情况应避免出现。

图 13.3 是可控 RS 触发器的工作波形图,图中 $g_C$ 和 $g_D$ 是相应与非门 $G_C$ 和 $G_D$ 的输出端波形。

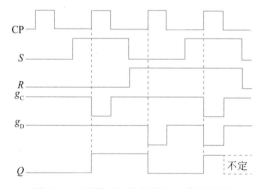

图 13.3　可控 RS 触发器的工作波形图

可控 RS 触发器的逻辑功能比基本触发器多一些,它不但可以实现记忆和存储,还具有计数功能。

如果将可控 RS 触发器的 $\bar{Q}$ 端连到 $S$ 端,$Q$ 端连到 $R$ 端,在时钟脉冲端 CP 加上计数脉冲,如图 13.4 所示。这样的触发器具有计数的功能,来一个计数脉冲它就翻转一次,翻转的次数等于脉冲的数目,所以可以用它来构成计数器。

图 13.4 中的 $G_D$ 门和 $G_C$ 门分别受 $Q$ 和 $\bar{Q}$ 控制,作为导引电路。当计数脉冲加到 CP 端时,$G_C$、$G_D$ 两个门中只会有一个门产生负脉冲,这个负脉冲恰巧能使上面的基本触发器翻转。例如,在 $Q=0$,$\bar{Q}=1$ 时的情况,在计数脉冲(正脉冲)来到时,$G_C$ 门两个输入端都是"1"态,它将输出一个负脉冲,送到 $G_A$ 门的输入端置"1",促使触发器翻转到 $Q=1$,$\bar{Q}=0$。在 $G_C$ 门输出负脉冲时,$G_D$ 门不会输出负脉冲,因为它有一个由输出端 $Q$ 控制的输入端当时还处于"0"态。

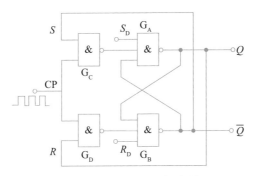

图 13.4　计数式 RS 触发器

看起来,导引电路似乎能对计数脉冲实现正确的引导,以使触发器适时地翻转。实际上,这是有条件的,要求在触发器翻转之后,计数正脉冲的高电平及时降下来,也就是说,要求计数脉冲宽度恰好合适。如果宽了,在触发器翻转之后,导引电路将从正确的导引转为错误的导引。前面说过,在 $G_C$ 门输出负脉冲时,$G_D$ 门不会输出负脉冲。但应注意,在触发器翻转之后,如果计数脉冲的高电平没有及时降下来,$G_D$ 门就会输出置"0"负脉冲,促使触发器产生不应有的新翻转。也就是在一个时钟脉冲 CP 的作用下,可能引起触发器两次或多次翻转,产生所谓"空翻"现象,造成触发器动作混乱。为了防止触发器的"空翻",在结构上多采用主从型触发器和维持阻塞型触发器。

### 13.1.3　JK 触发器

图 13.5(a)是 JK 触发器的逻辑图,它由两个与非门构成的可控 RS 触发器组成,两者分别称为主触发器和从触发器。此外,还通过一个非门将两个触发器联系起来,这就是触发器的主从型结构。时钟脉冲先使主触发器翻转,而后使从触发器翻转,主从之名由此而来。

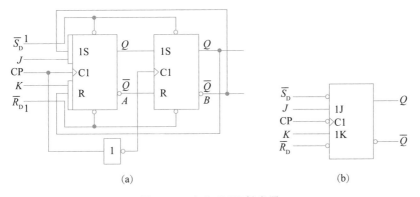

(a)　　　　　　　　　　　　　　　　(b)

图 13.5　主从型 JK 触发器

当时钟脉冲来到后,即 CP＝1 时,非门的输出为"0",故从触发器的状态不变。至于此时主触发器是否翻转,要看它的状态以及 $J$、$K$ 输入端所处状态而定(在图中 $S=J\bar{Q}$,$R=KQ$)。当 CP 从"1"下跳变为"0"时,主触发器的状态不变。这时非门的输出为"1",主触发器就可以将信号送到从触发器,使两者状态一致。例如主触发器为"1"态,当非门的输出上跳变为"1"时,由于从触发器的 $S=1$ 和 $R=0$,故使它也处于"1"态。

可见,在时钟脉冲来到之前(即 CP＝0 时),触发器的状态(即从触发器的状态)与主触发器是一致的。

还可见到,这种触发器不会"空翻"。因为CP=1期间,从触发器的状态不会改变;而等到CP下跳为"0"时,从触发器或翻转或保持原态,但主触发器的状态也不会改变。

下面分四种情况分析主从型JK触发器的逻辑功能。

(1) $J=1,K=1$

设时钟脉冲来到之前,即CP=0时,触发器的初始状态为"0"态,这时主触发器的 $S=J\bar{Q}=1,R=KQ=0$。当时钟脉冲来后,即CP=1时,由于主触发器的 $S=1$ 和 $R=0$,故翻转为"1"态。当CP从"1"下跳为"0"时,由于从触发器的 $S=1$ 和 $R=0$,它也就翻转为"1"态。反之,设初始状态为"1"态,这时主触发器的 $S=0$ 和 $R=1$,当CP=1时,它翻转为"0"态;当CP下跳变为"0"时,从触发器也翻转为"0"态。

可见JK触发器在 $J=K=1$ 的情况下,来一个时钟脉冲,就使它翻转一次。这表明,在这种情况下,触发器具有计数功能。

图13.6是主从型JK触发器在 $J=K=1$ 的情况下的输出波形。

(2) $J=0,K=0$

设触发器的初始状态为"0"态。当CP=1时,由于主触发器的 $S=0$ 和 $R=0$,它的状态保持不变。当CP下跳时,由于从触发器的 $S=0,R=1$,也保持原态不变。如果初始状态为"1"态,也保持原态不变。

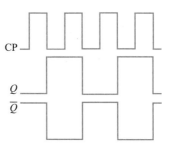

图13.6 主从型JK触发器在 $J=K=1$ 的情况下的输出波形

(3) $J=1,K=0$

设触发器的初始状态为"0"态。当CP=1时,由于主触发器的 $S=1$ 和 $R=0$,故翻转为"1"态。当CP下跳时,由于从触发器的 $S=1$ 和 $R=0$,故也翻转为"1"态。如果初始状态为"1"态,主触发器由于 $S=0$ 和 $R=0$,当CP=1时保持原态不变;从触发器由于 $S=1$ 和 $R=0$,当CP下跳时也保持"1"态不变。

(4) $J=0,K=1$

不论触发器原来处于什么状态,下一个状态一定是"0"态。请读者自行分析。

由上述可知,主从型触发器在CP=1时,把输入信号暂时存储在主触发器中,为从触发器翻转或保持原态做好准备;到CP下跳为"0"时,存储的信号起作用,或者触发从触发器使之翻转,或者使之保持原态。此外,主从型触发器具有在CP从"1"下跳为"0"时翻转的特点,也就是具有在时钟脉冲后沿触发的特点。后沿触发在图形符号中用CP输入端靠近方框处的一个小圆圈表示(图13.5(b))。

JK触发器的真值表如表13.3所示。

表 13.3　主从型JK触发器的真值表

| $J$ | $K$ | $Q_{n+1}$ |
| --- | --- | --- |
| 0 | 0 | $Q_n$ |
| 0 | 1 | 0 |
| 1 | 0 | 1 |
| 1 | 1 | $\bar{Q}_n$ |

### 13.1.4 D 触发器

图 13.7 所示为维持阻塞型 D 触发器的逻辑符号。它的输出与输入之间的关系见真值表 13.4。它的逻辑功能是当 $D=0$ 时,在时钟脉冲 CP 上升沿到来后,使输出端的状态变成 $Q_{n+1}=0$;当 $D=1$ 时,则在 CP 上升沿到来后,使输出状态变成 $Q_{n+1}=1$。可见,D 触发器的输出状态仅决定于 CP 到达前 D 输入端的状态,而与触发器的现态无关,即 $Q_{n+1}=D$。

表 13.4　维持阻塞型 D 触发器的真值表

| $D$ | $Q_{n+1}$ |
| --- | --- |
| 0 | 0 |
| 1 | 1 |

当把 D 触发器的 D 输入端与 $\overline{Q}$ 输出端连接在一起时,就构成了计数器,如图 13.8 所示。当在其时钟输入端加计数脉冲时,它的作用就与 JK 触发器在 $J=1$、$K=1$ 时的功能相同,所不同的是它是由时钟脉冲的前沿触发。工作波形如图 13.9 所示。

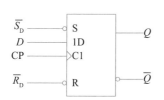

图 13.7　维持阻塞型 D 触发器图形符号

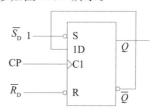

图 13.8　D 触发器构成计数器

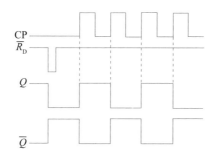

图 13.9　D 触发器构成的计数器的输出波形

## 13.2　寄　存　器

触发器具有时序逻辑的特征,可以由它组成各种时序逻辑电路。本章主要介绍寄存器和计数器。

寄存器用来暂时存放参与运算的数据和运算结果。一个触发器只能寄存一位二进制数,要存多位数时,就需要多个触发器。常用的有四位、八位、十六位等寄存器。

寄存器存放数码的方式有并行和串行两种。并行方式就是数码各位从各对应位输入端同时输入到寄存器中;串行方式就是数码从一个输入端逐位输入到寄存器中。

从寄存器取出数码的方式也有并行和串行两种。在并行方式中,被取出的数码各位在对应于各位的输出端上同时出现;而在串行方式中,被取出的数码在一个输出端上逐位出现。

寄存器常分为数码寄存器和移位寄存器两种,其区别在于有无移位的功能。

### 13.2.1 数码寄存器

数码寄存器只有寄存数码和清除原有数码的功能。图 13.10 是一种四位数码寄存器。设输入的二进制数为"1011"。在"寄存指令"(正脉冲)来到之前,$G_1 \sim G_4$ 四个与非门的输出全为"1"。由于经过清零(复位),$FF_0 \sim FF_3$ 四个由与非门构成的基本 RS 触发器全处于"0"态。当"寄存指令"来到时,由于第一、二、四位数码输入为1,与非门 $G_4$、$G_2$、$G_1$ 的输出均为"0",即输出置"1"负脉冲,使触发器 $FF_3$、$FF_1$、$FF_0$ 置"1",而由于第三位数码输入为"0",与非门 $G_3$ 的输出仍为"1",故 $FF_2$ 的状态不变。这样,数码就被存进去了。若要取出时,可给与非门 $G_5 \sim G_8$"取出指令"(正脉冲),各位数码就会在输出端 $Q_0 \sim Q_3$ 上被取出。在未给"取出指令"时,$Q_0 \sim Q_3$ 端均为"0"。

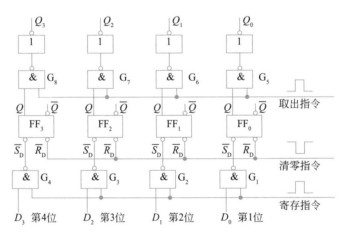

图 13.10　四位数码寄存器

图 13.11 是由 D 触发器(前沿触发)组成的四位数码寄存器,其工作情况可自行分析。寄存器 T451 的逻辑图与此类似。

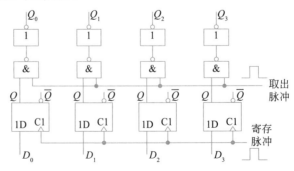

图 13.11　由 D 触发器组成的四位数码寄存器

上述两种都是并行输入并行输出的寄存器。

## 13.2.2　移位寄存器

移位寄存器不仅有存放数码的功能而且有移位的功能。所谓移位,就是每当来一个移位正脉冲(时钟脉冲),触发器的状态便向右或向左移一位,即寄存的数码可以在移位脉冲的控制下依次进行移位。移位寄存器在计算机中应用广泛。

图 13.12 是由 JK 触发器组成的四位移位寄存器。$FF_0$ 接成 D 触发器,数码由 D 端输入。设寄存的二进制数为"1011",按移位脉冲(即时钟脉冲)的工作节拍从高位到低位依次串行送到 D 端。工作之初先清零。首先 $D=1$,第一个移位脉冲的后沿来到时触发器 $FF_0$ 翻转,$Q_0=1$,其他仍保持"0"态。接着 $D=0$,第二个移位脉冲的后沿来到时 $FF_0$ 和 $FF_1$ 同时翻转,由于 $FF_1$ 的 $J$ 端为 1,$FF_0$ 的 $J$ 端为 0,所以 $Q_1=1$,$Q_0=0$,$Q_2$ 和 $Q_3$ 仍为"0"。以后过程如表 13.5 所示,移位一次,存入一个新数码,直到第四个脉冲的后沿来到时,存数结束。这时,可以从四个触发器的 $Q$ 端得到并行的数码输出。

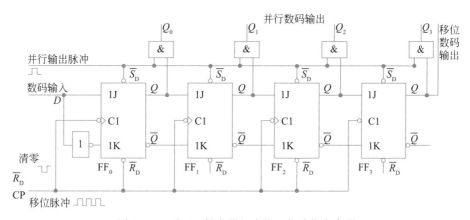

图 13.12　由 JK 触发器组成的四位移位寄存器

表 13.5　移位寄存器的真值表

| 移位脉冲数 | 寄存器中的数码 | | | | 移位过程 |
|---|---|---|---|---|---|
| | $Q_3$ | $Q_2$ | $Q_1$ | $Q_0$ | |
| 0 | 0 | 0 | 0 | 0 | 清零 |
| 1 | 0 | 0 | 0 | 1 | 左移一位 |
| 2 | 0 | 0 | 1 | 0 | 左移二位 |
| 3 | 0 | 1 | 0 | 1 | 左移三位 |
| 4 | 1 | 0 | 1 | 1 | 左移四位 |

如果再经过四个移位脉冲,则所存的"1011"逐位从 $Q_3$ 端串行输出。

# 13.3 计 数 器

在电子计算机和数字逻辑系统中,计数器是基本部件之一,它能累计输入脉冲的数目,就像我们数数一样,1、2、3……最后给出累计的总数。计数器可以进行加法计数、减法计数,也可以进行两者兼有的可逆计数。若从进位制来分,有二进制计数器、十进制计数器(也称二-十进制计数器)等多种。本节将介绍二进制加法计数器。

二进制只有 0 和 1 两个数码。所谓二进制加法,就是"逢二进一",即 $0+1=1$,$1+1=10$,也就是每当本位是 1,再加 1 时,本位便变为 0,而向高位进位,使高位加 1。

由于双稳态触发器有"1"和"0"两个状态,所以一个触发器可以表示一位二进制数。如果要表示 $n$ 位二进制数,就需要 $n$ 个触发器。根据上述,可以列出四位二进制加法计数器的状态表(表 13.6),表中还列出对应的十进制数。

表 13.6　二进制加法计数器的真值表

| 计数脉冲数 | 二进制数 | | | | 十进制数 |
| --- | --- | --- | --- | --- | --- |
| | $Q_3$ | $Q_2$ | $Q_1$ | $Q_0$ | |
| 0 | 0 | 0 | 0 | 0 | 0 |
| 1 | 0 | 0 | 0 | 1 | 1 |
| 2 | 0 | 0 | 1 | 0 | 2 |
| 3 | 0 | 0 | 1 | 1 | 3 |
| 4 | 0 | 1 | 0 | 0 | 4 |
| 5 | 0 | 1 | 0 | 1 | 5 |
| 6 | 0 | 1 | 1 | 0 | 6 |
| 7 | 0 | 1 | 1 | 1 | 7 |
| 8 | 1 | 0 | 0 | 0 | 8 |
| 9 | 1 | 0 | 0 | 1 | 9 |
| 10 | 1 | 0 | 1 | 0 | 10 |
| 11 | 1 | 0 | 1 | 1 | 11 |
| 12 | 1 | 1 | 0 | 0 | 12 |
| 13 | 1 | 1 | 0 | 1 | 13 |
| 14 | 1 | 1 | 1 | 0 | 14 |
| 15 | 1 | 1 | 1 | 1 | 15 |
| 16 | 0 | 0 | 0 | 0 | 0 |

要实现表 13.6 所列的四位二进制加法计数,必须用四个双稳态触发器,它们具有计数功能。采用不同的触发器可有不同的逻辑电路。即使用同一种触发器也可得出不同的逻辑电路。根据计数脉冲是否同时加到各触发器的时钟脉冲输入端,二进制计数器分为异步二

进制计数器和同步二进制计数器。下面通过结构简单的异步二进制加法计数器来说明计数器的工作原理。

由表 13.6 可见,每来一个计数脉冲,最低位触发器就翻转一次;而高一位的触发器是在相邻的低位触发器从"1"变为"0"进位时翻转。因此,可用四个主从型 JK 触发器组成四位异步二进制加法计数器,如图 13.13 所示。每个触发器的 $J$、$K$ 端都接"1",故具有计数功能。触发器的进位脉冲从 $Q$ 端输出送到相邻高位触发器的 CP 端,这符合主从型触发器在输入正脉冲的后沿触发的特点。图 13.14 是它的工作波形图。

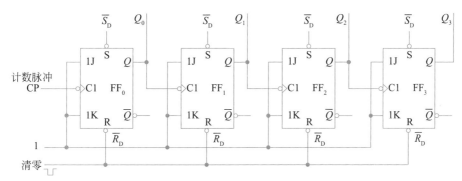

图 13.13 由主从型 JK 触发器组成的四位异步二进制加法计数器

图 13.14 图 13.3 所示二进制加法计数器的工作波形图

之所以称为"异步"加法计数器,是由于计数脉冲不是同时加到各位触发器的 CP 端,而只加到最低位触发器,其他各位触发器则由相邻低位触发器输出的进位脉冲来触发,因此它们状态的变换有先有后,是异步的。

## 本章小结

1. 时序电路具有记忆功能,它的输出状态不仅与输入状态有关,还与这次输入前电路的状态有关。

2. 基本 RS 触发器的输出状态是否变化,仅取决于 $\overline{R}_D$ 和 $\overline{S}_D$ 输入端的状态,只有当 $\overline{R}_D$ 和 $\overline{S}_D$ 端均由低电平同时变为高电平时,电路的输出状态不定。其他情况输出均有固定的状态。

3. 可控 RS 触发器的输出状态是否变化取决于 $R$、$S$ 输入端和时钟脉冲的状态,当 $R$ 和 $S$ 端均为高电平时,时钟脉冲变为低电平,时钟脉冲为高电平时,$R$ 和 $S$ 均由高电平同时变为低电平,电路的输出状态不定。其他情况输出均有固定的状态。可控 RS 触发器具有计数功能,但存在空翻现象。

4. JK 和 D 触发器均具有计数功能且不会产生空翻。主从型触发器为时钟脉冲后沿触发,维持阻塞型触发器为时钟脉冲前沿触发。

5. 寄存器分为数码寄存器和移位寄存器两类。数码寄存器速度快,但必须有较多的输入和输出端。移位寄存器速度较慢,但仅需要很少的输入和输出端。

6. 计数器分为加法计数器和减法计数器、二进制和 $n$ 进制计数器、同步和异步计数器。

# 实验项目——触发器及其应用

**1. 实验目的**

(1) 掌握基本 RS、JK 和 D 触发器的逻辑功能。

(2) 掌握集成触发器的逻辑功能及使用方法。

**2. 实验器材**

数字逻辑电路实验箱、集成电路芯片 74LS00、74LS112、74LS74、导线等。

**3. 实验内容和步骤**

1) 测试基本 RS 触发器的逻辑功能

按图 13.1(a) 所示,用两个与非门组成基本 RS 触发器,输入端 $\overline{R}$、$\overline{S}$ 接逻辑开关的输出插口,输出端 $Q$、$\overline{Q}$ 接逻辑电平显示输入插口,按表 13.7 要求进行测试,并将结果记录下来。

若实验结果与表 13.7 一致,说明基本 RS 触发器为电平触发。

表 13.7 基本 RS 触发器逻辑功能测试记录表

| $\overline{R}$ | $\overline{S}$ | $Q$ | $\overline{Q}$ |
| --- | --- | --- | --- |
| 1 | $1 \rightarrow 0$ | 1 | 0 |
| | $0 \rightarrow 1$ | 1 | 0 |
| $1 \rightarrow 0$ | 1 | 0 | 1 |
| $0 \rightarrow 1$ | | 0 | 1 |
| 0 | 0 | 1 | 1 |

2) 测试双 JK 触发器 74LS112 的逻辑功能

本实验采用 74LS112 双 JK 触发器,它是下降边沿触发的边沿触发器,其引脚功能及逻辑符号如图 13.15 所示。

(1) 测试 $\overline{R}_D$、$\overline{S}_D$ 的复位、置位功能

任取一只 JK 触发器,$\overline{R}_D$、$\overline{S}_D$、$J$、$K$ 端接逻辑开关输出插口,CP 端接单次脉冲源,$Q$、$\overline{Q}$ 端接至逻辑电平显示输入插口。要求改变 $\overline{R}_D$、$\overline{S}_D$($J$、$K$、CP 处于任意状态),并在 $\overline{R}_D = 1$ ($\overline{S}_D = 0$) 或 $\overline{S}_D = 1$($\overline{R}_D = 0$) 作用期间任意改变 $J$、$K$ 及 CP 的状态,观察 $Q$、$\overline{Q}$ 状态。自拟表

格并记录。

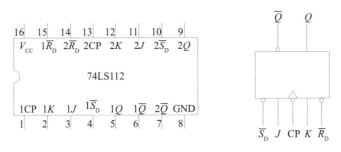

图 13.15　74LS112 引脚功能及逻辑符号

（2）测试 JK 触发器的逻辑功能

按表 13.8 的要求改变 $J$、$K$、CP 端状态，观察 $Q$、$\overline{Q}$ 状态变化，观察触发器状态更新是否发生在 CP 脉冲的下降沿（即 CP 由 1→0），将测试结果记录下来。

表 13.8　JK 触发器逻辑功能测试记录表

| $J$ | $K$ | CP | $Q^{n+1}$ | |
| --- | --- | --- | --- | --- |
| | | | $Q^n = 0$ | $\overline{Q}^n = 1$ |
| 0 | 0 | 0→1 | 0 | 1 |
| | | 1→0 | 0 | 1 |
| 0 | 1 | 0→1 | 0 | 1 |
| | | 1→0 | 0 | 0 |
| 1 | 0 | 0→1 | 0 | 1 |
| | | 1→0 | 1 | 1 |
| 1 | 1 | 0→1 | 0 | 1 |
| | | 1→0 | 1 | 0 |

若测试结果与表 13.8 一致，说明 JK 触发器下降沿有效。

3）测试双 D 触发器 74LS74 的逻辑功能

本实验采用 74LS74 双 D 触发器，它是上升沿触发的边沿触发器，其引脚功能及逻辑符号如图 13.16 所示。

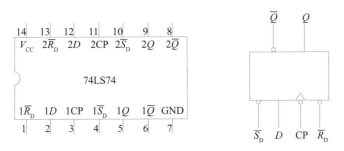

图 13.16　74LS74 引脚功能及逻辑符号

（1）测试 $\overline{R}_D$、$\overline{S}_D$ 的复位、置位功能

测试方法与实验内容"测试双 JK 触发器 74LS112 的逻辑功能"（1）相同，自拟表格记录。

（2）测试 D 触发器的逻辑功能

按表 13.9 要求进行测试，并观察触发器状态更新是否发生在 CP 脉冲的上升沿（即由 $0 \rightarrow 1$），将测试结果记录下来。

表 13.9　D 触发器逻辑功能测试记录表

| D | CP | $Q^{n+1}$ | |
| --- | --- | --- | --- |
| | | $Q^n = 0$ | $\overline{Q}^n = 1$ |
| 0 | $0 \rightarrow 1$ | 0 | 0 |
| | $1 \rightarrow 0$ | 0 | 1 |
| 1 | $0 \rightarrow 1$ | 1 | 1 |
| | $1 \rightarrow 0$ | 0 | 1 |

若测试结果与表 13.9 一致，说明 D 触发器触发方式为上升沿触发。

4. 思考题

（1）JK 触发器的输入端是否可以悬空？

（2）主从触发方式和下降沿触发方式有什么不同？

5. 完成实验报告

略。

# 习　　题

13-1　说明时序电路在功能和结构上与组合逻辑电路有何不同之处。

13-2　基本 RS 触发器由两个与非门构成，当输入端 $\overline{S}_D$、$\overline{R}_D$ 波形如图 13.17 所示时，试画出输出端 $Q$、$\overline{Q}$ 的波形。

13-3　可控 RS 触发器的输入波形及时钟脉冲 CP 波形如图 13.18 所示，试画出输出端 $Q$ 和 $\overline{Q}$ 的波形。

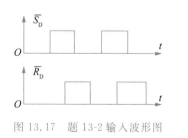

图 13.17　题 13-2 输入波形图

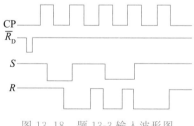

图 13.18　题 13-3 输入波形图

13-4　画出图 13.19 所示电路在各输入波形作用下的输出信号波形 $Q_1$、$Q_0$。

13-5　用适当的门和 4 个 D 触发器构成串行输入移位寄存器。

13-6　试画出图 13.20 所示电路在时钟脉冲 CP 作用下的输出波形 $Q_0$、$Q_1$。

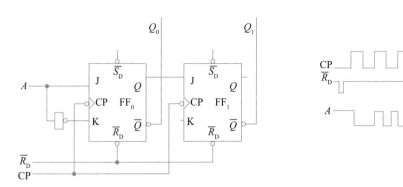

图 13.19　题 13-4 电路图和输入波形图

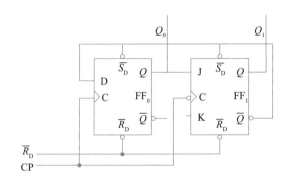

图 13.20　题 13-6 电路图和输入波形图

# 参考文献

[1] 秦曾煌.电工学(上、下册)[M].北京:高等教育出版社,2009.

[2] 孙骆生.电工学基本教程[M].北京:高等教育出版社,2008.

[3] 林平勇.电工电子技术[M].北京:高等教育出版社,2021.

[4] 王屹,赵应艳.电工电子技术项目化教程[M].北京:机械工业出版社,2020.

[5] 刘耀元.电工电子技术[M].北京:北京理工大学出版社,2019.

[6] 李亚峰,李方园.电工电子技术简明教程[M].北京:机械工业出版社,2019.

[7] 胡宴如.模拟电子技术[M].北京:高等教育出版社,2019.

[8] 仇超.电工实训[M].北京:北京理工大学出版社,2019.

[9] 黄文娟,陈亮.电工电子技术项目教程[M].北京:机械工业出版社,2013.

# 附录  半导体器件命名方法及常用半导体的参数

## 1. 半导体器件的命名方法

本方法[①]适用于无线电电子设备用半导体器件的型号命名。型号组成部分的符号及意义如下表。

| 第一部分 | | 第二部分 | | 第三部分 | | 第四部分 |
|---|---|---|---|---|---|---|
| 用数字表示器件电极数目 | | 用汉语拼音字母表示器件的材料和极性 | | 用汉语拼音字母表示器件类型 | | 用数字表示器件序号 |
| 符号 | 意　义 | 符号 | 意　　义 | 符号 | 意　　义 | |
| 2 | 二极管 | A | N 型锗材料 | P | 普通管 | |
| | | B | P 型锗材料 | V | 微波 | |
| | | C | N 型硅材料 | W | 稳压管 | |
| | | D | P 型硅材料 | C | 参量管 | |
| 3 | 三极管 | A | PNP 型锗材料 | Z | 整流管 | |
| | | B | NPN 型锗材料 | L | 整流堆 | |
| | | C | PNP 型硅材料 | S | 隧道管 | |
| | | D | NPN 型硅材料 | U | 光电管 | |
| | | | | K | 开关管 | |
| | | | | X | 低频小功率管 截止频率$<3MHz$ 耗散功率$<1W$ | — |
| | | | | G | 高频小功率管 截止频率$\geqslant 3MHz$ 耗散功率$<1W$ | |
| | | | | D | 低频大功率管 截止频率$<3MHz$ 耗散功率$\geqslant 1W$ | |
| | | | | A | 高频大功率管 截止频率$\geqslant 3MHz$ 耗散功率$\geqslant 1W$ | |
| | | | | T | 可控整流器 | |

----

① 《半导体分立器件型号命令方法》(GB/T 249—2017)。

**2. 常用半导体器件的参数**

1) 二极管

(1) 检波与整流二极管

| 参数 | 最大整流电流 | 最大整流电流时的正向压降 | 最高反向工作电压 |
| :---: | :---: | :---: | :---: |
| 符　号 | $I_{OM}/\text{mA}$ | $U_F/\text{V}$ | $U_{RM}/\text{V}$ |
| 2AP1 | 16 | | 20 |
| 2AP2 | 16 | | 30 |
| 2AP3 | 25 | | 30 |
| 2AP4 | 16 | ≤1.2 | 50 |
| 2AP5 | 16 | | 75 |
| 2AP6 | 12 | | 100 |
| 2AP7 | 12 | | 100 |
| 2CP10 | | | 25 |
| 2CP11 | | | 50 |
| 2CP12 | | | 100 |
| 2CP13 | | | 150 |
| 2CP14 | | | 200 |
| 2CP15 | | | 250 |
| 2CP16 | 100 | | 300 |
| 2CP17 | | | 350 |
| 2CP18 | | | 400 |
| 2CP19 | | ≤1.5 | 500 |
| 2CP20 | | | 600 |
| 2CP21 | 300 | | 100 |
| 2CP21A | 300 | | 50 |
| 2CP22 | 300 | | 200 |
| 2CP31 | 250 | | 25 |
| 2CP31A | 250 | | 50 |
| 2CP31B | 250 | | 100 |
| 2CP31C | 250 | | 150 |
| 2CP31D | 250 | | 250 |
| 2CZ11A | | | 100 |
| 2CZ11B | | | 200 |
| 2CZ11C | | | 300 |
| 2CZ11D | 1000 | ≤1 | 400 |
| 2CZ11E | | | 500 |
| 2CZ11F | | | 600 |
| 2CZ11G | | | 700 |
| 2CZ11H | | | 800 |
| 2CZ12A | | | 50 |
| 2CZ12B | | | 100 |
| 2CZ12C | | | 200 |
| 2CZ12D | 3000 | ≤0.8 | 300 |
| 2CZ12E | | | 400 |
| 2CZ12F | | | 500 |
| 2CZ12G | | | 600 |

(型号 — 列标题竖排)

（2）稳压二极管

| 参数 | 稳定电压 | 稳定电流 | 耗散功率 | 最大稳定电流 | 动态电阻 |
|---|---|---|---|---|---|
| 符号 | $U_Z/V$ | $I_Z/mA$ | $P_Z/mW$ | $I_{ZM}/mA$ | $r_Z/\Omega$ |
| 测试条件 | 工作电流等于稳定电流 | 工作电压等于稳定电压 | $-60\sim+50℃$ | $-60\sim+50℃$ | 工作电流等于稳定电流 |
| 型号 2CW11 | 3.2～4.5 | 10 | | 55 | ≤70 |
| 2CW12 | 4～5.5 | 10 | | 45 | ≤50 |
| 2CW13 | 5～6.5 | 10 | | 38 | ≤30 |
| 2CW14 | 6～7.5 | 10 | | 33 | ≤15 |
| 2CW15 | 7～8.5 | 5 | | 29 | ≤15 |
| 2CW16 | 8～9.5 | 5 | | 26 | ≤20 |
| 2CW17 | 9～10.5 | 5 | | 23 | ≤25 |
| 2CW18 | 10～12 | 5 | 250 | 20 | ≤30 |
| 2CW19 | 11.5～14 | 5 | | 18 | ≤40 |
| 2CW20 | 13.5～17 | 5 | | 15 | ≤50 |
| 2DW7A | 5.8～6.6 | 10 | | 30 | ≤25 |
| 2DW7B | 5.8～6.6 | 10 | | 30 | ≤15 |
| 2DW7C | 6.1～6.5 | 10 | 200 | 30 | ≤10 |

（3）开关二极管

| 参数 | 反向击穿电压 | 最高反向工作电压 | 反向压降 | 反向恢复时间 | 零偏压电容 | 反向漏电流 | 最大正向电流 | 正向压降 |
|---|---|---|---|---|---|---|---|---|
| 型号 2AK1 | 30 | 10 | ≥10 | ≤200 | | | ≥100 | |
| 2AK2 | 40 | 20 | ≥20 | ≤200 | | | ≥150 | |
| 2AK3 | 50 | 30 | ≥30 | ≤150 | | | ≥200 | |
| 2AK4 | 55 | 35 | ≥35 | ≤150 | | — | ≥200 | |
| 2AK5 | 60 | 40 | ≥40 | ≤150 | ≥1 | | ≥200 | |
| 2AK6 | 75 | 50 | ≥50 | ≤150 | | | ≥200 | |
| 2CK1 | ≥40 | 30 | 30 | | | | | |
| 2CK2 | ≥80 | 60 | 60 | | | | | |
| 2CK3 | ≥120 | 90 | 90 | | | | | |
| 2CK4 | ≥150 | 120 | 120 | ≤150 | ≤30 | ≤1 | 100 | ≤1 |
| 2CK5 | ≥180 | 180 | 180 | | | | | |
| 2CK6 | ≥210 | 210 | 210 | | | | | |

### 2）半导体三极管

#### （1）3DG6

| 参　　数 | | 单位 | 测　试　条　件 | 型　号 | | | |
| --- | --- | --- | --- | --- | --- | --- | --- |
| | | | | 3DG6A | 3DG6B | 3DG6C | 3DG6D |
| 直流参数 | $I_{CBO}$ | μA | $U_{CB}=10$V | ≤0.1 | ≤0.1 | ≤0.1 | ≤0.1 |
| | $I_{EBO}$ | μA | $U_{EB}=1.5$V | ≤0.1 | ≤0.1 | ≤0.1 | ≤0.1 |
| | $I_{CEO}$ | μA | $U_{CE}=10$V | ≤0.1 | ≤0.1 | ≤0.1 | ≤0.1 |
| | $U_{BES}$ | V | $I_B=1$mA,$I_C=10$mA | ≤1.1 | ≤1.1 | ≤1.1 | ≤1.1 |
| | $h_{FE}$ | | $U_{CB}=10$V,$I_C=3$mA | 10～200 | 20～200 | 20～200 | 20～200 |
| 交流参数 | $f_T$ | MHz | $U_{CE}=10$V,$I_C=3$mA,$f=30$MHz | ≥100 | ≥150 | ≥200 | ≥150 |
| | $G_P$ | dB | $U_{CB}=10$V,$I_C=3$mA,$f=100$MHz | ≥7 | ≥7 | ≥7 | ≥7 |
| | $C_{od}$ | pF | $U_{CB}=10$V,$I_C=3$mA,$f=5$MHz | ≤4 | ≤3 | ≤3 | ≤3 |
| 极限参数 | $BU_{CBO}$ | V | $I_C=100$μA | 30 | 45 | 45 | 45 |
| | $BU_{CEO}$ | V | $I_C=200$μA | 15 | 20 | 20 | 30 |
| | $BU_{EBO}$ | V | $I_E=-100$μA | 4 | 4 | 4 | 4 |
| | $I_{CM}$ | mA | — | 20 | 20 | 20 | 20 |
| | $P_{CM}$ | mW | — | 100 | 100 | 100 | 100 |
| | $T_{IM}$ | ℃ | — | 150 | 150 | 150 | 150 |

#### （2）3DK4

| 参　　数 | | 单位 | 测　试　条　件 | 型　号 | | | |
| --- | --- | --- | --- | --- | --- | --- | --- |
| | | | | 3DK4A | 3DK4B | 3DK4C | 3DK4D |
| 直流参数 | $I_{CBO}$ | μA | $U_{CB}=10$V | ≤1 | ≤1 | ≤1 | ≤1 |
| | $I_{EBO}$ | μA | $U_{EB}=10$V | ≤10 | ≤10 | ≤10 | ≤10 |
| | $U_{CES}$ | V | $I_B=50$mA,$I_C=500$mA | ≤1 | ≤1 | ≤1 | ≤1 |
| | $U_{BES}$ | V | $I_B=500$mA,$I_C=500$mA | ≤1.5 | ≤1.5 | ≤1.5 | ≤1.5 |
| | $h_{FE}$ | | $U_{CB}=10$V,$I_C=3$mA | 20～200 | 20～200 | 20～200 | 20～200 |
| 交流参数 | $f_T$ | MHz | $U_{CE}=10$V,$I_E=0$,$f=5$MHz | ≥100 | ≥100 | ≥100 | ≥100 |
| | $C_{ob}$ | pF | $U_{CB}=10$V,$I_E=0$,$f=5$MHz | ≤15 | ≤15 | ≤15 | ≤15 |
| 开关参数 | $t_{on}$ | ns | $U_{CE}=26$V,$U_{EB}=1.5$V 脉冲幅度7.5V | 50 | 50 | 50 | 50 |
| | $t_{off}$ | ns | 脉冲宽度1.5μs 脉冲重复频率1.5kHz | 100 | 100 | 100 | 100 |

续表

| 参 数 | | 单位 | 测 试 条 件 | 型 号 | | | |
|---|---|---|---|---|---|---|---|
| | | | | 3DK4A | 3DK4B | 3DK4C | 3DK4D |
| 极限参数 | $BU_{CBO}$ | V | $I_C=100\mu A$ | 20 | 40 | 60 | 40 |
| | $BU_{CEO}$ | V | $I_C=200\mu A$ | 15 | 30 | 45 | 30 |
| | $BU_{EBO}$ | V | $I_C=-100\mu A$ | 4 | 4 | 4 | 4 |
| | $I_{CM}$ | mA | — | 800 | 800 | 800 | 800 |
| | $P_{CM}$ | mW | 不加散热板 | 700 | 700 | 700 | 700 |
| | $T_{IM}$ | ℃ | — | 175 | 175 | 175 | 175 |